# KAKIの家具作り

山麓の小さなキャビネットメーカーが伝える美しい無垢材家具

柿谷正

Art Adventure Special 2

文遊社

# はじめに

家具を作り始めて、もう半世紀近くになりました。KAKIで作った椅子やテーブルなどは、もう何千もの数になります。

粟巣野という、立山連峰のふもとの小さな村に工房を開き、誠という長兄を中心に家具作りをスタートさせ、その楽しさ、面白さにのめり込んできました。

最初は上手にできなくても、精いっぱい作ることに喜びを感じていました。

粟巣野の風景は、四季折々にさまざまな風貌を見せます。積雪が3メートルを越える厳しい冬、そのあとに来る新緑の春、また、短い夏の次には、赤や黄色に迫り来るような紅葉の秋——、そんなすばらしい自然の中で暮らしていると、そんな大地に恥ずかしくない家具を作りたいとの思いが大きくなります。

大げさな装飾のある家具より、私たちの生活にしっくりなじむ家具に愛着を感じ、若いころに訪れたヨーロッパでは、街の片隅で見つけた小さな椅子やテーブルに親しみを覚え、映画ではシーンの端々に映る古いキャビネットに感銘を受けました。

長く作ってきましたが、まだまだ満足のいくものはできません。しかし、使ってくださる方々が、長い年月をかけ、愛着をもって手入れをし、できたばかりのときよりも数段、よいものに仕上げてくださっています。

子どものころから、ものを作る楽しみ、とりわけ木を使ってものを作り上げるという、誰でも持ったことのある思いを今日まで続けてくることができた喜びを、少しでも読者の方々に感じてもらい、もの作りの手助けに、また、読んだだけでもほのぼのとした気持ちを持ってもらえたら、幸せに思います。

柿谷 正

イラスト／柿谷 誠

仕事場から見た庭とKAKI's CAFE。
春のやわらかな日差しのもと、葉の緑もこれからという季節です。

# KAKIの家具

　大きなダイニングテーブル天板の大きさ、厚みに合わせて脚のデザインを決めます。このテーブルは台湾五葉松の1枚板で、長さ3m、厚み55mm。それに合わせてKAKIのダイニングテーブル（製品No：DT010）の脚部をバランスよく調整して合わせました。もう30数年使い続けているものです。

スピンドルの入った大型の**ベンチ**（写真・上）。シートはムートンを使ったものです。１枚板の天板の**コーヒーテーブル**と組んで、ゆったりと使えるセットになっています。手前にある座面の低い**ロッキングチェアー**は、テーブルの端の大きな板が残ったときに作ります。目線の低い椅子は、座っているととても落ち着きます。

**吊り棚**（写真·中）は壁に取り付け、気に入った皿やコーヒーカップなどを飾ると、部屋のアクセントになるでしょう。**棚**（写真·左下）は、部屋を作るとき、客間に合わせて作りました。本のほかにお気に入りの古いＬＰレコードが入っています。**バーキャビネット**（写真·右下）は、一人でお酒を片手に本を読むための素敵な空間を作ってくれます。

**キッチンキャビネット**（写真・上）は、使う人の身長や動きに合わせます。毎日ここに立って食事を作り、あと片づけをするのですから、気分のよい使いやすいものを、使い手に合わせて考え、作ります。

**テーブル**（写真・下）は、両サイドに引き出しがあり、ランチョンマットなどを入れておくのに都合よくしてあります。

**3つの引き出し付きのコーヒーテーブルとスピンドルベンチ**（9頁写真・上）。**タンスと食器棚**（9頁写真・中）、**子ども用の勉強机**（9頁写真・左下）。本に埃がついていると気になるものです。大切な本は**ガラス扉の入った本棚に**（9頁写真・右下）。

　このページの椅子たちは、もう数十年使い込まれたもの。写真上の椅子は、今はもう店じまいしてしまった、銀座のピルゼンというビアホールのためにデザインした椅子（**ピルゼンチェアー**）。30 年間使われ続け、仕事を終えてＫＡＫＩに帰って来たものです。**スピンドルアームチェアー（写真・右下）**は、若いころイギリスの古道具店で見た椅子が忘れられず、楢材を買い、材料を 10 年間乾燥させて、試作を重ねた末に完成した椅子で、ＫＡＫＩの椅子の中でも座り心地は最高の部類です。写真・左中は、**パネルバックチェアー**。背の上部に彫刻がほどこされています。写真・左下は**彫刻入りのアームチェアー**。チョコレート色に着色してあります。

　次頁は、まだ使われる前の若い椅子たち。**ラダーバックダイニングチェアー**（11 頁写真・右上）は、何年も試作を重ねて出来上がった、ＫＡＫＩの代表的な椅子。まだ使う前の、新しい**ピルゼンチェアー**（11 頁写真・右中）。**スツール**（11 頁写真・右下）は高さに合わせて作ります。シートの彫りのカーブがお尻に合って、いい座り心地です。スピンドルを入れた**縄巻きのダイニングチェアー**（写真·左上）。後脚が「四方転び」になっています。桜材と松材を使った**スタッキングチェアー**（写真・左中）。ハートの入ったかわいらしい**縄巻きチェアー**は、♡の**子供用椅子**（写真・左下）です。自分専用の椅子に子どもは大喜びです。

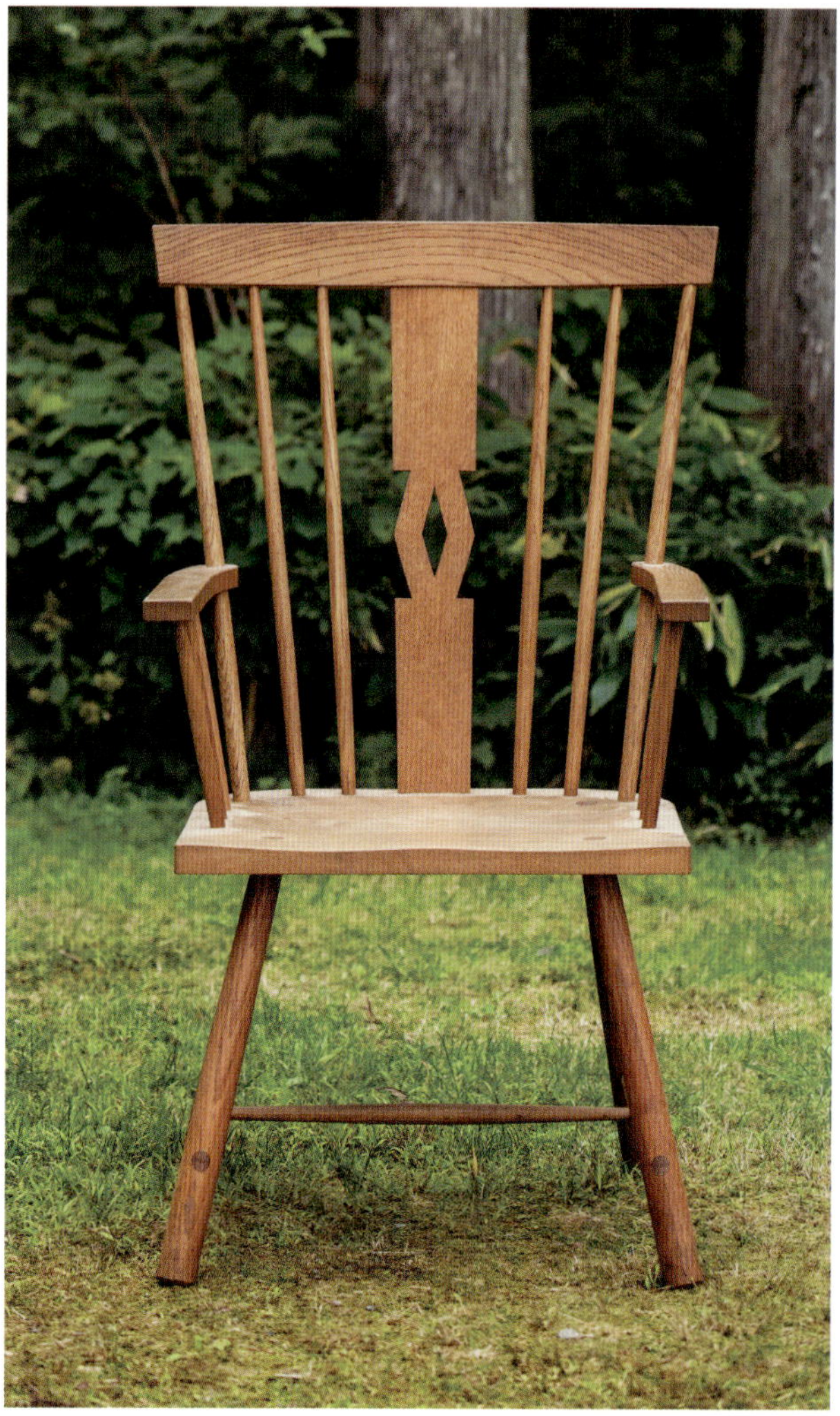

目次

# 第1章 木材

# 木

地球上にある木の種類は、数限りなくあります。広葉樹、針葉樹、また、北で生息する木や南洋の木、それぞれいろいろな顔を見せてくれます。

木はそこに立っているだけで人々を癒してくれるだけでなく、生物すべてが生きるために必要な酸素を光合成で作り出します。また、葉は落ちて土を肥やし、山ばかりでなく、海の生物まで生かし、豊かな地球を作っています。何十年、何百年と時をかけて大きく育ち、家を建てる柱となったり、家具材になったりと、本当に私たちの役に立っています。

木は家具の材料として、これは使えないなどというものはなく、数多くある種類の中から自分の好きな木を選ぶことができ、そしてその木に合った家具をデザインし、製作します。広葉樹の硬い材質であれば、硬いぶん、薄く細い部材で、シャープな感じの形に作れますし、松などの針葉樹の少し柔らかい木であれば、厚く太い材料を使って、温かい肌触りの家具を作ることができます。

ＫＡＫＩでは、そんな数多くの種類の中から、紅松に出合いました。四十年以上も前ですが、この木に出合ったことが、ＫＡＫＩを育ててくれたと思います。まだ技術もなく、道具も少なかったころ、柔らかく扱いやすかったこの木は、思ったように形になってくれました。

太くて、幅の広い板を取ることができ、曲がったり反ったり、ねじれが出にくく、それにも増して、木目が美しいのに主張せず、ＫＡＫＩにとって最高の木でした。さらに、その木肌がそのまま見られる白木のままで仕上げますので、月日が経てば経つほど美しく変色し、楽しませてくれます。

木は成長するのに長い時間を要します。年輪を数えてみてください。何百年もの年月をかけて成長した太い木もあります。そんな木々を切って家具を作っていくのですから、使っていてすぐに飽きるようなものは作りたくありません。一度作ったら百年、二百年と、大切に使い続けていけるような家具を作りたいものです。

ＫＡＫＩが紅松と出合ったように、皆さんが美しい木に出合えることを願っています。

15頁写真　運河沿いに積まれる原木（丸進製材にて）。写真・上　KAKIの材料置場。

# 木材の性質

家具の材料として木材を使用するには、その性質を知っておかなければなりません。

木は生き物です。土から水を吸い上げ、枝に葉を茂らせ、冬にはその葉を落とし、成長をやめてじっと寒さに耐え、春から夏にかけて成長しながら、毎年年輪を作って、大きくなっていきます。

水は根から葉へ、一方向に通るようになっていて、中心部の芯に近い部分は硬くなっています。そんな性質を理解し、その性質に合った使い方をして、木材の長所を最大限に引き出して使いましょう。

## 木の上下

木は土の中に根を張り、上に向かって成長します。土に近い部分が「元」、梢の方を「末（スエ）」と呼び、材として使う場合、末は家具の上部、元は下部に使うようにします。そうすれば、生えていたときと同じように、水分は下から上に抜け、長い間腐りにくく、また、構造上も強くなりますし、見た目にも自然で安心して見ることができます。

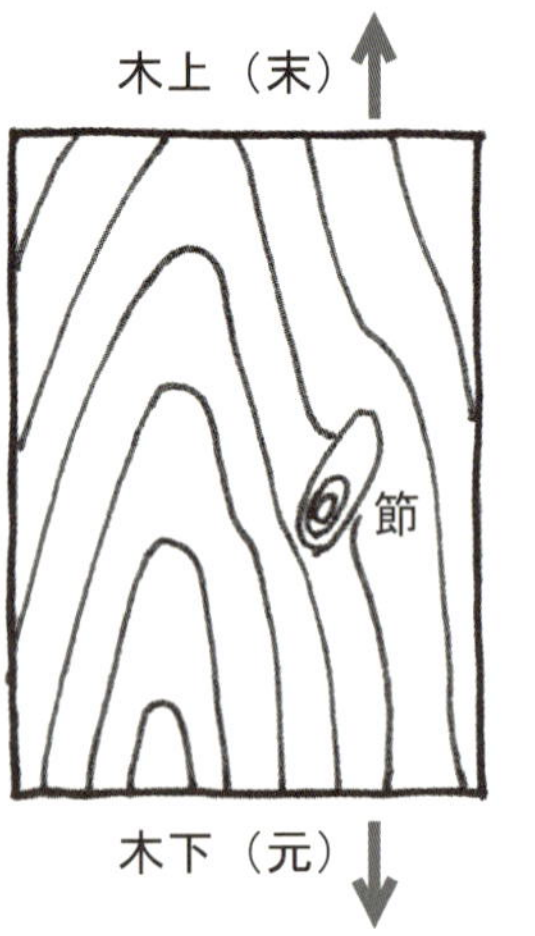


上下は節を見てもわかります。下から上に木目があります。

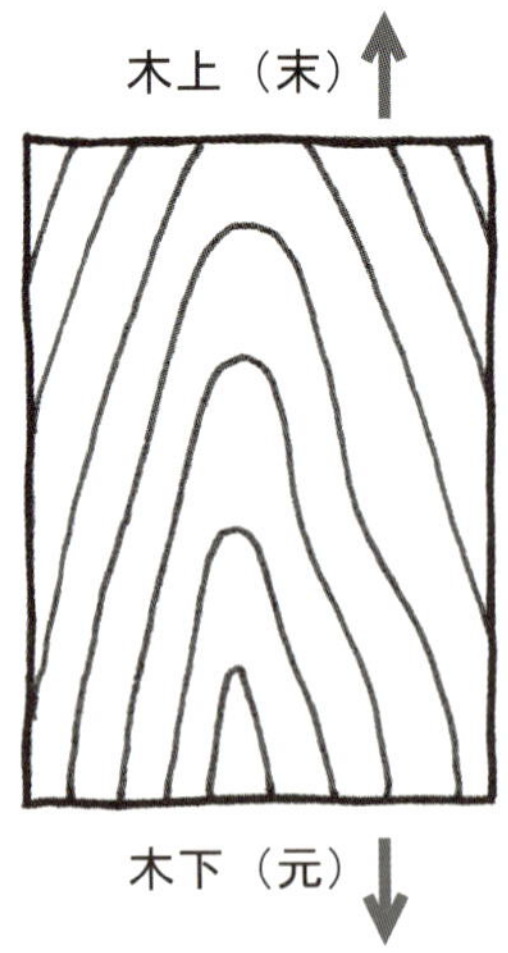


## 木の表裏

木の中心には芯があり、年輪があって、外側は表皮で覆われています。

内側の中心に近い部分は、成長を終えて硬く締まった「赤身（あかみ）」とよばれる部分があり、外側はまだ成長途中の白く柔らかい「白太（しらた）」と呼ばれる部分があります。

白太は、木によっては（紅松もそうです）、柔らかくて腐るのも早く、材料としては適さない種類もあります。また、芯に近い部分は割れやすい性質があります。

製材した板は、木の芯に近い側を「木裏（きうら）」と呼び、皮に近い部分を「木表（きおもて）」と呼びます。木口を見て、年輪のカーブの向きでどちらが木表か木裏かがわかります。

一般には木表側が見た目も良く、カンナをかけると逆目（37頁「逆目」と「カンナ境」参照）も起きにくく、構造上の支障がない限り、家具の表面に出るように使います。

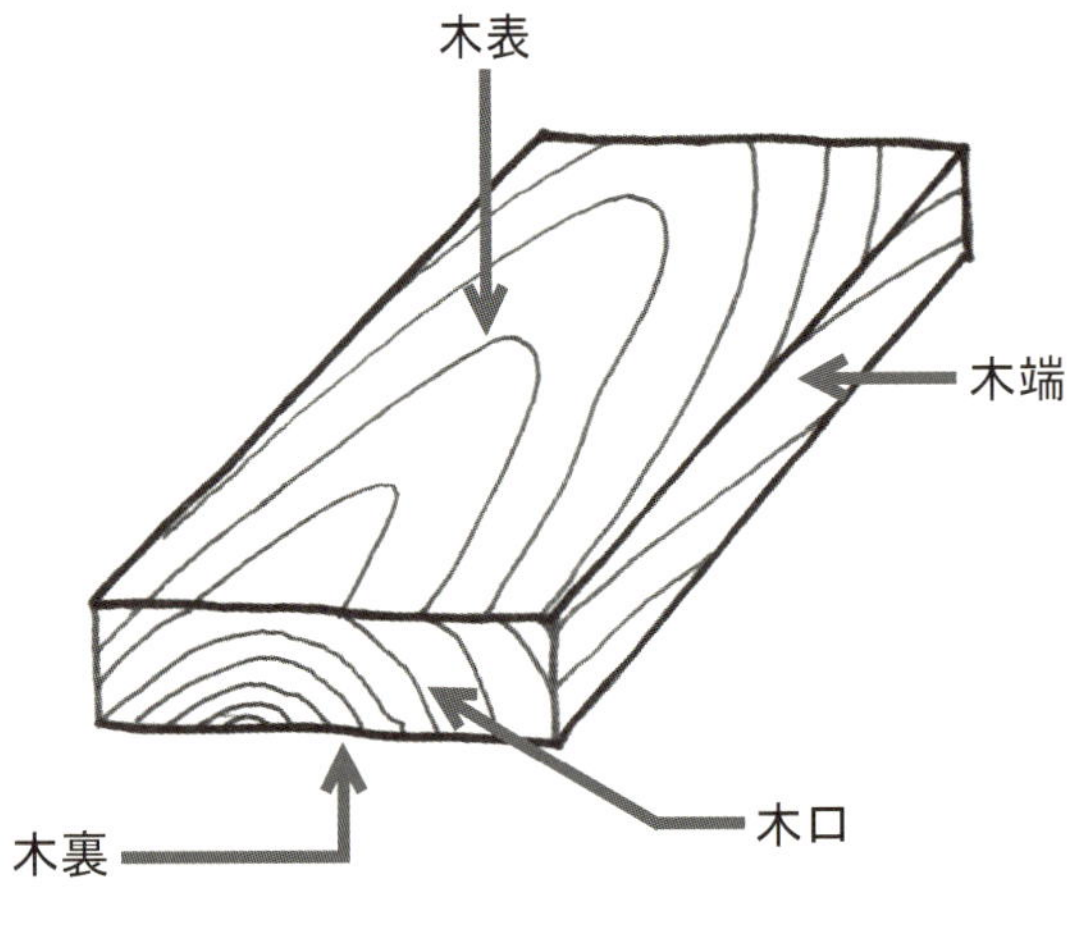

# 伸縮と乾燥

木材は、板や角材になった状態で売られているものもありますが、その木をなるべく有効に使い切るために、ＫＡＫＩでは、丸太から製材して材を作ります。

木は乾燥するに従い、縮み・反り・曲がり・割れなど、いろいろに変形します。その性質を見極めて製材し、乾燥させます。

たとえば、図１のａ方向の縮み量をＡとし、ｂ方向の縮み量をＢ、ｃ方向の縮み量をＣとすると、Ａ：Ｂ：Ｃ＝１：10：100といった具合になります。

また、木材は木表に近い部分が大きく縮みますから、乾燥すると図２のように変形していきます。

これだけ変形するのですから、木はじゅうぶんに乾燥させてから使うことが絶対に必要です。ＫＡＫＩでは、だいたい人工乾燥で含水率を８％に乾燥させ、自然の中に桟積みにし、含水率を13％くらいに戻してから使っています。

（図１）

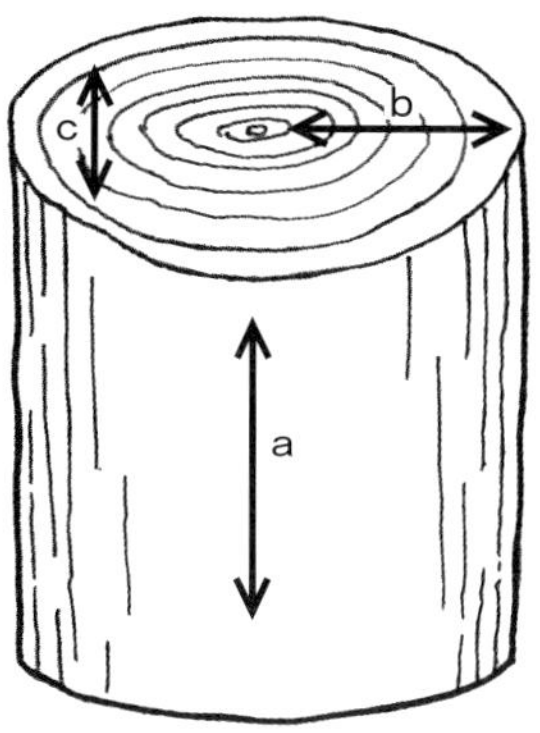


（図２）

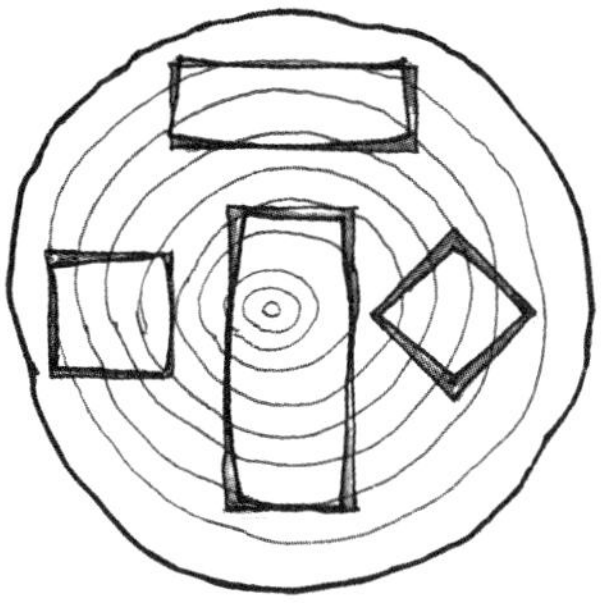

# 材料としての木

丸太の断面の中心に線を引き、その線と直角に製材した材を「板目（いため）」といいます。木の目がよく出て美しいのですが、縮みも多く、反りやすい材です。いっぽう、線と平行に製材した材を「柾目（まさめ）」といいます。板目に比べて縮みや反りが少なく、扉の部材など、動きが少ない材が必要とされる部分に使います（図３）。

材料として、割れている部分は時間が経てばもっと割れてきますので、避けます。中でも絶対に避けたいものに、「アテ」た木があります。森の外側で育った木に多く、片側だけに日が当たるため、片方だけが硬くなった材です。乾燥に関係なく反り、曲がり続けますから、家具材には適していません。

完成した家具を美しく見せるために、木材の木目・表裏のほか、色の淡い部分は上、濃い部分を下に使うと、どっしり落ち着いて見えます。色味や木目が似ている材を選んで使うということは、意匠の上でも大切です。

（図３）

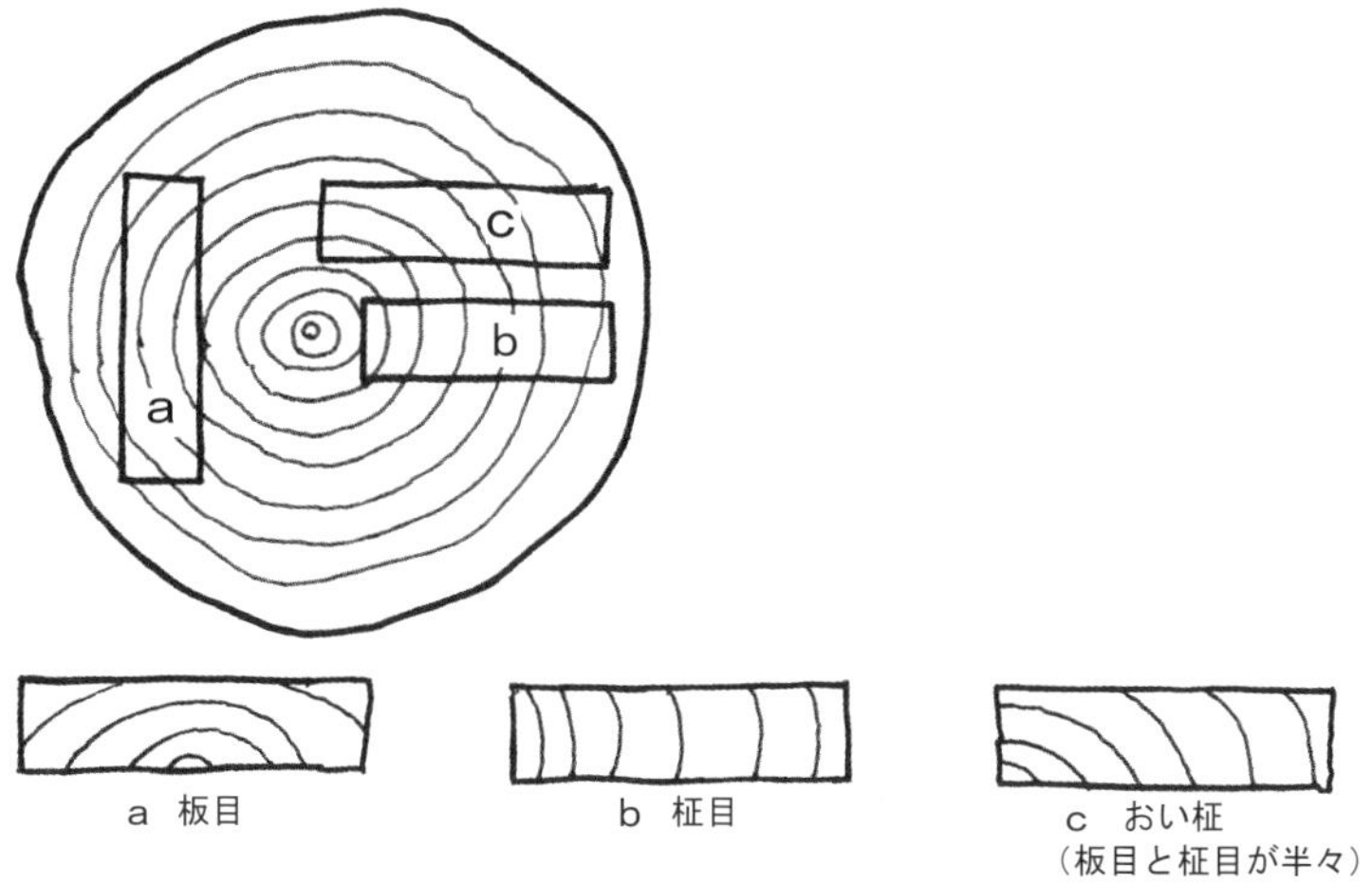

## 木取り

KAKIでは、丸太の製材に立ち会って、その木の状態を見ながらどのような厚みの板に挽いてもらうかを決めていきます。一般の人は、材木店で製材してもらうか、または材木店やホームセンターですでに製材された木材を手に入れることができます。

木材を挽いてもらったら、製作する家具のパーツごとに必要な大きさに切り分けます。各パーツの実際の寸法よりも幅・厚みは5㎜、長さは50㎜程度大きく切り出します。このとき、木のそれぞれの部位の性質を考え、適した部位を選ばなければなりません。これを「木取り」といいます。

まず、木の元・末・裏表、それぞれの部位の動きは常に意識しなければなりません。

大木の製材の様子（加納製材所にて。撮影＝柿谷朔郎）

たとえば、扉の框は、反りやねじれが出ると扉が歪んできちんと閉まらなくなってしまいます。そこで、なるべく木目の通った柾目の材料が適しています。

力のかかる貫などの部品に大きな節（フシ）があると、そこで折れてしまう恐れがあります。重さを支える部材に、節は絶対に避けなければなりません。また、節の周りは曲がりやすいので、細い材として使うとそこから曲がってしまいます。

テーブルの天板や椅子のシートなどは、多少の動き（反り・縮み）があっても、構造に大きな影響は出にくいので、板目の材料でも大きな問題はないでしょう。節が多少入っても大丈夫です。ただ、節は硬いことが多く、節の周りの木目が波打っているために、カンナがけのときに刃が欠けたり、逆目が起きやすいので、カンナをかける作業は大変になります。

また、原材料が製品になる割合（歩留まり）にも注意しなければなりません。大切な材料を有効に、いかに無駄なく使うかを考えることは、木取りの重要な要素の一つです。

何百年という年月を重ねて育ってきたものを使うのですから、よく考えて無駄を極力抑え、新しい命を与えてあげるような、よい家具を作りたいものです。

# 第2章

# 家具作りの道具

# 道具について

家具を作るとき、道具はよい相棒になります。作りたい家具を思いどおりに作るためには、その場に合った道具を使いこなしてはじめて、美しく作り上げることができます。

ノコ・ノミ・カンナなどの切る道具は、いつも研ぎ上げて切れ味をよくしておけば、より美しく、よい仕事ができます。

作りたい家具に合わせ、道具を選び、ないものは自分で工夫して作り出す。たとえば、椅子の座面を人のお尻の形に合わせて彫るとき、座面のカーブに合うように、四方に反ったカンナを作ります。

最初からたくさんの道具を揃えることは、絶対に必要とは思いません。作るものに合わせて少しずつ揃えていけばよいと思います。一つ家具を作るたびに道具が増えていき、自分の手になじんでいきます。また、手入れをし、よく研いだ切れるノミやカンナは、身体の一部のように思えてきます。一生懸命に研いだカンナでカンナがけをした板に美しい削り肌が出ると、そのカンナが本当にかわいくなります。ですから、道具の手入れや研ぎなども楽しい仕事です。ほんの少しの空いた時間があると、砥石の前に座り、よく切れるように研いでいます。

刃物ばかりではなく、ゲンノウでも、都合のよい重さ・バランスのものを選び、定規なども工夫して作ります。材料をワークベンチ（作業台）に固定するための道具も自作です。

それらの道具も、手入れを怠け、錆びさせてしまったら取り返しがつきません。使わないときも、ときどき取り出して手入れをすることを忘れないようにしています。

写真　使い込まれたカンナの数々。

用途によってさまざまな種類があるノミ。
（上列３本）突きノミ。（２列目・左３本）叩きノミ、（２列目・右３本）匙ノミ、右端はこてノミ。（３列目・左３本）外丸、（３列目・中央２本）鍋ノミ。KAKIでは通称“アリノミ”。その他はすべて追い入れノミ。

# ノミ――鑿

木工で使う道具の中で、ノミは用途に合わせて、多くの種類があります。ホゾ穴を掘ったり、ホゾを作ったり、飾りを彫ったりと、いろいろな部位や形に合わせて、使い分けます。

穴を掘るときは、〈叩きノミ〉。これは、ゲンノウで叩いて刃先を打ち込みますので、全体に厚く頑丈に作ってあります。彫刻用には、〈外丸〉や〈内丸〉、〈匙ノミ〉などがありますし、一番よく使う〈追入れノミ〉も、10本組（3㎜、6㎜～42㎜）と、いろいろな身幅のものがあり、部位ごとに適したものを使い分けると、うまく仕上がります。

ノミの構造は、カンナや切り出し小刀と違い、柄頭をゲンノウで叩いて使うことが多いので、刃裏の鋼（はがね）が側面まで回り込んで衝撃に耐えるようになっています。

ノミは刃物です。しっかり仕込み、研ぎ上げてはじめて使えるようになります。切れ味が落ちたらすぐに研ぐという作業が大切です。

# ノミの仕込み

大工道具の刃物は、道具屋で買ってきてそのまま使えるものは少ないものです。今は替え刃のノミやカンナも出回っていますが、昔ながらの道具を自分の使いたいように仕込み、好みの角度や用途に合うように研ぎ上げて使うほうが、仕事も上手にできると思います。

〔ノミの部位名称〕

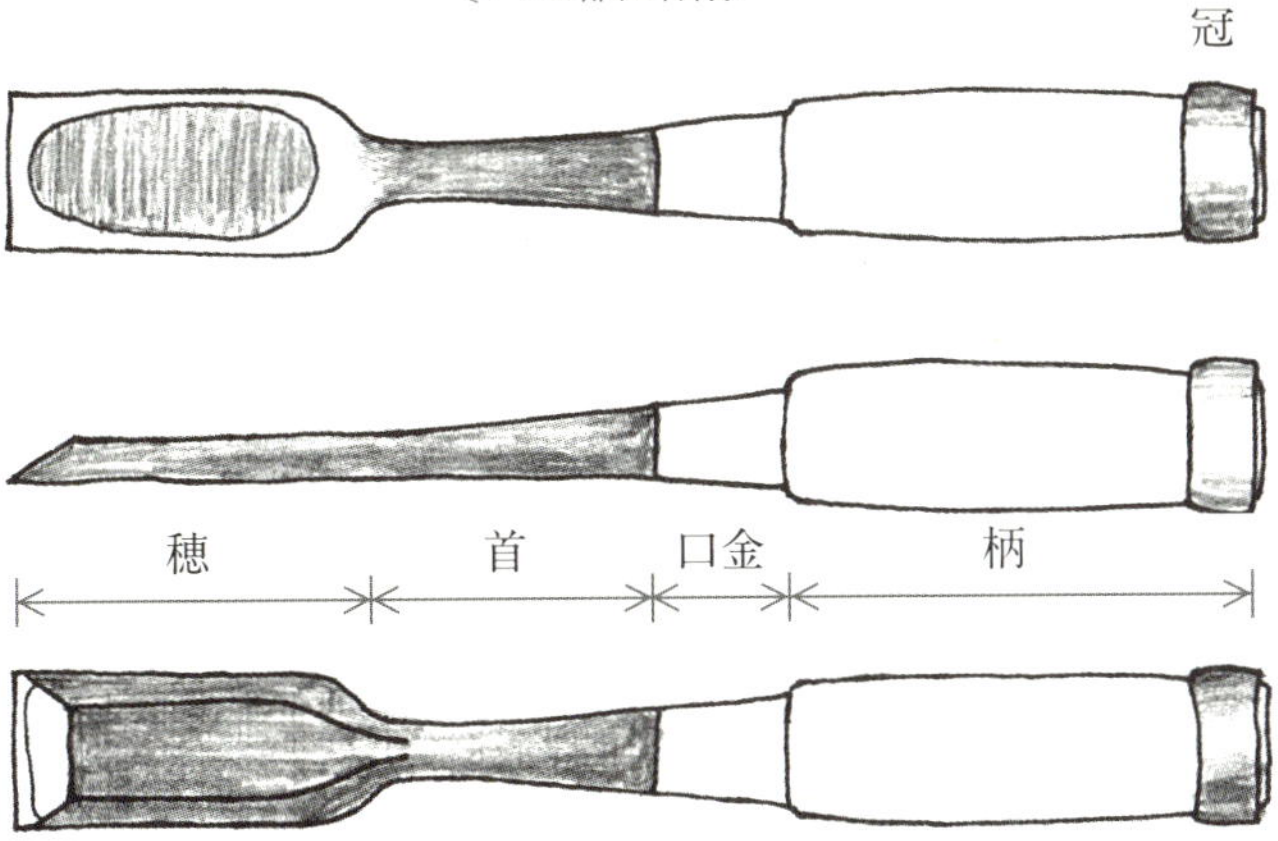


## 1. 柄の調整

1 2 まず、冠（かつら）をゲンノウで叩いて抜きます。

3 ゲンノウで柄の部分を叩いてつぶします（木ごろし）。またはやすりで削って冠が柄に入るようにします。外した冠の内側の角は、丸やすりで削って丸くしておきます。

**【使用する道具】**
ゲンノウ・丸やすり

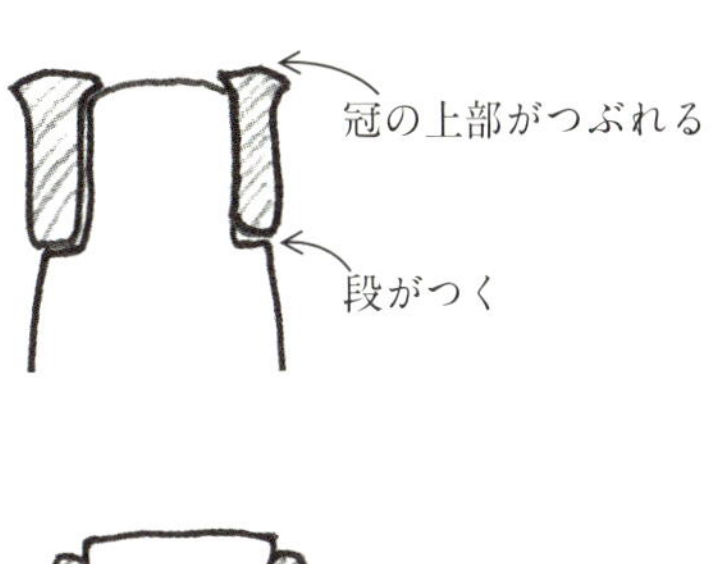

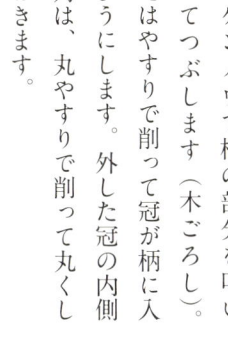

4 冠を調整し、柄を合わせ、ゲンノウで叩き込みます。

5 冠より柄頭が少し出ている程度に仕上げ、出た柄の部分の角をゲンノウで叩いてつぶして仕込みを終わります。この仕込みをしておかないと、冠が緩み、叩いても力が刃先まで伝わりませんし、柄を痛めてしまいます。力が刃先まで伝わらないときは、もう一度同じ作業を行います。

## 2. 刃を研ぐ

刃物は切れ味が命です。上手に研いで、いつでも切れるようにしておきましょう。そうはいっても、研ぐ技術は一朝一夕には上達しません。何度も研いで身体に覚え込ませることが必要です。また、よく切れるノミでも、当然、使えば切れ味も落ちますし、使わなくても時間が経てば刃先が錆びて、切れなくなります。切れないノミでは仕事も美しく仕上がりません。

よく切れるノミを使えば、必要以上に力を使わず、けがも少なくなります。

**【使用する道具】**

鉄板　金剛砂　砥石

・荒砥
（金剛砥やダイヤモンド砥石320番か400番）

・中砥
（合成砥石1000番）

・仕上げ砥
（合成砥石4000番以上、または天然砥石）

厚めのガラス板（またはコンクリートブロック）

水研ぎペーパー（金剛砂でもよい）

## ・刃裏を研ぐ

研ぎの最初は、刃裏を平らに研ぐ、「裏押し」という作業から始めます。刃裏が真っ平らになっていなければ、よい刃はつきません。裏を出すという作業は、刃をつけるためには、非常に大切な仕事です。

1 まず、厚めの鉄板の上に、金剛砂を少し置き、水を垂らして、刃先のほうに力がかかるようにして研ぎます。

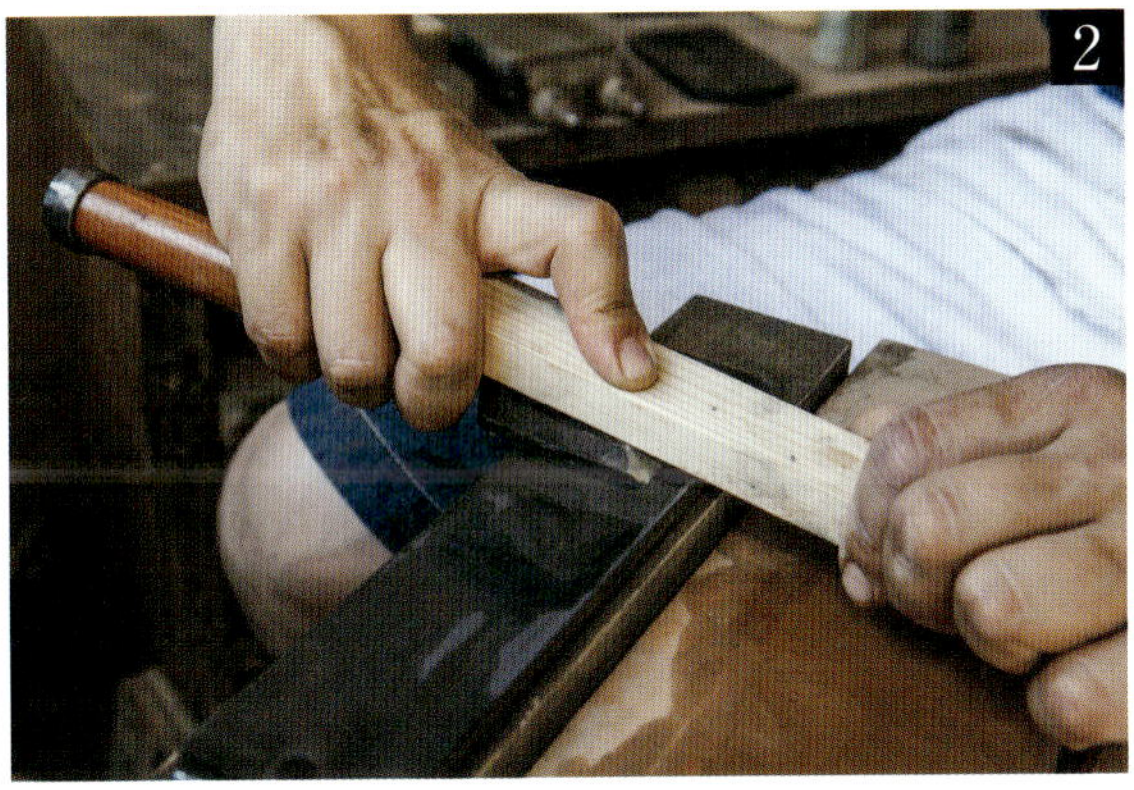


2 研いでいるうちに、金剛砂がノミと鉄板の間でこすれてだんだん細かくなっていき、金剛砂が細かくなるにつれて、研ぎ上がっていきます。上から木の棒で押しながら研ぐと、力が加わりやすく、早くきれいに研げます。このとき、刃先ではなく、柄の部分に力がかかると、裏が図のような形になり、平らになりませんから、気をつけてください。

3 裏が全面均一な鏡面になれば、仕上がりです。

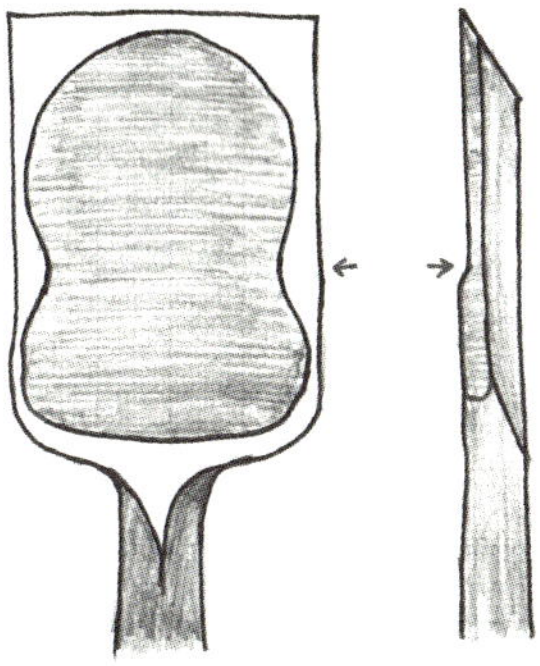

柄の部分に力がかかると、刃裏が平らにならずに、このような形になる。

## ・刃をつける

次に、砥石を使って「刃をつける」作業をします。砥石は荒砥・中砥・仕上げ砥が3～4種類あればよいでしょう。砥石は全面を使うようにしていても、どうしても中心が減ってくぼんできます。丸くなった砥石では丸い刃先にしかなりません。研ぐ前に、まず砥石の表面を平らにしておくことが大切です。

砥石の平面を出すには、厚めのガラス板の上に金剛砂を少しまき、水を垂らして、砥石を前後左右にこすりつけます。または、ガラス板に水研ぎペーパーを貼り、砥石を研ぐようにする方法もあります。ガラス板ではなく、建材用のコンクリートブロックでもよいでしょう。

1

2

3

4

1 まず、荒砥で刃先の角度を整えます。研ぎ出す前に、合成砥石は水に漬けて、十分に水を含ませておきます（天然砥石は上に水を少し垂らして使います。天然砥石を水に漬けると割れることがあります）。

用意ができたら、研ぎ出しましょう。砥石と平行にノミを動かします。そうしないと、刃先が丸くなり、切れ味がよくなりません。刃先のほうに力を加え、頭を動かさないようにして研ぐとうまくいきます。刃先がちょうどよい角度に研ぎ上がって、よく切れて長持ちします。

全体に力を入れると、鋼より柔らかい地金が多く削れて、刃先がだんだん寝てきてしまいます。そうならないように気をつけましょう。

2 ちょうどよい角度になったら、中砥を使って中研ぎをします。写真のように刃先全体に刃返りが出たら、仕上げ砥に移ります。そのとき、傷がないかよく確かめてください。

3 仕上げ研ぎは、刃表7対刃裏3ほどの割合で研ぐのがよいとされています。刃返りがなくなり、刃先が均一に光れば出来上がりです。

中研ぎがうまくできていないと刃先が光らなかったり、両端の光り方が異なったりします。また、刃先に光る線が見えるようだったら、刃先が丸くなっているということです。そういうときは、中研ぎからもう一度やり直しましょう。

4 最後に刃先を指先で触れてみてください。切れ味の目安は人それぞれですが、腕の毛にヒゲを剃る要領で刃を当て、抵抗なく毛が切れれば仕上がりです。

カンナも用途によってさまざまな種類がある。
（1列目）平鉋。左から「寸四」、「寸六」2丁、「寸八」4丁。（2列目・右4丁）二枚刃の豆平鉋、（2列目・左8丁）一枚刃の豆平鉋。2列目横向きのものが面取り鉋。（3列目）左3丁が坊主面鉋、4丁目は剣鉋。（3列目・右5丁）キワ鉋、（3列目・中央5丁）二面反りの反り鉋、隣の2丁が四面反りの反り鉋。上段は昔のカンナで、左からシャクリ鉋、底取り鉋、入母屋鉋、機械シャクリ鉋。

# カンナ——鉋

木工に携わる者にとって、とても大切な道具であり、むずかしいのがカンナです。種類も多く、反り鉋などは、削る曲面に合わせて自分で作らなくてはなりません。四十年以上カンナを使っていても、カンナの機嫌をひとつ損なうと、なかなか思うような削り面に仕上がってはくれません。家具作りを始めて、カンナで苦労したという経験を持つ人は多いでしょう。今はいろいろな機械や工具が出てきました。でも、昔ながらのカンナより美しく仕上がるものはないと思います。

カンナは、刃を研ぐことができ、カンナ台が合い、上手にカンナを引く技術を身につけてはじめて使いこなすことができます。ここで基本的なことを覚えて、カンナを上手に使いこなしましょう。

## 平鉋

ごく一般的なカンナで、平たい台に刃が収まっています。平らな面をきれいに削るために使います。

刃が1枚の一枚刃と、2枚入った二枚刃とがあり、木口を削るときは一枚刃を使います。小さなものは「豆平鉋」と呼ばれます。

## 面取《めんと》り鉋

材料の角を任意の角度に削るためのカンナです。

主に45度に削るものですが、それ以外の角度に合わせたものは、「猿面《えてめん》鉋」と呼びます。

## キワ鉋

カンナの台に対して刃が斜めに入り、台の縁に刃先が出るようになったカンナで、欠き取った部分の縁を削ったり、段をつけるときに使います。

刃が台の右側に出るものと、左側に出るものがあり、木目に合わせて左右を使い分けますので、両方揃えておくとよいでしょう。

## 反り鉋

台が曲面に加工されたカンナで、平らな面にくぼみを作ったり、カーブの内側をきれいにしたいときに使います。台の前後が曲面の「二面反り」、前後左右が曲面の「四面反り」があり、これらの反り鉋の台は「反り台」といいます。

また、台の左右どちらかだけ曲面になった「外丸鉋」「内丸鉋」もあり、繊維に対して縦方向のカーブには反り台を、横方向のカーブには各丸鉋を使います。両方向とも丸く削る場合は、四面反りを使います。

反り鉋は販売されていますが、作り続けていく中で、自分のほしいサイズや反り具合のものがきっと出てきます。その場合は、豆平鉋を丸く削って、自分に合った反り具合の台を作ります。自分で加工することができるように、台が厚めに作られた平鉋もあります。

二面反りは、刃は平鉋と同じように研ぎますが、四面反りは台が横方向に丸いので、その丸みに合わせて丸く研ぎます。

## 立鉋

台に対して刃がほぼ垂直に入った〈立鉋《たちがんな》〉などもあります。立鉋は主に、カンナの台の下端を調整するときに使い、台直し鉋とも呼ばれます。刃が木の繊維に直角に当たるため、削るというよりはそぐ感じになります。樫や紫檀、黒檀など堅木を削るときにも有効です。

# カンナの仕込み

カンナもノミと同様、買ってきてそのまま使うことはできません。刃を研ぎ、カンナ台をしっかりと調整してはじめて、薄いカンナ屑の出る、調子のよいカンナになるでしょう。

ある程度使い慣れてきても、くれぐれも、カンナを使う前にカンナ台の検査をすることを忘れないでください。そして台が狂っていたら、必ず直してから使うようにしてください。

また、カンナは、刃を研ぎ過ぎると細いカンナ屑しか出ず、削り跡が波打ったようになって、美しく仕上がりません。削り面を美しく仕上げるには、研ぎの鍛錬がとても大切です。

［カンナの部位名称］

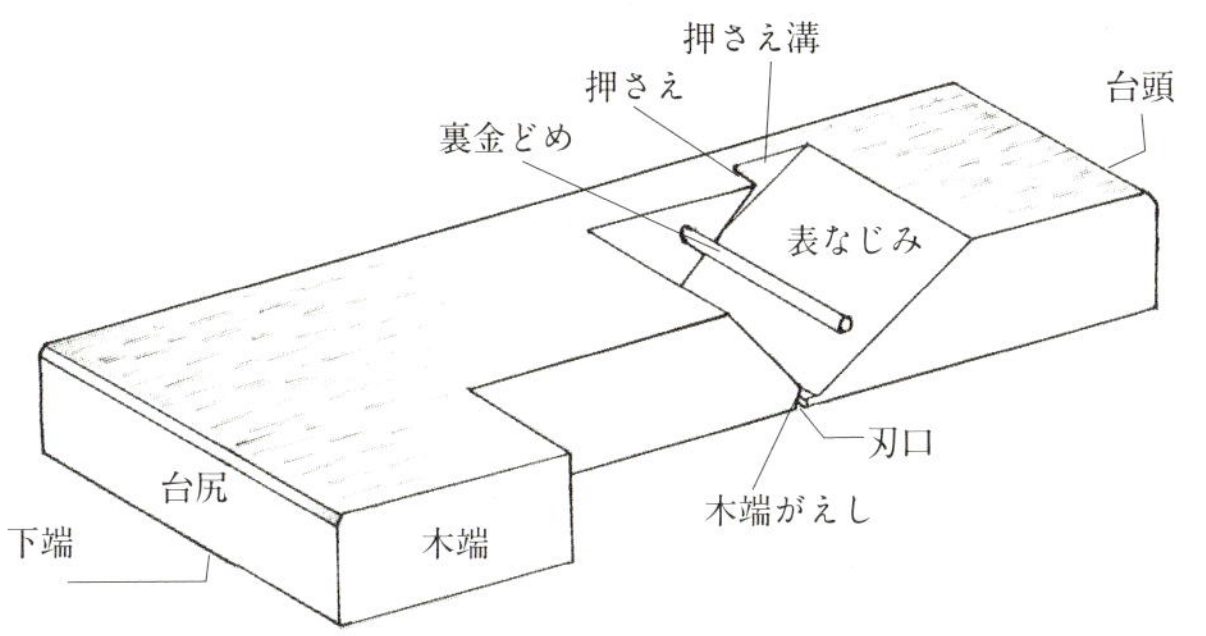


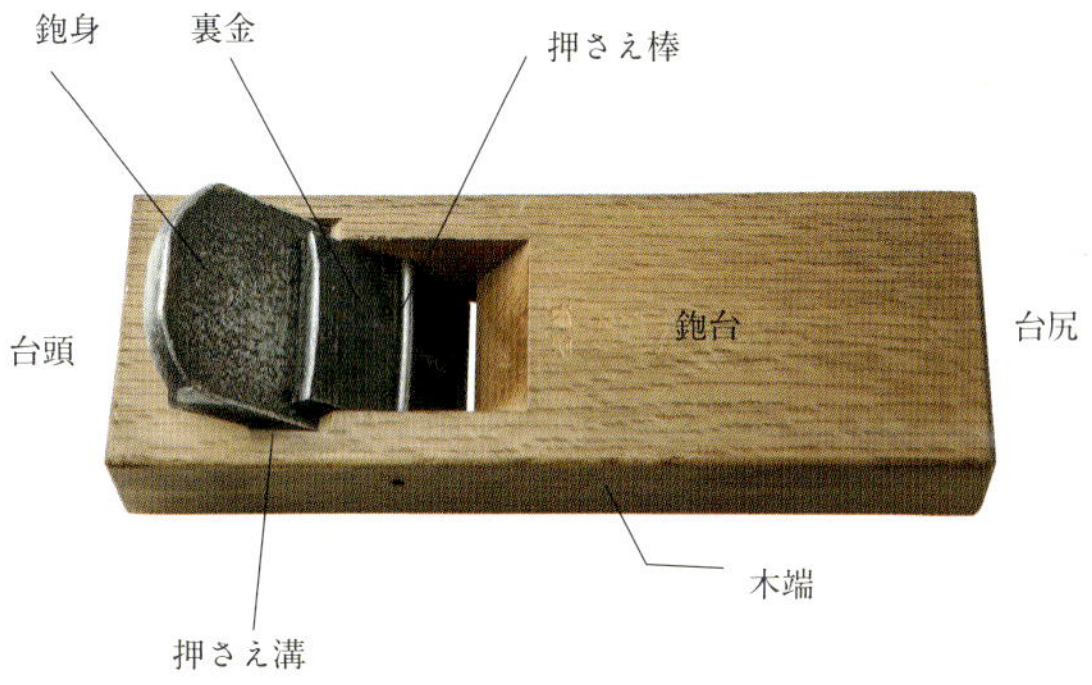

**【使用する道具】**

刃を研ぐ道具は、26頁の道具と同じです。

ゲンノウ
金床
下端定規
スコヤ
カッターナイフ
鉛筆
ノミ（2・4cm程度・3mm）
立鉋（またはサンドペーパー）
木片（カンナ台の幅より少し長めのもの）

## 1．刃を研ぐ

ノミの研ぎの手順と同じように、カンナ身・裏金両方に裏押しを行ってから（二枚刃の場合、これができていないとカンナ身と裏金の間にカンナ屑が入り、削れません）、カンナ身の表を研ぎます。

裏押しをしたら、裏金を中砥で20～25度の角度に研ぎ上げ、仕上げ砥石で刃先にだけ約70度の角度がつくよう、刃がえりがなくなるまで研ぎます。（図1）

この70度という角度やその幅は、あくまでも目安です。台の刃口や木端がえしの角度などで変わります。その鉋の台に合った角度をみつけてください。

（図1）

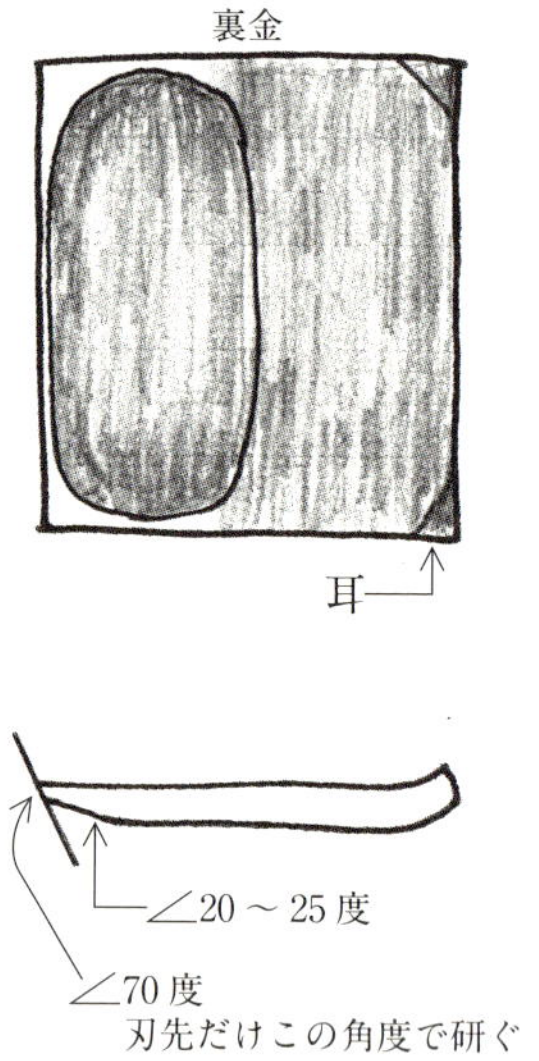


（図2）

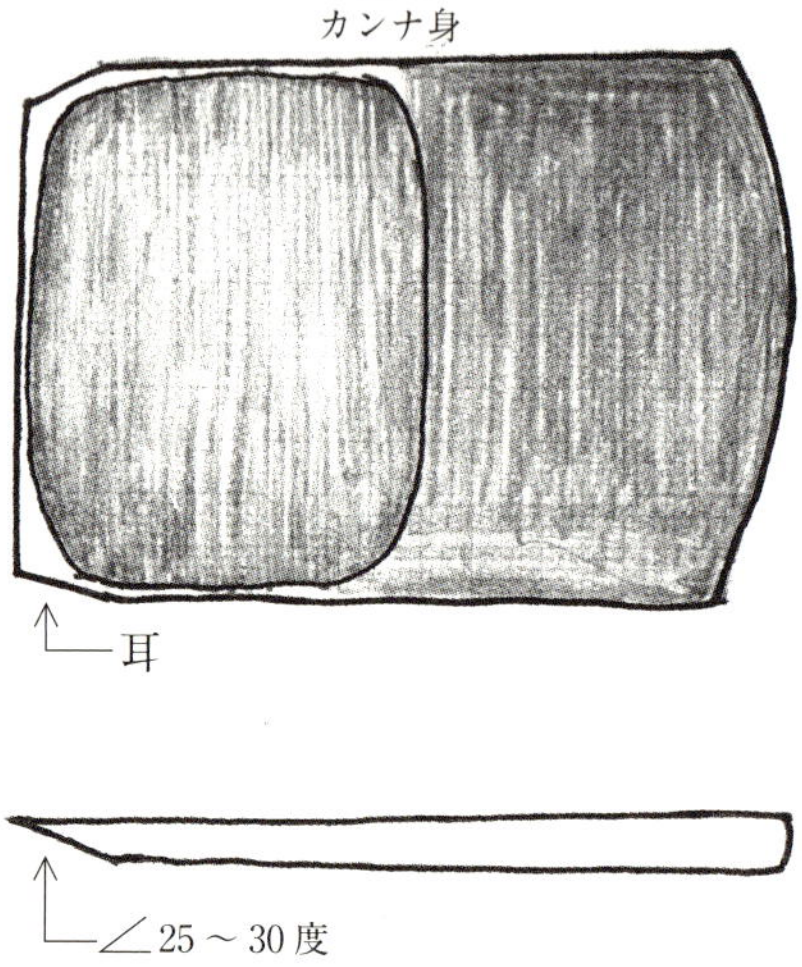


次に、カンナ身の耳を、刃口より少し狭めにつけます。カンナ身の刃先の角度は25～30度です（図2）。これも裏金同様、削る木の硬さやカンナ身自体の硬さなどで少しずつ異なりますから、あくまでも目安です。調子のよい角度を、使いながら見つけてください。鉋身と裏金の刃先が合えば、研ぎ上がりです。ノミと同様、刃先が丸くならないように気をつけて研いでください。

## 2. 裏金の耳の調整

裏金の耳は、カンナ身に裏金をしっかりと押しつけ、カンナ身と裏金の間にカンナ屑が入り込まないようにするためにあります。カンナ身の上に裏金を置き、ガタつきがあれば、耳の調整をします。

耳の曲がりを、ガタつきが出ないように金床の角に合わせてゲンノウで叩き、少しずつ曲げます（写真1）。あまりたくさん曲げてしまうと台に乗らなくなってしまいます。

カンナ身と裏金を重ねて、隙間がないか確認します（写真2）。両方の合わさったところをのぞいてみて、光が漏れていたら、隙間があるということですので、もう一度裏押しをやり直します。

（写真1）

（写真2）

## 3．カンナ台の調整

まだ新しく、調整の終わっていないカンナは、台にカンナ身が入りきらないようになっています。そうなっていないと、カンナ身は裏押しをしたぶん薄くなるので、刃口から必要以上に刃先が出過ぎてしまうからです。

無理に叩き込むと台を割ってしまいますから、カンナ身の幅や厚みに合わせて、台の調整をします。

**・表なじみの調整**

台頭の上辺はノミで面取りをしておきます。両側の角も少し大きめに取ります。台頭は、カンナ身と裏金を台から抜くときにゲンノウで叩きますから、割れないようにするためです。

[1] カンナ身の表と裏と両端を鉛筆で黒く塗り、台に少しずつ、少しきつくなるまで叩きこみます。

[2] いったん抜いて、表なじみを見ますと、鉛筆の粉が付着して黒くなった部分ができます。その部分がきつい部分です。

[3] きつい部分を、ノミややすりで少しずつ削り取ります。一気に削ると緩くなってしまうので、くれぐれも一度にたくさん削らないようにしてください。

再びカンナ身を入れると、ほかのきつい場所が黒くなりますので、またその場所を削ります。

この作業を刃先が刃口から出るまで少しずつ何度も繰り返し、カンナ身の入り具合を調整します。

[4] 刃口から刃が出たところ。

**・刃口の調整**

刃先が刃口から出たら、今度は刃口の調整をします。調整する寸法については、34頁・図3を参照してください。

刃口は狭いほうがいいのですが、二枚刃のカンナの場合、カンナ屑が裏金との間を通らなければならないので、1㎜～1.5㎜ほどあってもよいでしょう。

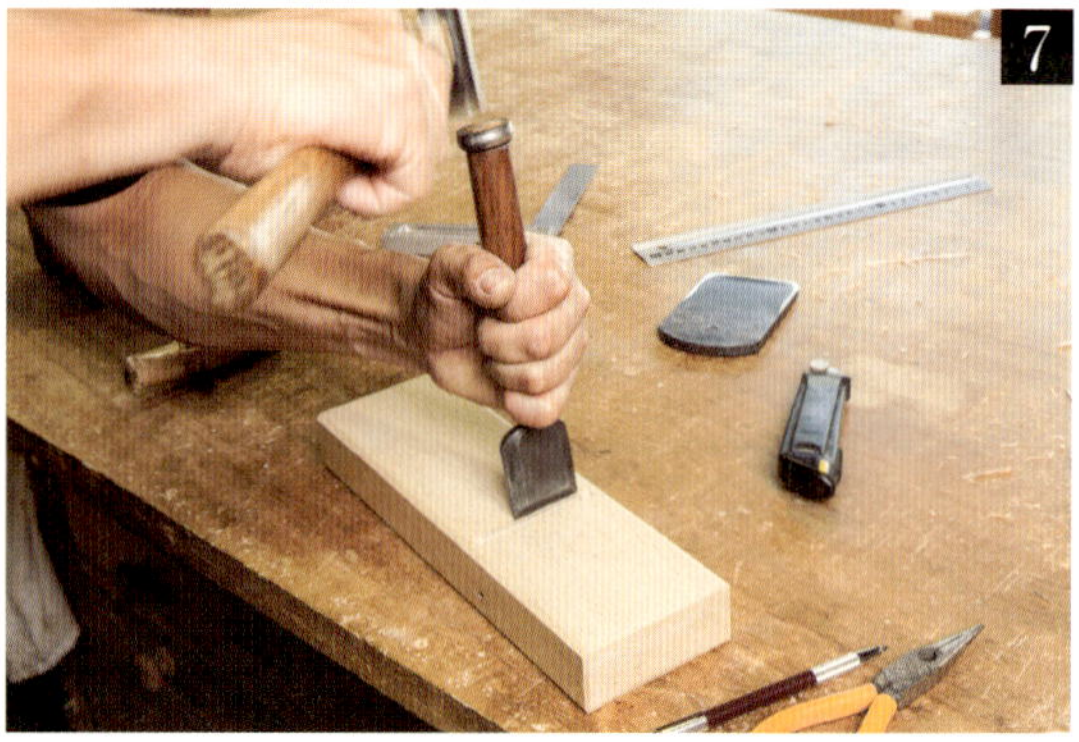

仕上げカンナは狭め、荒ガンナは厚いカンナ屑が通らなければならないので少し広めにするなど、カンナごとに異なります。

　また、木端がえしの面が垂直だと、調整のために台の下端を少しずつ削っていくと、刃口が広くなっていってしまうので、そうならないよう、95度ほどの角度がつくように、きれいに仕上げます。

5 まず、刃口の幅を決め、鉛筆で線を引きます。

6 5の線に沿って、カッターナイフで切れ目を入れます。

7 切れ目にノミを打ち込み、刃口を広げます。

（図3）

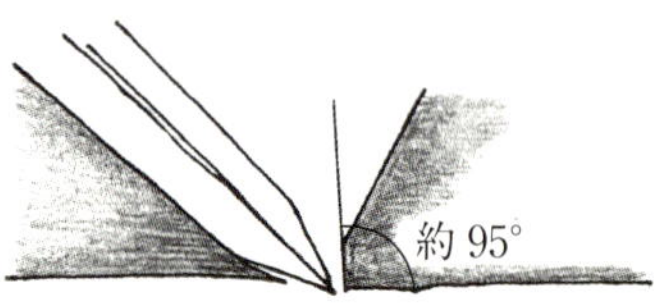


8 押さえの溝を、やすりや3㎜のノミで少しずつ削ってください。押さえはカンナ身が傾いて出ないように気をつけて削ります。ここはカンナ身の出方の調整をするために、少し余裕を持たせておきます。

**・下端・木端の調整**

　刃先が刃口から出ているぶんだけ（削りたいと思うぶんだけ）削るためには、台の下端が合っていなければなりません。カンナ台が反っていたりねじれていたりしては、木は削れません。うまく削れないときは、台の下端がうまく調整できていない場合が多くあります。一度調整した台でも、湿気や乾燥、また細い桟を削って台が減るなど、いろいろな原因で狂ってきますので、そのつど調整することが大切です。

9 台に、下端定規を当てて、隙間を見ながら立鉋で平らにします（立鉋のかわりにサンドペーパーも使えますが、表面が荒い仕

上がりになり、狂いやすくなりますので、立鉋を使うことをおすすめします）。

このとき、刃口に近い部分はカンナ身で押されてふくらんだ状態になっていますので（図4）、カンナ身を刃口から少し引っ込めて作業をすると、正確な平面を作ることができます。

10 下端が平面になったら、図5のように、刃口より後の部分と、台尻側の端をそれぞれ10㎜ずつ残し、0.3㎜～0.5㎜程度、立鉋で削ります（図5）。

刃口より台頭側も同様に削ります。刃口に近いところは、刃口に木片を当て、ノミを立てて削ると、他の部分を傷つけずにすみます。

木端は、下端に直角になるように平面を仕上げます。板を削るとき、板の木端や木口を、平面を出したワークベンチの上に置き、カンナ台を添わせて削れば、直角に削ることができます。

（図4）

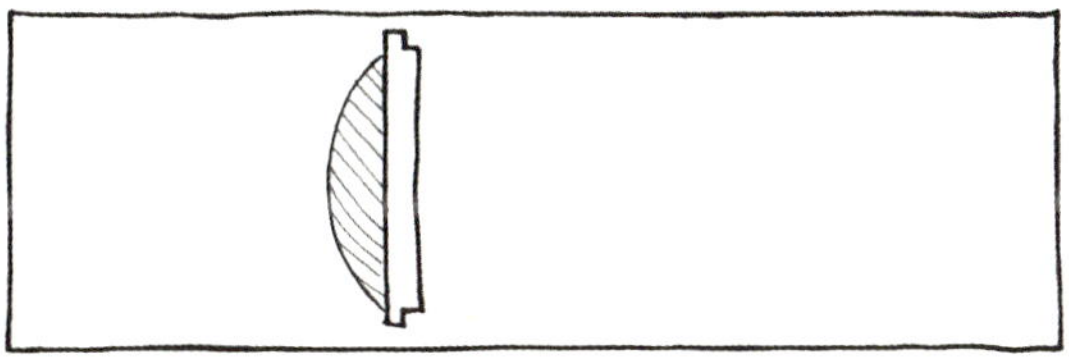

刃を仕込むと、斜線部分が膨らむ

（図5）

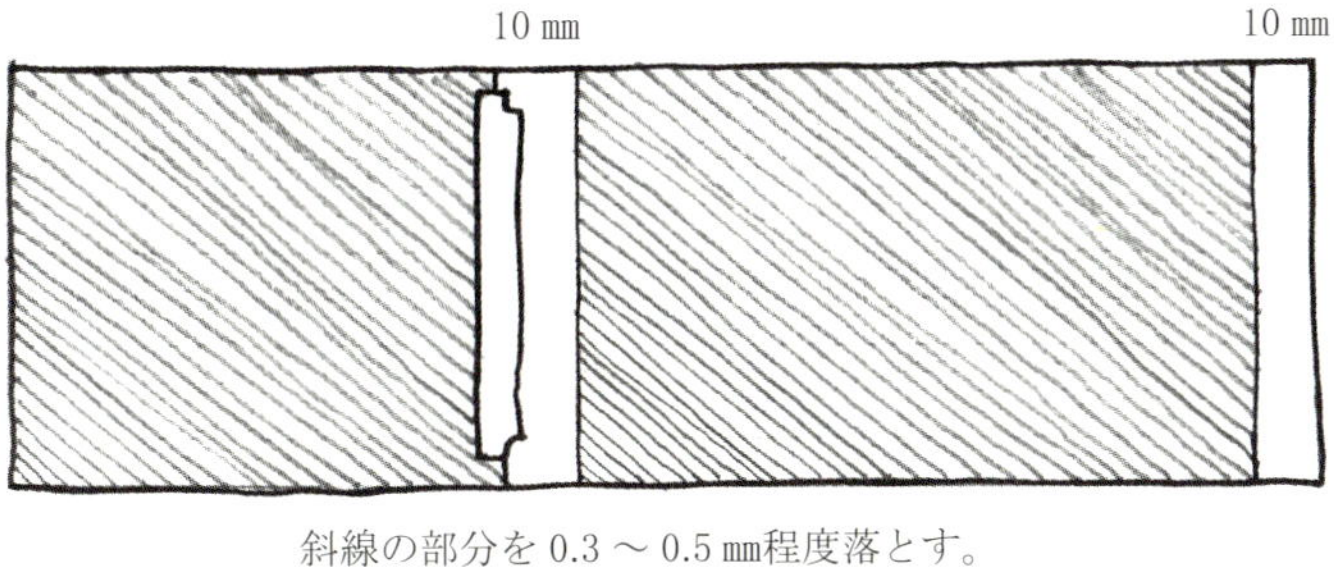


斜線の部分を 0.3 ～ 0.5 ㎜程度落とす。

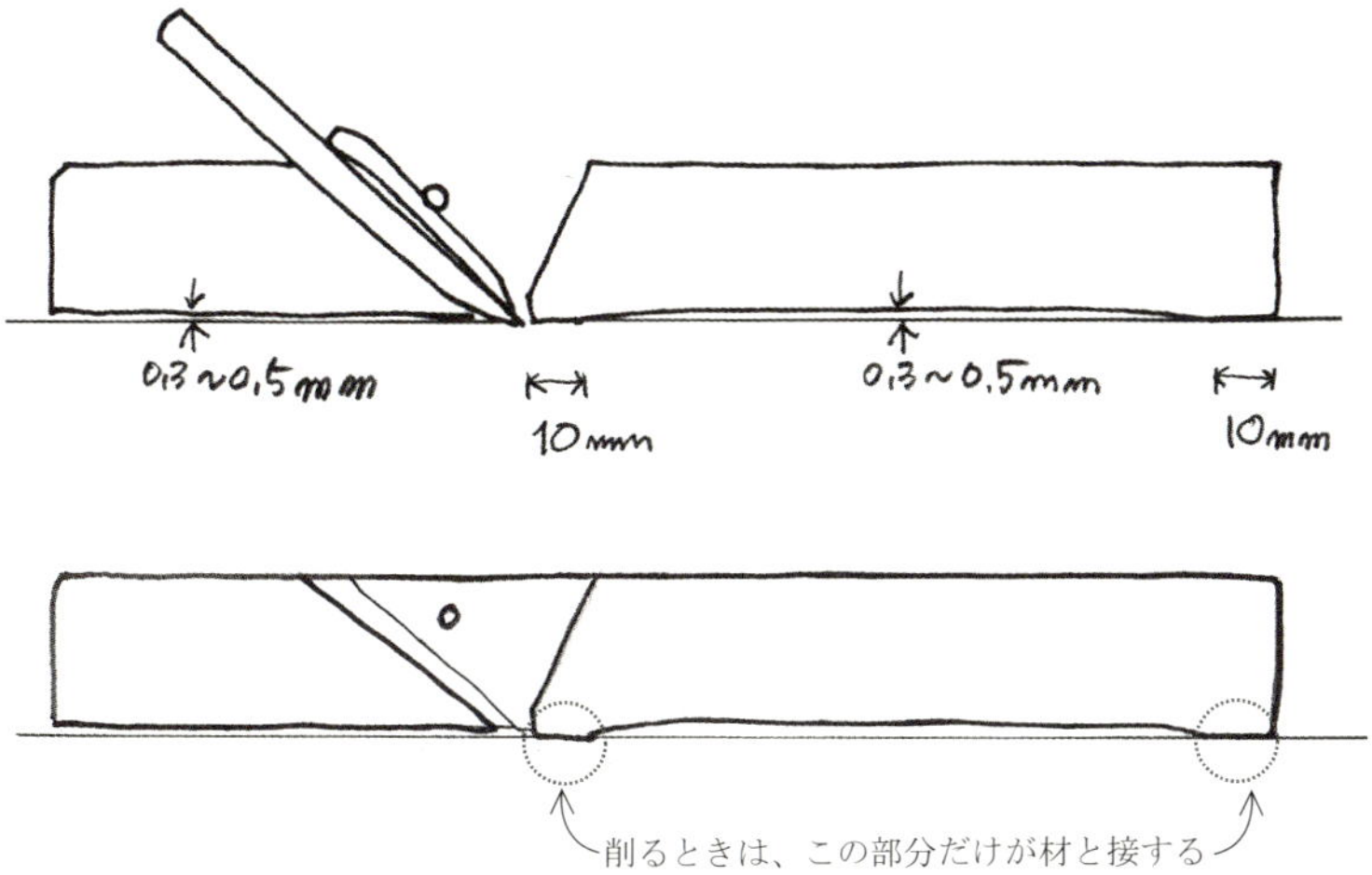

## カンナのかけ方

刃も研ぎ、台の調整も終わったら、カンナをかけてみます。刃を出し過ぎずに削ることが、美しく仕上げるためには必要です。台の真ん中あたりを右手で持ち、左手は台頭とカンナ身を押さえ、頭がちょうど台の上に出るようにして、体重をかけながら引きます。引き始めは台を、最後は台頭を押さえ、ゆっくりと同じ早さで引けば、上手にかけられます。

材料を見て、なるべく木材の目に逆らわないように削ります。広い板は、まず、板の縁からカンナを半分くらい外に出して削り、次に、削ったところに半分くらい重なるように横にずらしながらかけていきましょう。

# 「逆目」と「カンナ境」

「逆目」とは、カンナで削ったカンナ屑に引かれ、刃で切れるより前に木目に沿って繊維が割れることをいいます。木は一方向にだけ木目が通ってはいません。一枚の板でも、途中から逆目になるものもあり、節回りには必ず逆目があります。また、名木といわれる、トラ目や玉目などは、逆目と順目が入り組み、その違いで光り方が異なって美しく見える材です。

二枚刃のカンナは、この逆目を防ぐために考え出されたのです。裏金をカンナ身の刃先に0.3～0.5㎜くらいの間隔に調整して合わせることにより、カンナ屑を削ってすぐに折ってしまい、それより前の部分を割らないようにすることで、逆目を止めるのです。それ以前は、一枚刃のカンナしかありませんから、刃口を小さくし、カンナ屑を折るようにして逆目を止めていました（図1）。

どちらにしても、カンナ屑が薄くなければ、逆目は止まりづらいといえます。

また、カンナをかけた面に段差ができてしまうことがあります。この状態を「カンナ境」といいます。カンナ身の刃先がまっすぐに研げ過ぎていると、このようになります（図2・3）。

これを防ぐためには、耳を少し丸く研ぎます（図4）。しかし、丸く研ぎすぎると、細いカンナ屑しか出ず、削り跡が波打ったようになってしまいます。削り面を美しく仕上げるためには、冒頭で述べたように、研ぎの鍛錬をすることが第一です。

（図1）

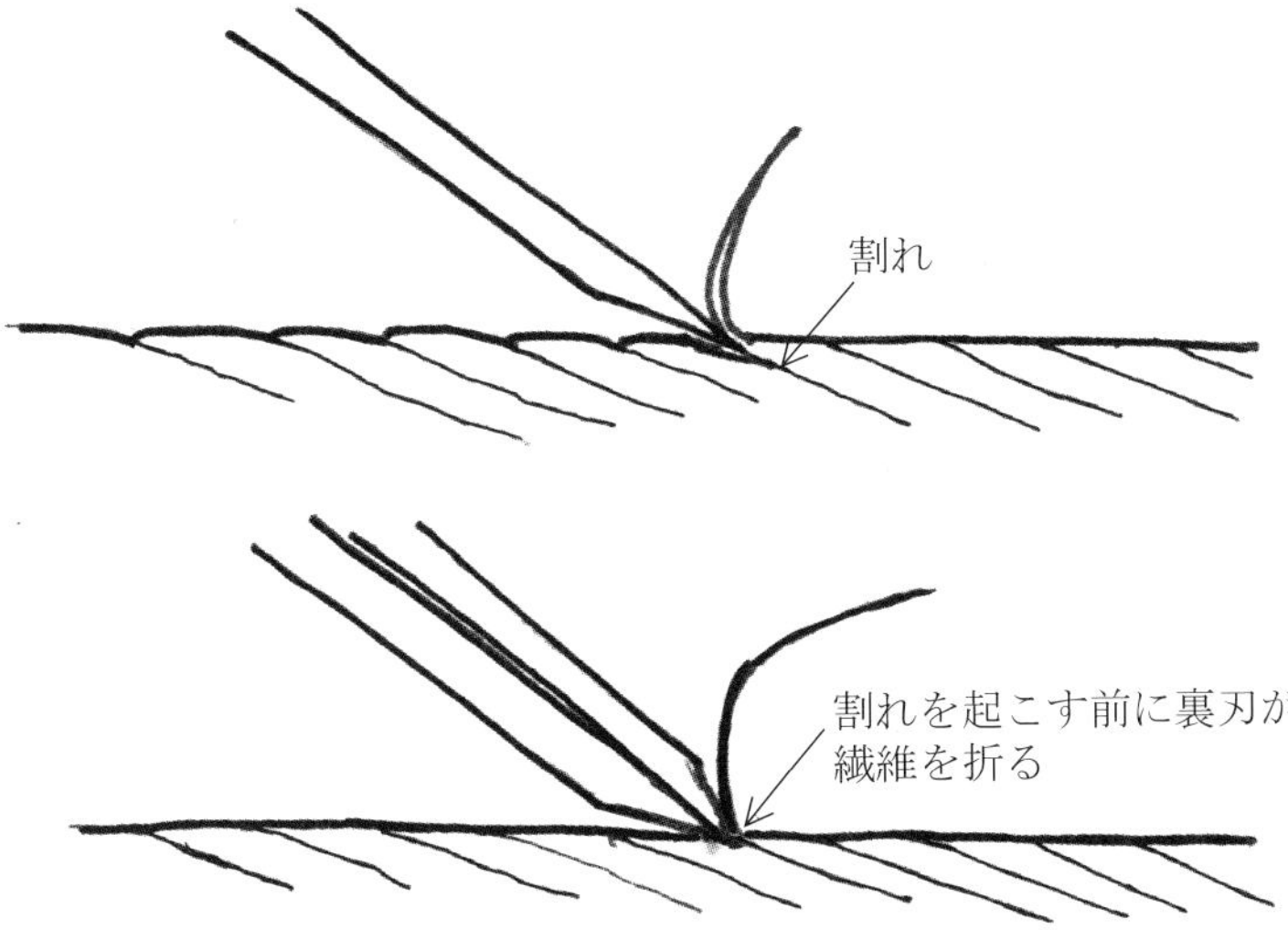
割れ
割れを起こす前に裏刃が
繊維を折る

（図2）

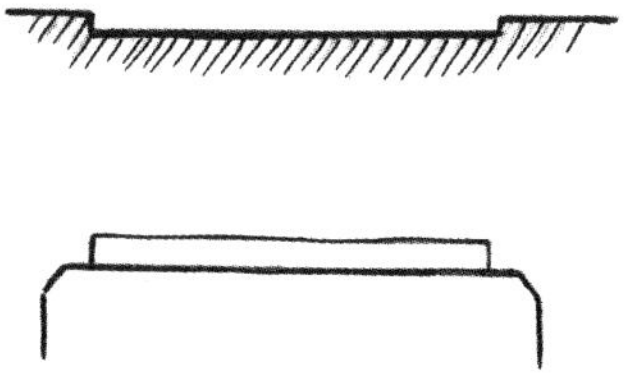

（図3）

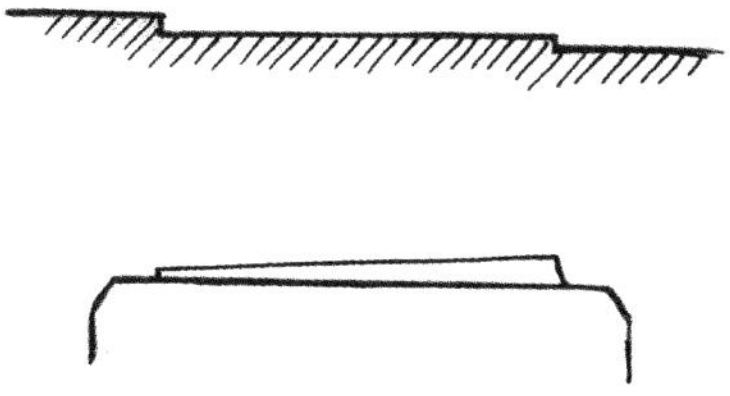

（図4）

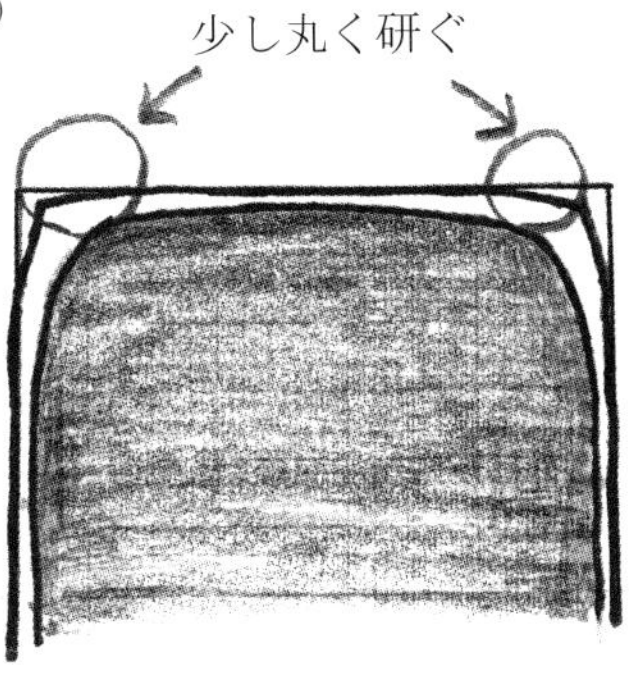
少し丸く研ぐ

# ノコギリ——鋸・小刀類

ノコギリ（ノコ）は、大きな材料を小さく製材したり、ホゾ挽きや組み手を作るときに使います。歯は木目に沿って切る「縦挽き」と、木目に直角に切る「横挽き」があります。

ノコギリは、切れ味が悪くなったら、目立てをします。目立てはたいへん難しいので、目立て屋でしてもらうのがよいでしょう。ノコギリのアサリ（歯振）の幅、歯の大きさなど、自分の使いやすいようにしてもらいましょう。最近は、替え刃のノコギリが多くなりましたが、やはりよいノコギリを、目立てをしながら長い間使い続けると、まるで身体の一部になったように、力をそれほど入れなくても、まっすぐに切れてくれます。

日本のノコギリは、引くときに切れるように刃をつけてあります。引くときだけ力を入れ、押すときは絶対に力を入れずに使います。押すときに力を入れてしまうと、鋸身（ノコ身）が割れたり曲がったりしますし、まっすぐに切れないので気をつけてください。

横挽き鋸の刃

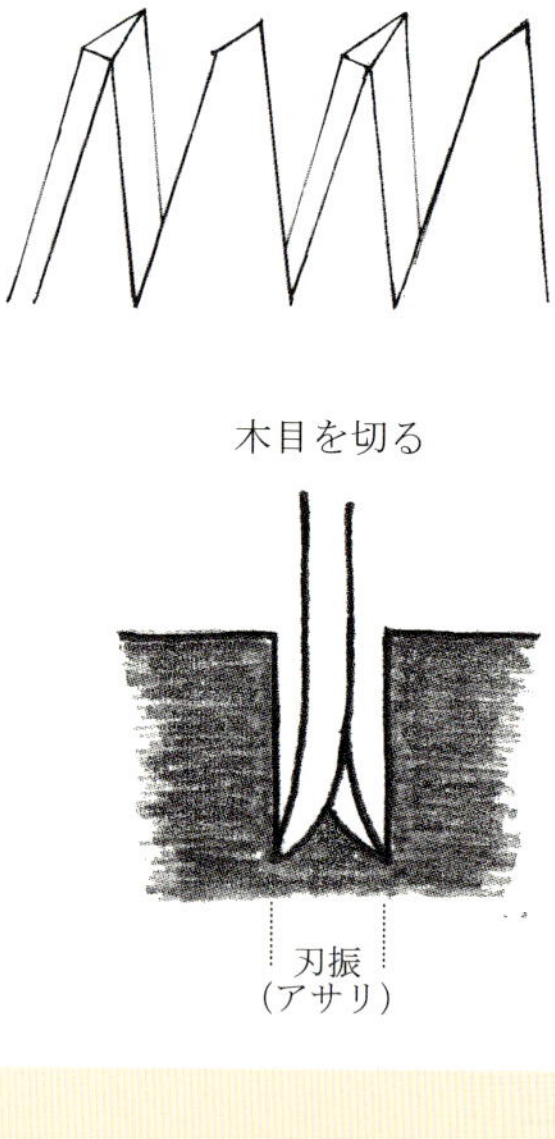


縦挽き鋸の刃

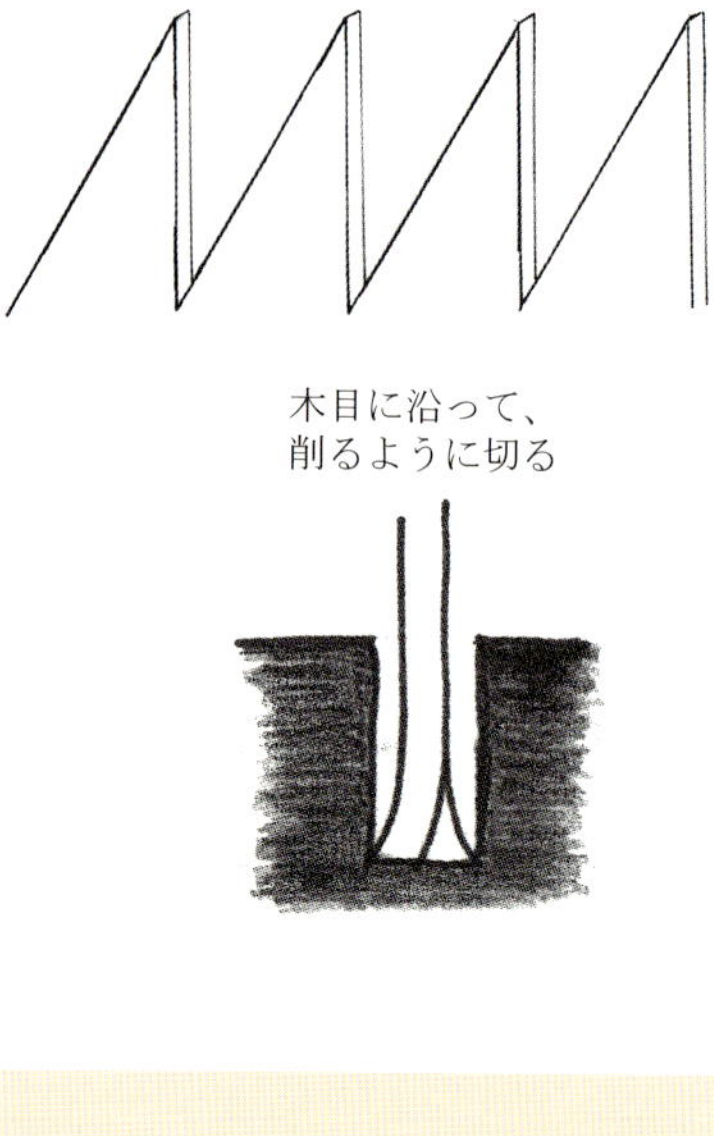


### 両刃鋸（両刃ノコ）

縦挽ノコや横挽ノコと、片刃のノコギリもありますが、両方を１枚のノコ身の両側につけた、「両刃ノコ」が便利で、よく使われています。大きさもいろいろあり、ＫＡＫＩでは２１０㎜～３００㎜くらいのノコギリを用途に合わせて使い分けています。

### 胴付き鋸（胴付ノコ）

ホゾや仕口など、精密な仕事が必要なところに使います。ノコ身は極めて薄く、歯も同じ大きさの両刃ノコに比べ、小さいものです。薄いぶん、腰も曲がりやすく、破損しやすいので、背金で補強してあります。ノコ挽きして、そのまま組み立てることが多いので、あとからノミなどで修正しなくてすむように慎重に挽けば、切り口は大変きれいで、ぴったりと合う仕上がりになります。

このノコギリにも、横挽き・縦挽きがあります。

### 押し挽きノコ

横挽きノコの一種で、小振りで刃が薄く、アサリがありません。刃が薄くしなやかなので、ある程度自由に曲げることができ、抜けたホゾや、穴埋めの丸棒（ダボ）を周りの面に沿わせて根元から切ることが可能です。

また、アサリがないので、刃の側面が木に当たっても傷がつきにくくなっています。

### 小刀

切り出し小刀、剞り小刀（くりこがたな）など、飾りを彫ったり、細く削ったりと、用途は多くあります。刃はノミ・カンナと同様、裏出しをし、研いで使います。曲線を削るとき、刃表を材の側で使うときはえぐるように削り、そうでないときは刃裏を材側に当てて使います。逆目にならないように気をつけ、左右両方の小刀を使い分けると便利で、美しく仕上がります。剞り小刀のほうが、切り出し小刀より細いぶん、細かな曲線を削るのに適しています。

剞り小刀

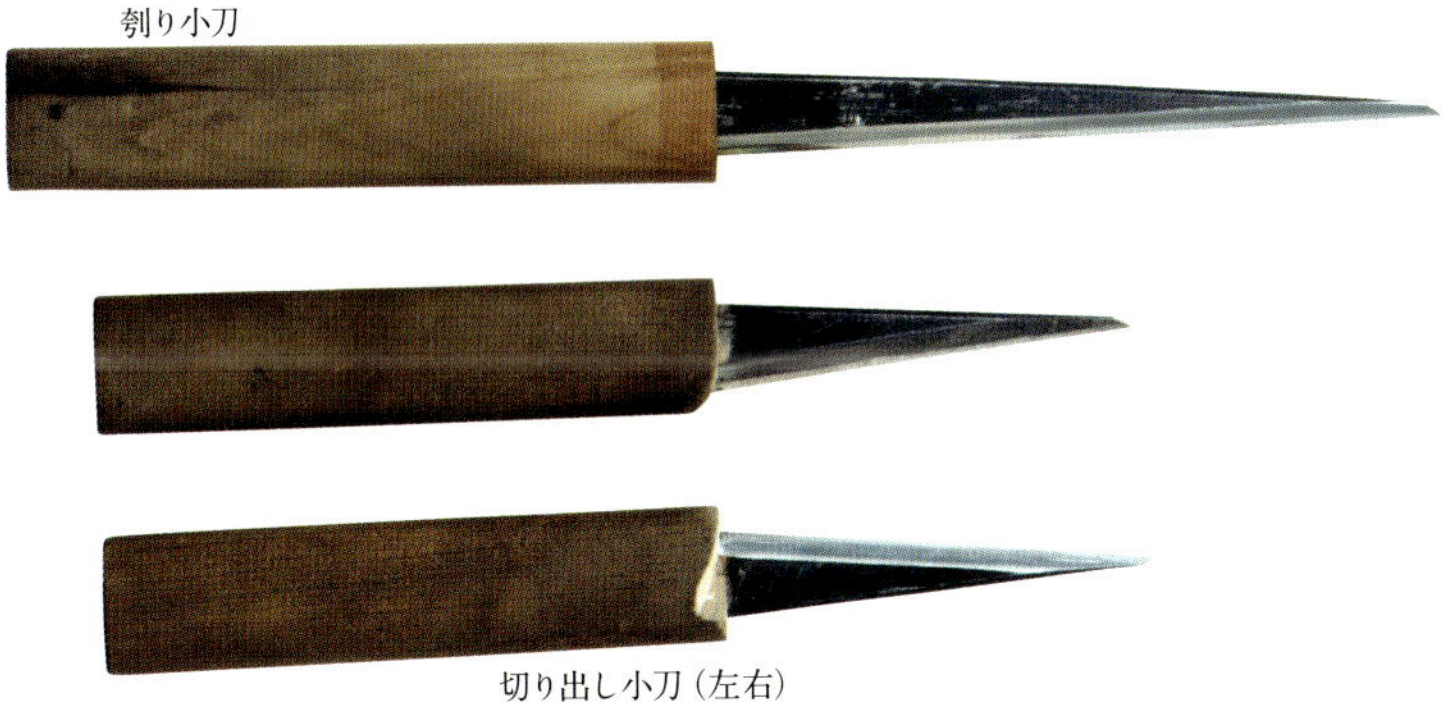

切り出し小刀（左右）

彫刻刀

錐

### 彫刻刀

平刀・斜刀（左右）・三角・丸刀などがあります。板の平面に飾りを彫るときに使います。

KAKIでは、小物の飾りや、ベッドのヘッドボード、ベンチや椅子の背板などに彫刻するときに使います。曲線を多用しますので、刃先を少し丸く研ぐときれいな曲線が彫ることができます。これもしっかり裏出しをしてから、平らに研ぎます。

### 錐

穴を開けるときに使います。最近は、大きな穴は木工用・金工用のドリルを使って開けますので、釘やビスの下穴や木工用ドリルのガイド用の穴開けに、四つ目の錐をよく使います。断面が四角で、先に行くに従って細くなったものです。

錐も、切れなくなったら研いで使います。

# 金槌・台

**ものを打ち付けるときに用いる道具で、打撃部分が金属製のものを金槌といい、家具作りでは主にゲンノウを使います。また、組み立て作業などは、クッションとなる台が必要です。**

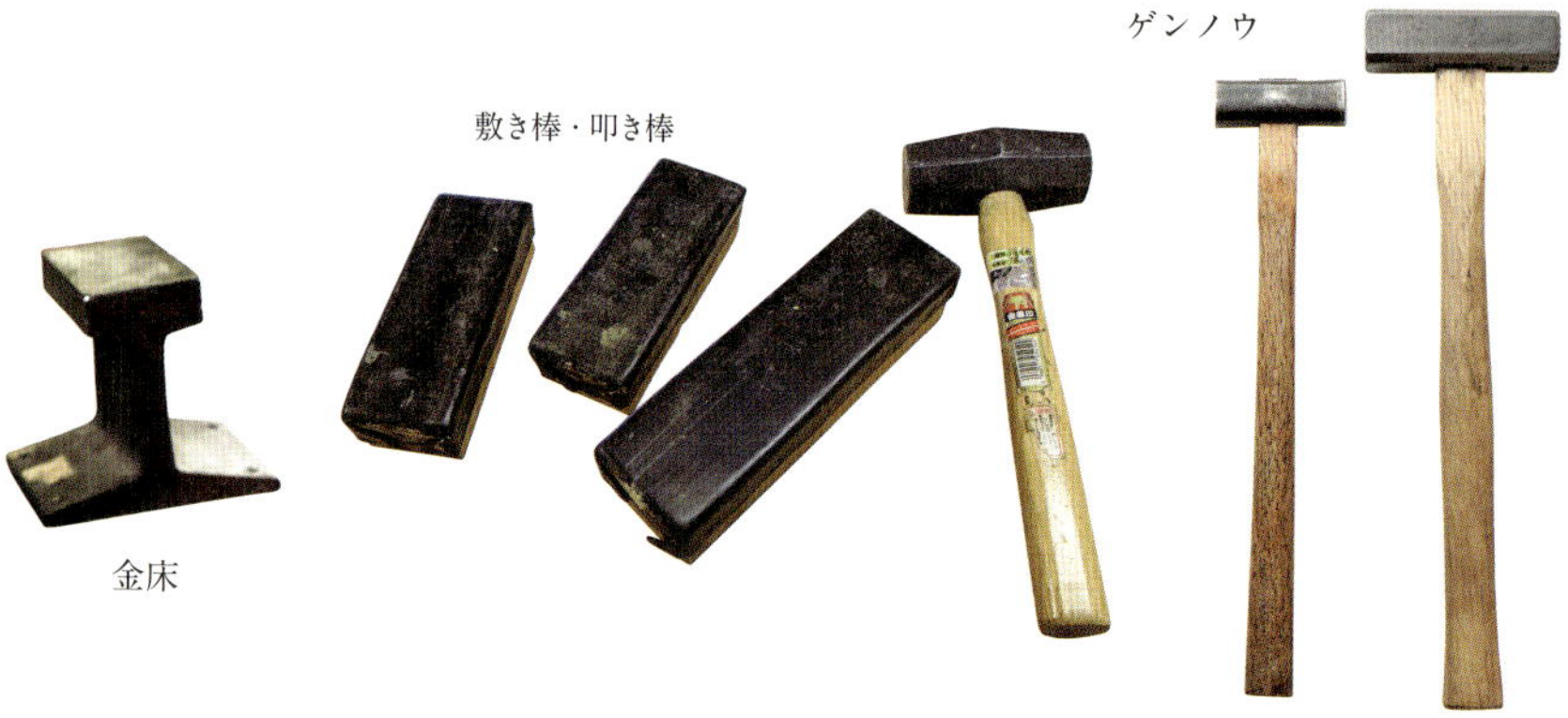


**ゲンノウ（玄翁）**

釘を打つとき、ノミを叩いて木を削るときのほか、道具の微調整やパーツの組み立てなど、打つときに使う道具です。重さや形が異なる種類を揃え、作業に応じて使い分けます。

打つ面は、平らな面と丸みをおびた〝木ごろしの面〟があり、普通に打つときは平らな面を使い、釘を打ちつけるときは、最後だけ、周りの木を傷つけないよう、木ごろしの面を使って打ち込みます。

**敷き棒・叩き棒（当て木）**

家具の組み立てにはかなりの力が加わるため、カンナで仕上げた表面に傷がつかないように、パーツの下に入れる〈敷き棒〉と、叩くとき使う〈叩き棒〉を使います。叩き棒は、パーツを叩く位置に当て、その上からゲンノウで叩きます。KAKIでは、オークやアッシュなどの堅木にコルクを張り、その上に牛革を張ったものを使っています。

**金床**

金属加工のときに使う鋳鉄製の作業台で、家具作りでは主に、カンナの裏金を調整するときに登場します。

# 定規・コンパス類

**家具作りに欠かせないのが定規・コンパス類です。定規は、長さを測る・直線を引く以外にもいろいろな役割を担い、さまざまな種類のものを必要に応じて使い分けます。**

**直定規**

一般的な定規です。15〜100cmのものを、必要な長さに合わせて使います。

長さを測り、線を引くことはもちろん、板の反りを見るためにも用います。

**下端定規**

普通の定規より厚みのある定規です（写真・中）。カンナの下端の状態を見るときや、板の平面を確認するときに使います。

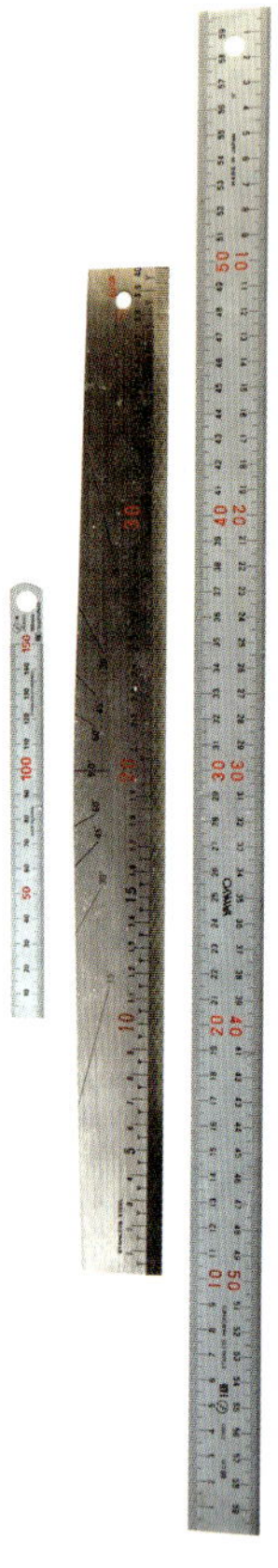

## 自在定規

いろいろな角度にセットできる定規です。

家具作りでは、斜めの線がたくさん出てきますので、1本あると便利でしょう。斜めの線が多いものを作る場合は、数本あると便利です。

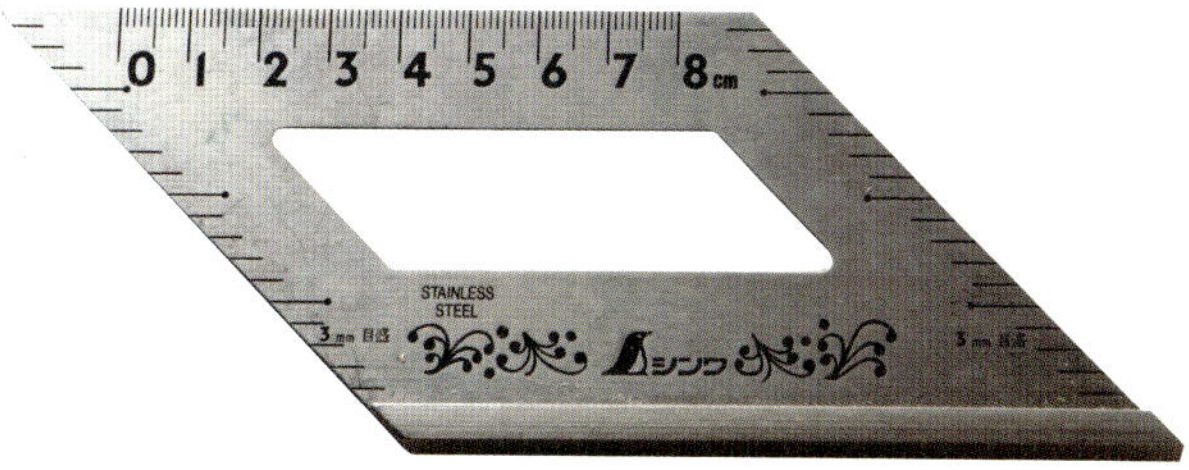


## 留め定規

45度を測るための定規です。

木口を見せずに90度に組む組み手や、留め接ぎ加工をほどこす場合など、正確に45度に加工することが求められるときに使用します。

90度を測るスコヤほど使用頻度は高くありませんが、重要な定規です。

## スコヤ

直角定規の一つで、家具作りでは、必ず1本は必要な道具です。直角の線を引いたり、材料の直角を確認するなど、直定規と同じくらいの頻度で使用します。作る家具に合わせて、サイズの違うものがいくつかあると便利です。

落とすと角度が狂ってしまうので大切にしなくてはいけません。また、売られているものでも、ときどき角度が狂っていることがあります。可能であれば、購入の際に角度を確認させてもらうとよいでしょう。

## コンパス

彫刻の下絵やテーブルの天板の円のほか、実寸の長さをとるときなどにも活用します。

一般的なコンパスから、大きな円を描くビームコンパス（写真・左）があります。ビームコンパスは、針と穂先（鉛筆など）のアタッチメントを、長い板や棒に取り付けて使います。

## ケビキ

材料の縁と平行の線を引くための道具です。また、一度に2本の線を引くことができる2枚の刃が入ったものもあり、ホゾやホゾ穴のスミ入れなどに活用します。

材料を刃で削って線を引くので、カンナをかけても線が消えません。必要のない部分には引かないように注意が必要です。

# 治具《じぐ》

**作業をより安全に、効率よく行うために用いる補助的な道具を治具といいます。主にガイドとして用いるものと、材料やガイドを固定するために用いるものとがあります。**

## 補助・ガイド

ガイドとして用いる治具は、おおまかに4つに分けることができ、必要に応じて自作します。

**・部材を押したり支えたりするもの**

材料の形が不安定で作業が困難な場合は、その形に合わせ、しっかりと安定させる治具を使います。また、細い材料を大きな機械にかけなくてはならない場合は、機械の刃に手が近づかないよう、治具を使って材料を押すようにします。

**・ノコギリ、ノミ、カンナによる加工のガイドとなるもの**

ノコギリ・ノミ・カンナを使って、材料に角度のついた加工をするとき、刃物の角度を合わせる治具を作ります。たとえば建具の框の被せなどは45度の角度が必要ですので、45度の角度に切った角材を治具として使います。この角度にノコギリの刃を当てて切れば、自動的に45度の角度で切ることができます（写真・上）。

**・機械による加工のガイドとなるもの**

トリマーやルーター、丸ノコ、溝切りカッターなど、手で持って動かす機械は、ガイドとなる治具を使うことで、活用の幅が広がります。

まっすぐ切る・溝を掘る・同じ幅の溝を複数掘る・曲線や複雑な形の穴を掘る、というとき、刃を入れる位置を簡単に決めることができ、かつ正確な作業ができます（写真・下）。

**・大型機械による加工のガイドとなるもの**

このほかに、横切り盤や昇降盤、角ノミ盤、手押し盤などの大型の機械で角度のついた加工をしたり、穴を掘る・削るといった作業にも、機械に合わせて治具を作ります。

治具を作る場合に最も重要なことは、まず安全であることです。作業する材料、治具が安定すること・機械に無理がかからないこと・機械の刃に手や身体の一部が近づかないこと。

そして、次に重要なのが、その治具を使うことで作業が簡単かつスムーズになることです。セットが容易であること・作業に合ったサイズであること・毎回同じように作業ができること。

同じ作業が連続する場合は、スミ入れをしなくても、セットすればその形に作れるような治具があると、作業は格段に早くなります。

ガイドを使って角度のある部分を切る。

ガイドを使って、トリマーで溝を掘る。

効率よく、かつ安全な作業ができる治具作りも、家具作りの中の楽しみの一つです。さらに、作った治具が思い通りの働きをしてくれれば、喜びもひとしおでしょう。

ＫＡＫＩの手作りガイドの数々。ガイドが増えたら、それぞれどの作業に使うのかがわかるようにしておきましょう。

## 固定する治具

材料を加工するとき台に固定したり、ガイドを材料に固定するなど、固定する治具もあります。

### ハタガネ

締め付ける道具です。板を接ぎ合わせたり、組み立てるときに、材料を締め付けたり、固定するなど、いろいろと出番があります。

### クランプ

ハタガネ同様、締め付けて固定する道具です。こちらは主に治具を固定するときに使います。

### バイス（万力）

主に材料を固定する道具です。両手を使って材料を加工したいときなどは、バイスを使って材料をワークベンチに固定します。

ハタガネ

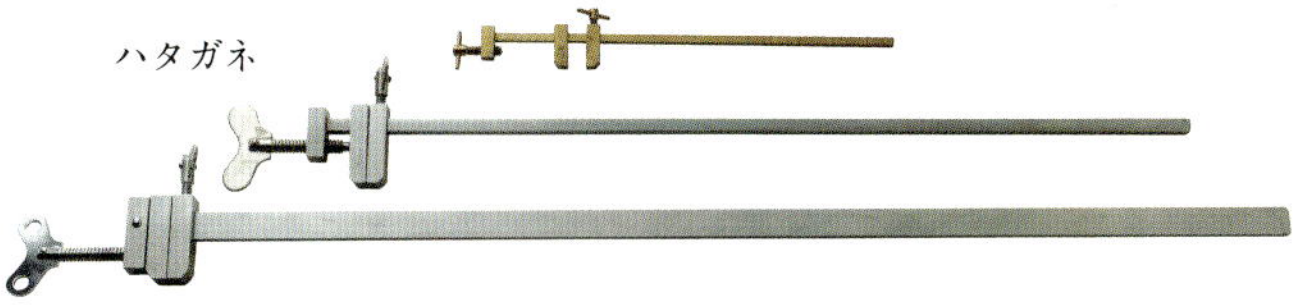

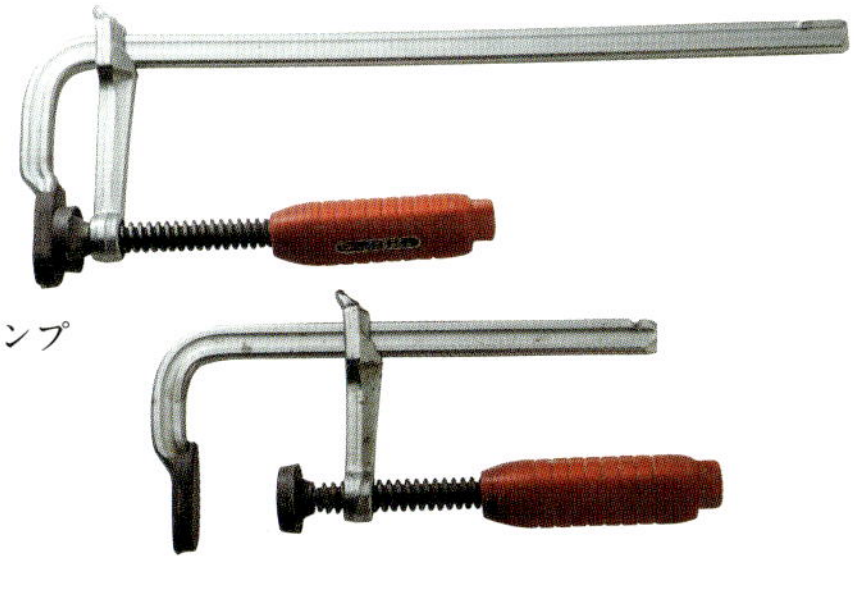

クランプ

バイス

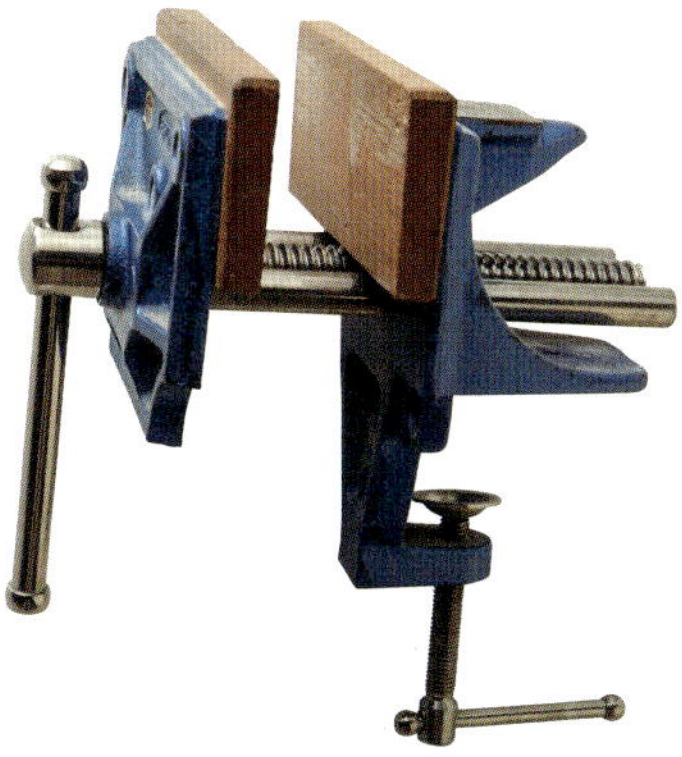

# 電動工具

本書で紹介する家具は、ノミやカンナ、ノコギリを使って、手作業で作ることができます。しかし、時間がかかるうえ、技術が上達しなくては思うような細工をすることが難しく、仕上がりにも影響してきます。

そこで、電動工具を活用することで、作業をスムーズに、かつ正確に進めることができます。

手で使う道具と電動工具を上手に使い分けると、楽しみも広がるでしょう。

**トリマー**

回転軸に刃物（ビット）を付けて、切削加工をする道具です。ビットの形状により、縁の切削、飾り加工、溝掘り、穴開け等、多くの作業をすることができるので、1台手に入れておくことをおすすめします。

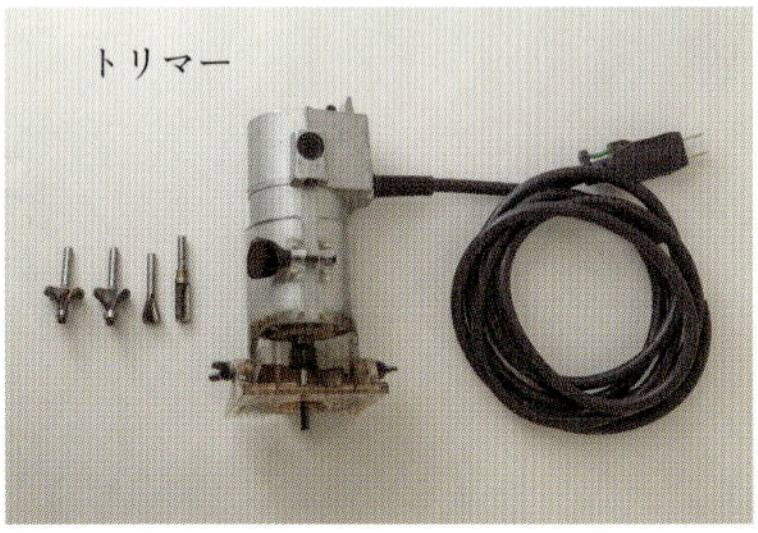
トリマー

**ルーター**

用途はトリマーと同じですが、トリマーよりモーターが大きく、パワーがあります。ビットも大きいので、大きな材料の加工に適しています。

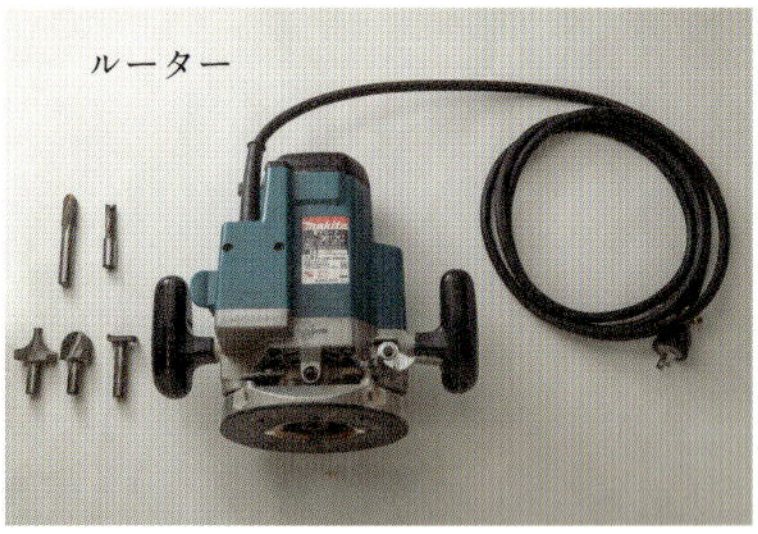
ルーター

**ジグソー**

電動のノコギリです。挽き回しのように曲線を切るときに使います。

刃が片持ちなので、無理に押すと歪んで切れてしまいますので、注意しましょう。

ジグソー

**丸ノコ**

丸いチップソーを回転させて切削加工をする道具です。板に合わせて刃の出を調節して使います。

刃を斜めに傾けて切ることができるものもあります。ガイドと合わせて使うと、いろいろな形を切ることができます。

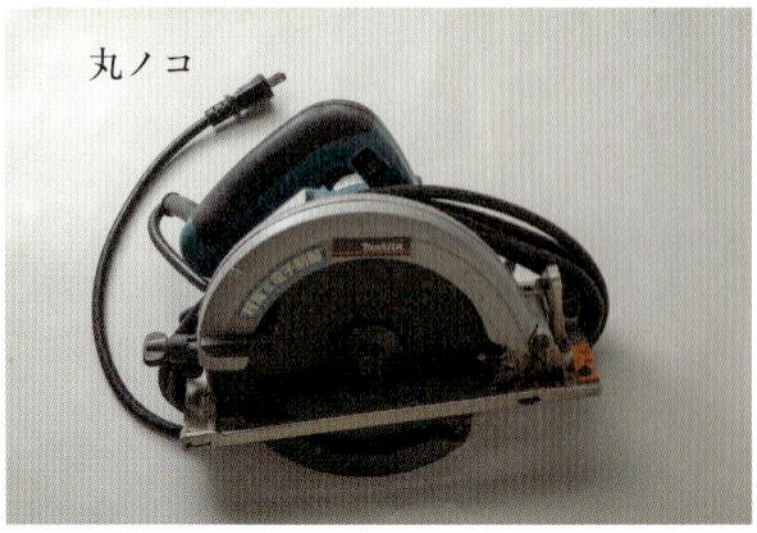
丸ノコ

**溝切りカッター**

丸ノコに似た機械です。刃を付け換えれば、さまざまな幅の溝を掘ることができます。

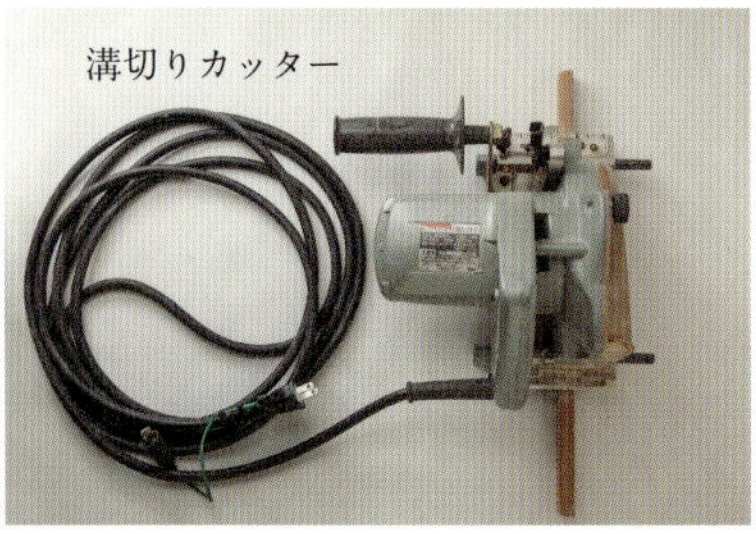
溝切りカッター

**電気カンナ**

刃の付いた胴を回転させて削るカンナです。広い板の平面を出したり、スピンドル、丸棒、パネルの面取りなどの加工の粗取りに用います。反り台の電気カンナもあります。

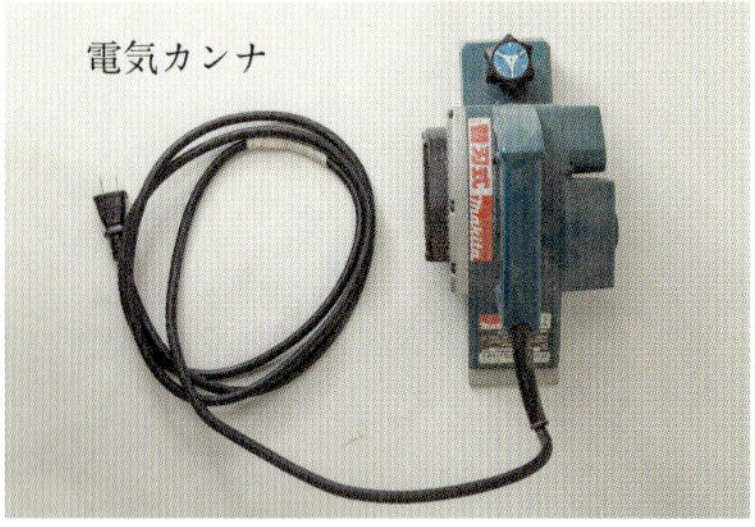
電気カンナ

### 電動ドリル・インパクトドライバー

穴開け、ビス止めに使います。ドリルは、付けるビットの大きさによってさまざまなサイズの穴を開けることができます。

インパクトドライバーは強力な締め付け力があるドライバーで、一定以上の負荷がかかると回転軸の回転方向に打撃を与えて締め付けます。力は強いですが、ネジが折れたり、めり込んだりしてしまうこともあります。

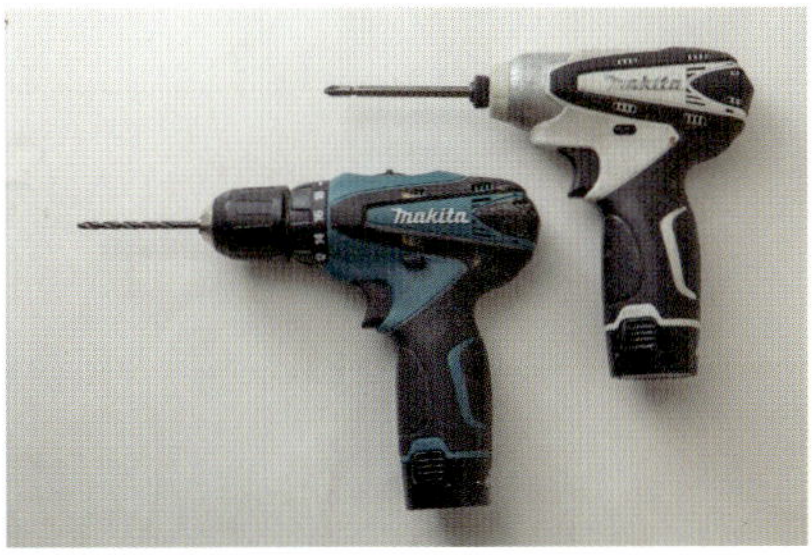

インパクトドライバー（上）と電動ドリル（下）

## 専門的な機械

一般の方が手にすることはないかもしれませんが、KAKIで使っている大型の機械についても、少しご紹介しましょう。

### 手押し鉋盤

台の真ん中で刃の付いた胴が回転しています。そこに材料を滑らせて、平坦に削ります。ガイドに基準面を当てて、直角もしくは任意の角度に削ることができます。

手押し鉋盤

### 自動鉋盤

機械の上部で刃が回転し、材料を乗せる台が上下します。

台と刃の距離を調節することで、材料の厚み・幅を必要なサイズに削ることができます。

たくさん削る必要があるときは、一気に削ると機械や材料に無理がかかるので、数回に分けて削ります。

自動鉋盤

### 横切り盤

テーブルの中央付近でチップソーが回転し、材料を切断します。材料を置くテーブルは前後に動き、刃は傾斜をつけることができるので、直角だけでなく、さまざまな角度をつけることができます。

横切り盤

# ワークベンチ（作業台）

家具の製作には、その作業スペースが必要となってきます。

製作するものにもよりますが、作業がスムーズに進むよう広く、天井の高い場所があるとよいでしょう。床は、万一、部材や刃物などが落ちても傷つかない、木や合板などが望ましいです。また、組み立てや加工のときの衝撃にも耐え、なおかつ平坦でなくてはいけません。

そしてそこには、ワークベンチ（作業台）が必要です。

カンナがけやノコ入れなど、家具製作は立って行う作業が多いので、そのときの姿勢に合った高さのものがよいでしょう。大きさは、スペースに合わせて、邪魔にならない大きさにします。でも、天板は広い方が作業しやすく、使い勝手がよいです。

広々としたワークベンチ。天板は常に平面が保たれていなくてはならない。両端の桟は、材料を加工する際に材料を支える役割を果たす。

ワークベンチには引き出しがついていると便利だ。引き出しに、サイズ・種類ごとに整理されたノミ。刃を痛めないように、刃先の形に合わせて一つずつくぼみが作られている。

ワークベンチは、ノミで穴を開けたり、カンナをかけるなど、作業の負荷にしっかり耐え、安定していることが条件です。材料を置いたときにガタついてしまうようでは、作業に支障が出てしまいます。

また、天板は平面でなくてはいけません。材料の平面を測る目安としても使うので、完全な平面が必要です。木は季節ごとに温度や湿度の変化に影響を受けて反りやねじれが生じますので、時折、定規を当てて確認し、平面になっていないようであればカンナで削って直しましょう。

私たちはさらに、天板の端にアリ溝を掘っておき、そこにオークなどの堅木で作った桟を挿して、材料を支えることができるようにしています。桟も、作業に合わせて2~3種類作っています。

さらに、道具などが収納できるようになっているととても便利です。作業中はどうしても、使い終えた道具や電動工具などを置いたままにして、作業スペースが狭く

高さに合わせた椅子も大切な要素の一つ。

小さな作業台の引き出し。たくさんのカンナが、種類・サイズ別に整然と収納されている。

なってしまいがちです。棚や引き出しを付けて道具や電動工具、治具などを手元近くに収めることができれば、ワークベンチの上をきれいに、広く保つことができるでしょう。整頓されたワークベンチも、家具作りには必要な要素です。

引き出しも、収める道具に合わせて作っています。ノミは、引き出しを出し入れするときに動いて傷ついてしまうことがあるので、刃先が1本ずつ収まるように削ってあります。作業しながら、自分なりに使い勝手のよいワークベンチに作り上げていくのも楽しいものです。

ワークベンチの高さに合わせたシートの高めな椅子も必要になってきます。

作業スペースには窓があるとよいでしょう。

ワークベンチの前にあればなおよいでしょう。

カンナのかかり具合などは自然光に当てるとよく見えます。また、作業中に外の景色を眺められれば、目を休めることもでき、気分転換にもなります。

窓際のワークベンチ。明るい日差しが注ぎ、作業の合間に木々の鮮やかな緑に癒される。

作業場の中のワークベンチ。ワークベンチのサイズは、作業スペースとのバランスも重要だ。

# 第3章

# 家具を作る

# 家具作りにあたって

家具の製作にあたって大切なことは、「一に材料、二に意匠、三に技術」だと、昔、誰かに教わりました。よい材料が手に入り、それに合わせて何を作ろうかと考え、作るものが決まったら、その材料を生かしたデザインを考える。そして製作です。

ものを作ることは、なんであれ、本当に楽しいことです。しかし、気がはやり、図面も完全にできないうちに作り出してしまい、「あれ?」ということになりがちです。私たちは、作り出す前に、形を決め、構造を考え、一つ一つの部材をしっかり決めてから製作にかかります。出来上がったとき、本当に満足できるものを作り上げたいものです。そのために、細部まで神経を使います。

私たちも、家具作りを志した頃は、ただ作っていてもなかなか思いどおりにできませんでした。そこで、世界中のよい家具を見ようと、家具の載っている本を買い集め、イギリスをはじめヨーロッパ各地を回り、家々で使われている食卓や椅子、古道具屋に飾られている家具、美術館や博物館などを見て歩き、ちょっとした装飾や全体のバランスなど、よいものからたくさんのことを学びました。

「家具を作りたい」。それが一番大切です。

そして、家具が好きで、全体の形、部材の飾り、構造などいろいろなところに興味をもち、よい家具を見ていくうちに、(こんなものを作りたい)と、具体的な形が浮かんでくるでしょう。また、自分の生活も、自分に必要な家具を教えてくれます。大家族だったり、友人が集まって食事を共にする機会が多ければ、大きなダイニングセットが必要ですし、読書や音楽鑑賞が趣味の人なら、ゆったりできる椅子があるとよいでしょう。

「こんな家具が欲しい」ということが出発点になります。

作りたいものがはっきりしてから製作にかかりましょう。出来上がったものが、その景色の中にマッチし、家族の中に溶け込み、長い間使い続けられていけば最高です。よいものができれば、もっと上手に、もっと形のよいものをと、次々と意欲も湧いてきます。

作って楽しみ、出来上がって喜び、使って重宝する。作り続けて半世紀も時が過ぎましたが、いまだに家具作りの面白さは続いています。

写真　KAKIの原点となった、スペイン・グアディス村の椅子。

# 作業環境について——安全に作業するために

**楽しい家具作りですが、使用する刃物や電動工具には危険が伴うことを忘れてはいけません。**

**堅い木を簡単に切ったり削ったりできる刃物です。手などいとも簡単に切ってしまいます。とくに電動の刃物はパワーもあり素早く切れるので、注意を怠ると大きなけがにつながってしまいます。**

作業に慣れてくると、どうしても危険性に鈍感になり、つい注意しなくてはいけないことを忘れてしまいます。そんなときにけがをしてしまいます。また、時間がなくあわてていたり、ほかのことに気を取られて集中できていないときも、けがの危険が高まります。作業には余裕を持って臨みましょう。不要な刃物は片づけておくように心がけてください。

作業の際には、刃物を動かす先に手を置いてはいけません。機械による切断作業の際は、切れ端をこまめに排除しないと、回転する刃に飛ばされて事故につながります。切れ端を片づけるときも注意が必要です。回転している刃にうかつに手を近づけないように、棒のようなもので排除しましょう。

服装にも注意が必要です。電動工具は刃物が回転する構造のものが多く、裾や袖が引き込まれるとけがにつながります。とくに、手袋をして機械で作業することは避けましょう。手袋が機械に引き込まれると最悪、指を切断という大事故になってしまいます。

また、機械にはよく切れる刃を付けるようにし、ものによっては機械油を注すなどの整備点検も必要です。

小さい材、極端に短い材などは、機械で作業しないようにしましょう。小さな材は機械の力で飛ばされ、押さえていた手が巻き込まれることがあります。機械での加工が必要なときは、長い状態で加工を済ませてから短く切るなど、工程を工夫するか、極力手で細工するようにします。

作業の際に出る木屑や木っ端、木の粉はこまめに片づけ、足元もきれいにしましょう。

作業場には木の粉が大量に舞います。また、塗料も使いますので、換気が必要です。機械に集塵機を接続したり、細かい木の粉が出る作業では、防塵マスクや保護眼鏡を使うとよいでしょう。コンセントや電灯などに木の粉が積もると発火の危険があるので、こまめに掃除することが必要です。作業場には、防塵タイプの機器を選ぶとよいでしょう。

工具を収めたり、道具や治具をかけたりする棚など、作業場を使いよくするものを工夫して作っていくことも楽しく、家具作りの上達にもつながります。

せっかくの楽しい家具作りです、安全に注意して、痛い思いをしないように気をつけましょう。

削る作業のときは木の粉が大量に舞う。木の粉をエアダスターで吹き飛ばす。作業場に窓は必須だ（写真・上）。大型の機械には集塵機が取り付けられている（写真・下）。
手作りのノコギリ掛け（写真・左）と、部品などを収納する棚（写真・右）。収納グッズを工夫して作ることも家具作りの楽しみの一つ。

下準備をする前の板と角材。

# 材料の下準備
## ――「平面・直角・寸法」を正確に出す

家具を美しく、しっかりしたものに仕上げる第一歩は、各部位に適した材料を選ぶこと、そして、正確な下準備をすることです。

切り出した材料は、正確な寸法に加工しなければなりません。

作業を進めていく中で、誤差は積み重なっていくものと思うようにしています。そして工程の中で、その誤差が解消していくことはなかなかありません。誤差が重なると、家具を組み立てたときにガタついたり、ねじれたり歪んだりします。それを防ぐためには、まず使用する材料の「平面・直角・寸法」を正確に出しておく必要があります。この作業をしっかり行えば、そのあとに続くすべての作業がスムーズに進むでしょう。

**【使用する道具】**

平鉋
スコヤ
ケビキ
直定規
鉛筆
電動工具
電気カンナ

美しい平面・直角ができた角材。

## 角材の下ごしらえ

角材は、家具の脚や貫など、構造の主たる部品から、扉の框など用途の多い材です。

切り出した材料は、最初に基準となる平面を作ります。大がかりな機械がなくても、ノコギリと直角のガイドさえあれば、正確な直角を出すことができます。

1 まず、直定規を当てて、材料の反り・ねじれ具合を確認します。

2 定規やワークベンチの平面に合わせながら、反り・曲がり・ねじれがなくなるようにカンナで削っていきます。材料の凸面を上にしてカンナをかけると、材料が安定しやすいでしょう。なるべく均等に削ることを心がけ、極端に薄い部分ができたり、必要な厚みより薄くならないように、よく注意してください。（図a）

（図a）

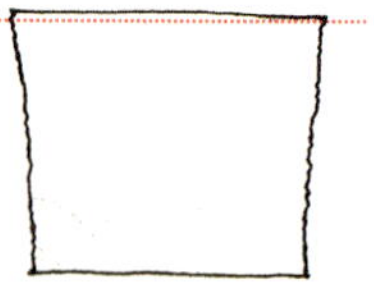

3 こまめに定規で確認しながら平面にしていきます。ワークベンチに置いてみて、材料がカタカタと揺れるようなら、まだ平面ができていません。きれいな平面ができていれば、ワークベンチにその面を置いたときに隙間なく、ピタッと付くようになります。そんな面ができたら、その面を「第一の基準面」とします。（図b）

（図b）

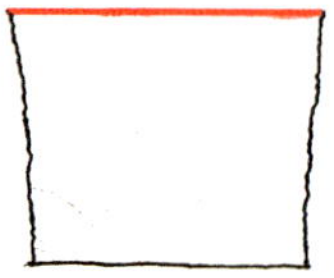

4 次に、第一の基準面に対して直角となる「第二の基準面」を作ります。

両端の木口に、第一の基準面にスコヤを当てて、基準面から直角の線を引きましょう（図c）。

（図c）

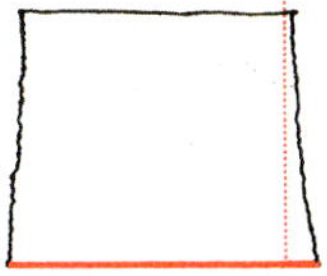

（図d）

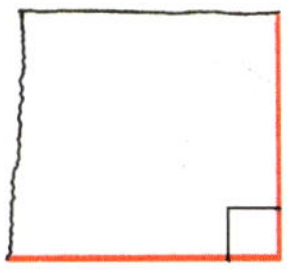

（図e）

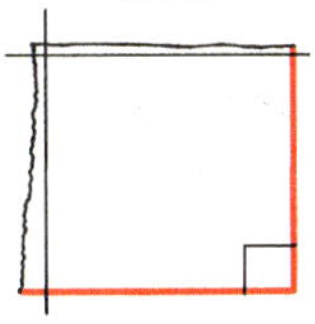

5 その線を目安に、カンナで削って平らにしていきます。途中こまめにスコヤと定規で直角、平面の確認をします。スコヤは数か所に当てて、面全体の直角を確認するようにしましょう。必要な寸法より薄くならないように注意してください。

6 完全に平面になったら、第二の基準面の完成です（図d）。これで、材料に基準となる直角が出来ました。スコヤを当てて、直角かどうかよく確認してください。

7 8 この直角の面を基準として、基準面からケビキで必要な寸法の線を引きます（図e）。

9

10

9 ケビキの線に合わせてカンナで削ったところ。

10 同じ要領で、残りの面も同じように作ります（図f）。同じ厚さのものは、基準面を揃えてクランプやバイスなどで固定して一緒に削ると、ばらつきのない部品ができます。

（図f）

11 厚み・幅が揃ったら、次に、図面の寸法に合わせて切断し、長さを揃えます。まず、スコヤで材料の端に直角の線をひと回り引きます。

12 その線に合わせて、ノコギリで切ります（端切り）。ノコギリの刃がスコヤの線に沿って進むように、材料の手前だけでなく向こう側も見ながら切っていきます。直角に切れていることを確認し、もし直角でなければ、木口を一枚刃のカンナで削って直角にします。

あとは、端切りをしたところから定規で必要な長さを測り、8と同じ要領でスコヤを使って線をひと周り引き、その線に沿ってノコギリで切ります。同じ長さの材料は、端を合わせて一緒に切ると長さを揃えることができます。

これで、角材の下ごしらえの完了です。

11

12

# 板の下ごしらえ

幅の広い板は、大きなぶん、反りやねじれも大きくなるため、平面に仕上げる作業は角材よりも時間がかかります。

大きな板の場合は機械に通すことができないので、手でカンナがけをして仕上げます。厚みにムラが出ないように、よく注意してください。

1

定規を当てて板の具合を見て、まず大きな反り・ねじれを取る「粗取り」をします。

面積が広いと手間がかかりますので、電気カンナがあると便利です。この機会にぜひ手に入れることをおすすめします。粗取りを手カンナで行う場合は、刃が引っかかって動かなくならない程度に、刃の出を大きくしてください。

最初は板に対して真横に削り、反りを取っていきます（図1）。木材の繊維に対して直角に削るので、表面はガサガサになります。また、電気カンナの刃が出過ぎていると、繊維の荒れが深くなってしまうので注意します。削った木の様子を見て刃の出具合を決めていきましょう。はじめは、高い部分だけにカンナが当たるので部分的にしか削れませんが、慌てず全体にカンナが当たるようになるまで、少しずつ削っていきましょう。

1

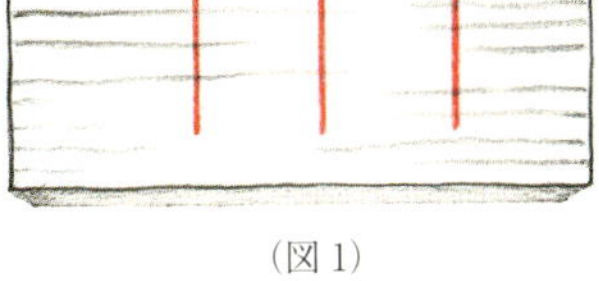

（図1）

2

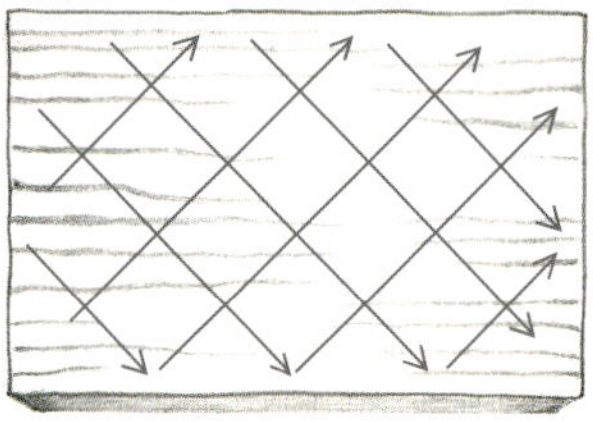

（図2）

3

4

[2] 板の縁は、電気カンナの台が落ちて刃が深く当たり、割れる心配があるので、注意して動かしてください。片側からだけではなく、両側から行ったり来たりさせるように動かします。そうすれば、板の片側だけが薄くなったりせず、均等に削ることができます。全体にこまめに定規を当てて、板の状態を確認しながら作業しましょう。

大きな反り・目違いが取れてきたら、カンナの動きを板に対して斜めに変えます（図2）。やはり、両側からクロスしてカンナがかかるように動かします。

[3] 定規を当ててみて、ほぼ平面になったら、手ガンナに切り替えます。

[4] 電気カンナのあとを消しながら、斜めにカンナをかけていきましょう（次頁写真1）。

（写真1）

5 電気カンナのあとが消えて、平面になったら、今度はカンナを繊維の向きに平行にかけて仕上げていきます。写真1の斜めのカンナのあとが消えるようにかけましょう。

6 斜めのカンナのあとが消えたら、今度は「カンナ境」が消えるように仕上げていきます。

何度もカンナをかけていると、板の縁ばかり削れて、中心部分が高い状態になりやすいので、定規を当て、注意して見ます。

7 完全に平面になったら、板の下ごしらえの完成です。

# 板を接ぎ合わせる

テーブルやデスクの天板、棚など、大きな面積の板が必要なとき、その面積に足りる無垢板が手に入らない場合は、幅の狭い板を何枚か接ぎ合わせて、大きな板を作ります。接ぎ合わせる方法としては、「いも」、「本ざね」、「雇いざね」、「ビスケット」、「フィンガージョイント」等、いろいろありますが、KAKIでは、比較的作業が容易で、接着面が広いため強度が得られる「雇いざね接ぎ」を用いています（64頁）。ここでは、40㎜厚の板を3枚、「雇いざね接ぎ」で接合する方法をご紹介しましょう。この方法は、126頁の丸テーブルの天板や68頁のダイニングチェアーのシートにも使います。

左図のように、3枚の板を接ぎ合わせます。接ぎ合わせる板の枚数は、最終的に作りたい形と使う板の幅によって調節します。たとえば板から円形を取りたい場合は、枚数が多いほど無駄が少なくてすみます。しかし、あまり枚数が多いと手間がかかってしまいます。

板は、59頁「板の下ごしらえ」の手順で、基準面・直角を作り、厚みを揃えますが、このとき、あまり削らないようにして、仕上がり寸法よりもひと回り大きく残しておいてください。

**【使用する道具】**
ノミ
ハタガネ（ロープを使う場合はナイロンロープと小さい板）
電動工具
トリマー（またはしゃくり鉋）
その他接着剤

1 板の裏表・上下を揃えて並べます。板と板を並べて突き合わせたときに、接ぎ合わせる面が隙間なく接していることを確認します。接合面に隙間があれば、片方あるいは両方の面が真っ直ぐではないということなので、隙間がなくなるように削り直します。必要な幅より狭くならないように注意してください。

2 接ぎ合わせる面がピッタリ合ったら、板の方向、位置が解りやすいように、鉛筆で印を書いておきましょう。

3 接ぎ合わせる面に雇いざねを入れる溝を掘ります。溝の幅は板の厚みの3分の1程度、深さは10㎜程度にします。

KAKIでは写真のような丸ノコ昇降盤、または溝切りカッターを使って溝を掘りますが、トリマーやしゃくり鉋などを使って掘ることもできます。トリマーは正確かつ早く作業ができ、また、その他いろいろな作業に活用できますので、この機会に手に入れておくとよいでしょう。トリマーなど機械を使う場合は、溝の位置がずれないよう、ガイドを当てる面を板の表か裏どちらかに決め、同じにします。

4 溝を掘ったところ。

## 雇いざね接ぎ

接ぎ合わせる面に、厚みの3分の1程度の幅の溝を掘り、その溝に合ったさねを入れて接ぎ合わせます。そのまま接ぐより接着面が広くなり、強度が増します。

　また、さねがガイドになるので、目違い（組み合わせた部分のわずかなずれ）が出にくくなります。

　この溝に合わせた「雇いざね」は、角材の下ごしらえの要領と同じで、溝の寸法に合わせて作ってください。また、さねは必ずしも一本で通す必要はありません。長い板の場合は、短いさねを数本隙間なく入れるとよいでしょう。

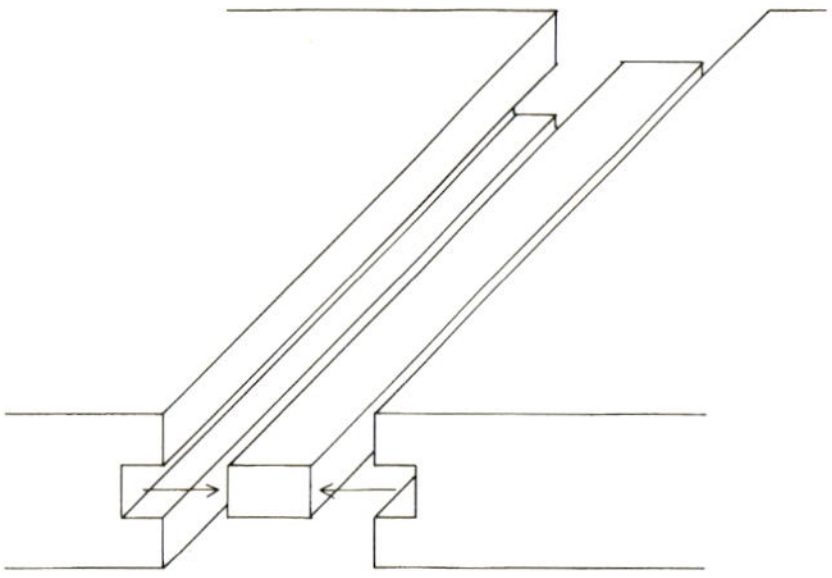

5 さねはきついと板を割り、緩いとしっかり接着されません。さねをいちいち板にはめて確認するのは大変なので、写真のように同じ寸法の溝を掘ったダミーを作っておいて、さねがぴったり合うかどうかを確認するとよいでしょう。

6 機械で溝を掘ると、溝の隅に、刃が届かなかった部分が丸く残りますので、その部分をノミでさらって仕上げます。溝の幅に合わせたサイズのノミを溝の三方に打ち込んでからさらっていきましょう。

7 溝とさねができたら、接着しましょう。まず、さねに接着剤を塗り、溝に入れてから、板の接着面に接着剤を塗ります。

8 板の向き、位置を間違えないように注意して、板を組み合わせます。

5

6

7

8

10 KAKIでは、写真のようにハタガネで締めて圧着します。ハタガネは表裏両方から取り付け、全体を均等に締め付けて、板が反らないように注意します。締め付ける力のバランスが悪いと、力の強い側に引っ張られて板が反ってしまいます。定規を当てて真っ直ぐになるように、ハタガネの締め具合を調節しましょう。

## ロープを使って圧着する

ハタガネが用意できない場合は、ロープで締め付けて圧着する方法もありますので、その手順もご紹介しましょう。

a 接ぎ合わせる板にロープを巻きます。この板は2か所巻きますが、長い板の場合は3か所にするなど、幅に合わせて調節します。ロープはナイロン製の頑丈なもの、工事用のトラロープもよいです。

ロープを強く締めてから、ロープと板の間に、厚み20㎜・幅50~60㎜程度の板を、寝かせた状態で挟みます。

b ロープをしっかりと縛り、寝かせた板を起こすと、ロープが張って板を締め付けます。張りが弱い場合はロープを縛り直すか、板を幅の広いものに替えましょう。

c 圧着時間は、使用する接着剤の硬化時間に従ってください。圧着が終わったら、59頁「板の下ごしらえ」と同じ手順で、使用するパーツの寸法に合わせて仕上げます。

広い板は反りやすいので、板が仕上がったらなるべく時間を置かずに加工に取りかかるようにしましょう。たとえばテーブルであれば、先に脚の部分を作ってから天板を作り、天板が出来たらすぐに脚に組み付けられるような工程を組むとよいでしょう。先に天板を作ってしまうと、脚を作っている間に反ってしまい、最悪の場合、脚に組み付けられなくなってしまうことも考えられます。

板の幅は、置かれた環境の変化(とくに湿度の変化)によって伸び縮みを繰り返すことを念頭において作業しましょう。

# スミ入れ

材料の下準備が出来たら、図面に合わせて線を書き入れます。この作業を「スミ入れ」といいます。作業はスミ線に沿って進めていきますので、ここで間違ってしまうと、途中でその間違いになかなか気づくことができません。

組み立てるとき、もしくは組み立ててからはじめて間違いに気がつくことも少なくありません。そうなると、それまでの作業と材料がすべて無駄になってしまいます。

図面をしっかり確認しながら間違えないように作業しなければなりません。

ここで、ごく基本的なスミ入れのポイントを説明しておきましょう。スミ入れの方法はすべての作業で共通ですが、家具ごとにポイントがありますので、詳しくは各工程のページを参照してください。

**・鉛筆でスミを入れる**

スミ入れは、基本的に鉛筆で行います。たくさんの家具を作る場合、鉛筆だとすぐに短くなってしまうので、ＫＡＫＩの職人は芯ホルダーを使います。できるかぎり誤差を少なくするために、スミ線はなるべく細いことが重要です。濃度はＨ〜ＨＢがよいでしょう。Ｂだと柔らか過ぎてすぐに線が太くなります。しかし、色は濃いので印つけには適しています。また、硬すぎると今度は色が薄くて見えづらくなります。

できるだけ鋭い線を保つために、芯削りを常に用意しておき、少しでも芯が丸くなったらすぐに削るようにします。また、鋭く削った芯（鉛筆）を５〜６本用意しておき、丸くなったらそのつど鋭いものと取り換えるようにするとよいでしょう。

最初は難しいかもしれませんが、必要のない線はミスにつながりますので、スミ線は、必要なところだけに引くようにします。

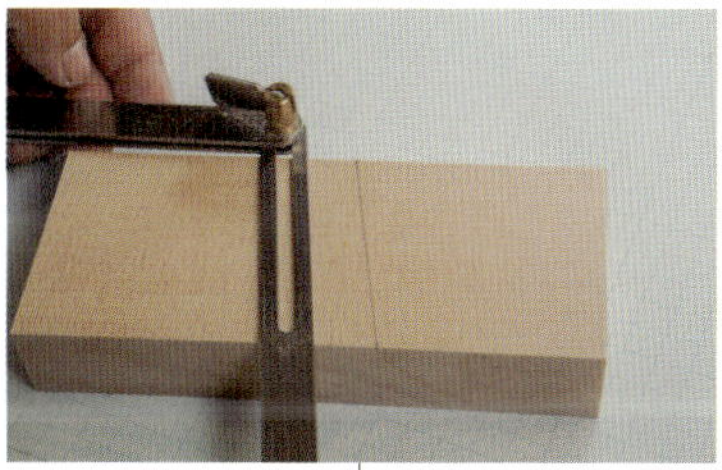

（写真2）（写真1）
（写真5）（写真4）（写真3）

**・印を書き入れる**

材料の裏表・上下を確認し、どの向きで使うかを間違わないように、向きや位置を示す印を書いておくことも、スミ入れの重要な要素のひとつです。よく似た材料を多く使う椅子などは、印をつけておかないと、片方の脚ばかり作ってしまうことにもなりかねません。材料の方向がひと目でわかるような、わかりやすい印を考えましょう。

また、掘る部分・残す部分も、わかりすい印をつけます。

**・複数の部材の同位置に線を引く**

たとえばテーブルの脚のように、同じ位置にホゾ穴を開けるような部材にスミ線を引く場合は、その材料を揃えて一緒に線を引くと、ずれがなく、同じ場所にスミを入れることができます。その場合は、まずスコヤを当てて部材を直角に並べてからハタガネなどで固定し、スミ入れをします（写真1・2）。

**・いろいろな線を引く**

スミ入れには、鉛筆のほかにいろいろな道具があります。

・スコヤで直角の線を引く

直角の線は、スコヤを使います（写真3）。

・ケビキで平行線を引く

材料の側面と平行な線を引くときは、ケビキを使います。材料に直接刃で切り込みを入れて線を引きます。

・自在定規で角度のある線を引く

斜めの線は、自由に角度を変えることのできる自在定規を使います（写真4）。

・型紙で曲線を書き入れる

飾りなどの部分に使用する曲線は、厚紙で型紙を作るとよいでしょう。同じものを複数作るときは、とくに便利です（写真5）。

# ダイニングチェアー

家具作りの中で椅子は、最も興味深いものです。常に力が加わるため、とくに強度が必要です。また、体に触れるため、座りやすさが追求されます。そんな難しさが、職人の制作魂をかきたてるのではないでしょうか。

ＫＡＫＩのダイニングチェアーは、強度を保つために、脚部分は「通しホゾ」を用いてクサビを打ち込み、シート部分と本体は「アリ差し」を用いて接合します。

ダイニングチェアーの製作では、ホゾとホゾ穴の関係が一番のポイントになります。

# 図面・材料表

【ダイニングチェアー分解図】

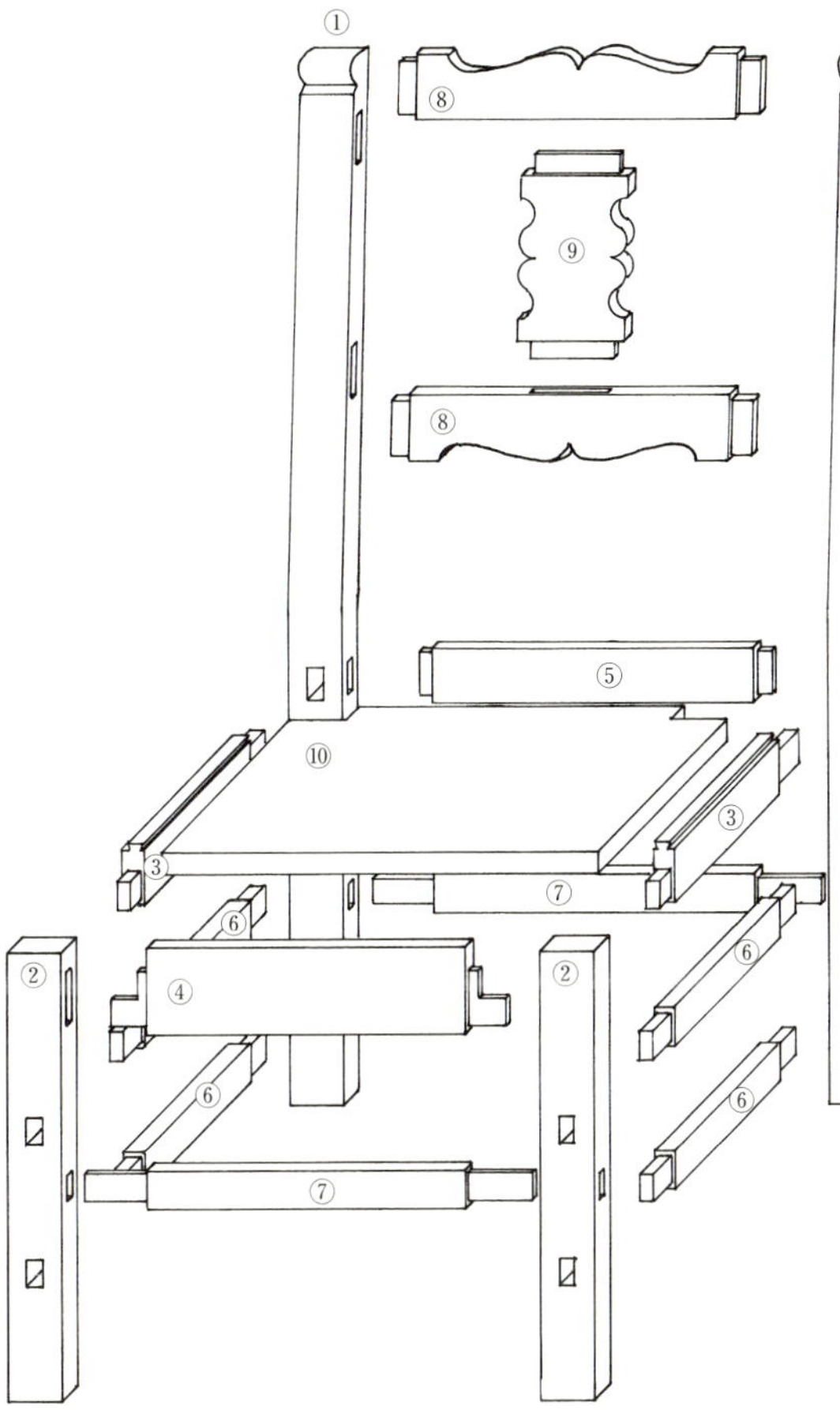


【ダイニングチェアー材料表】

| 部品名 | 厚み×幅×長さ（㎜） | 数 |
|---|---|---|
| ①後ろ脚 | 50× 57× 950 | 2本 |
| ②前脚 | 40× 50× 410 | 2本 |
| ③側幕板（吸い付き桟） | 30× 60× 355 | 2枚 |
| ④前座受け | 20.7× 80× 360 | 1枚 |
| ⑤後ろ幕板 | 50× 50× 330 | 1枚 |
| ⑥側貫 | 20.7× 35× 380 | 4本 |
| ⑦前貫・後ろ貫 | 20.7× 35× 420 | 2本 |
| ⑧背貫 | 20.7× 60× 340 | 2枚 |
| ⑨背板 | 16× 100× 170 | 1枚 |
| ⑩シート（座板） | 20× 400× 410 | 1枚 |

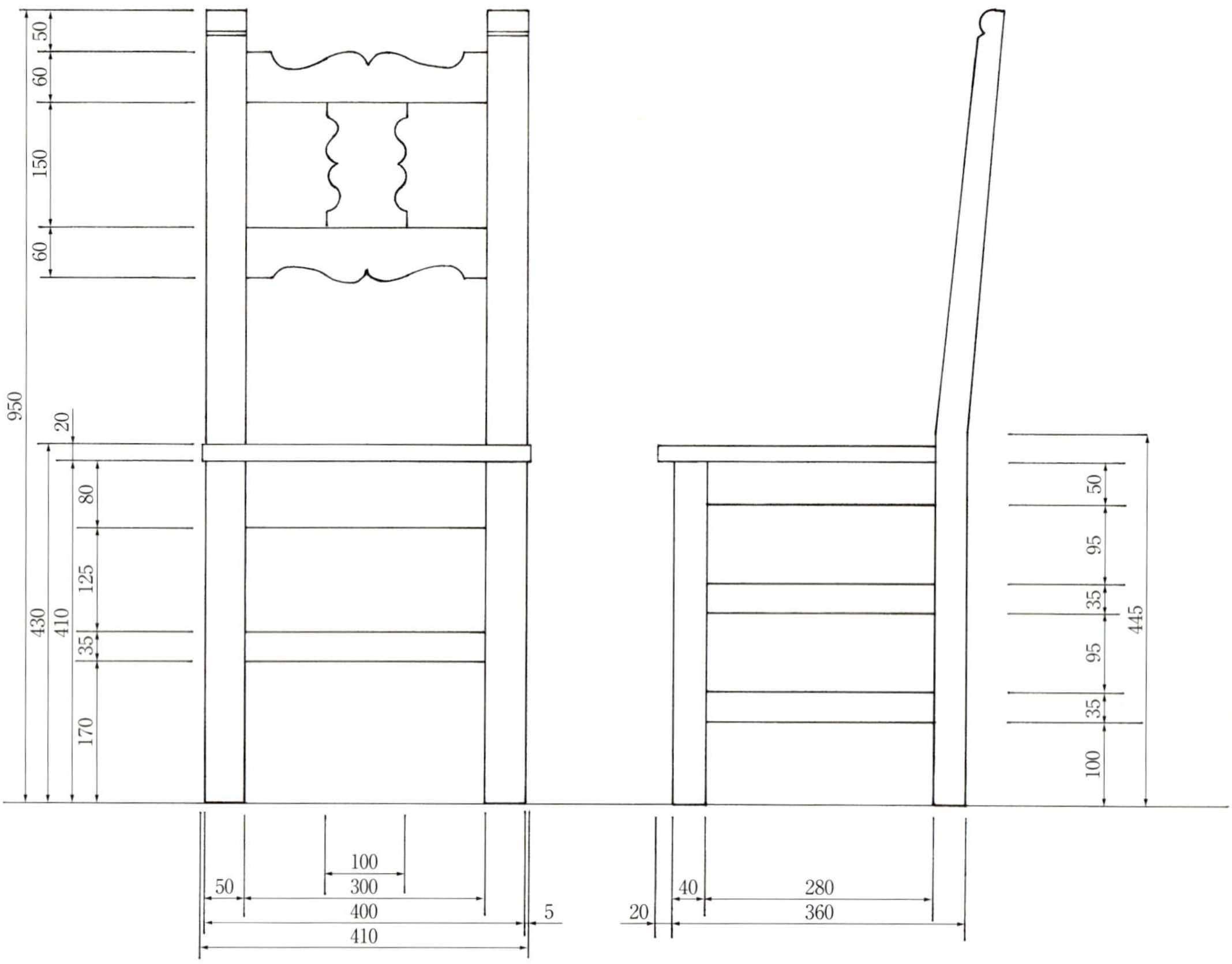


**図面⑩シート（座受け、1枚）**

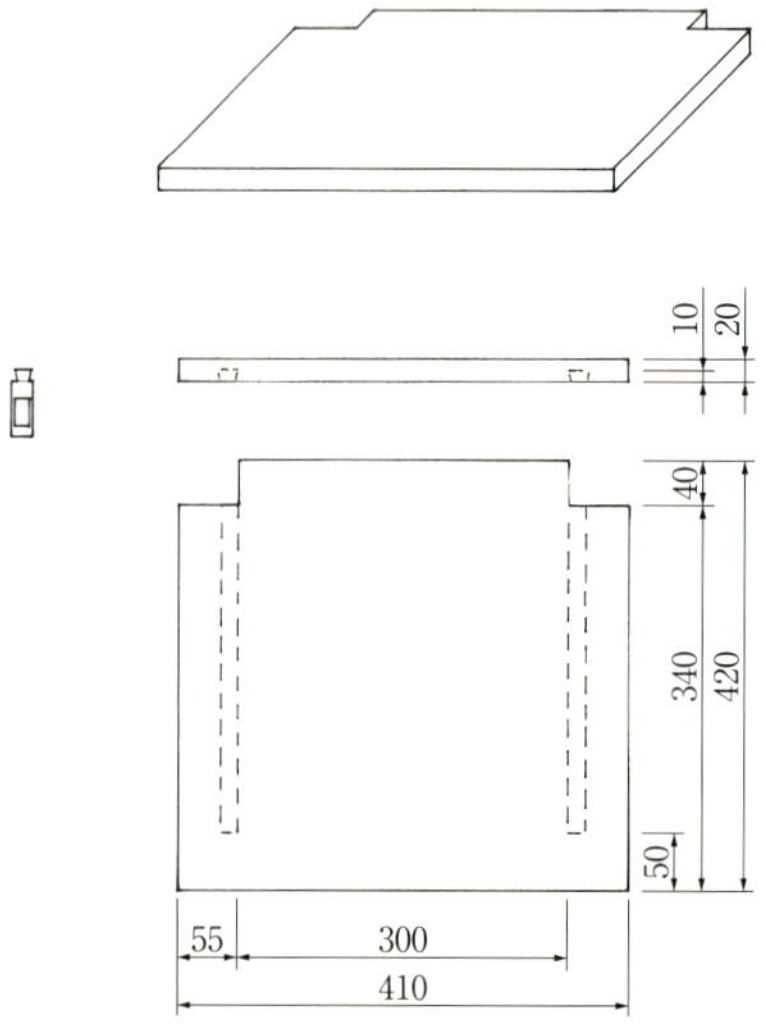

## 図面①後ろ脚（２本）

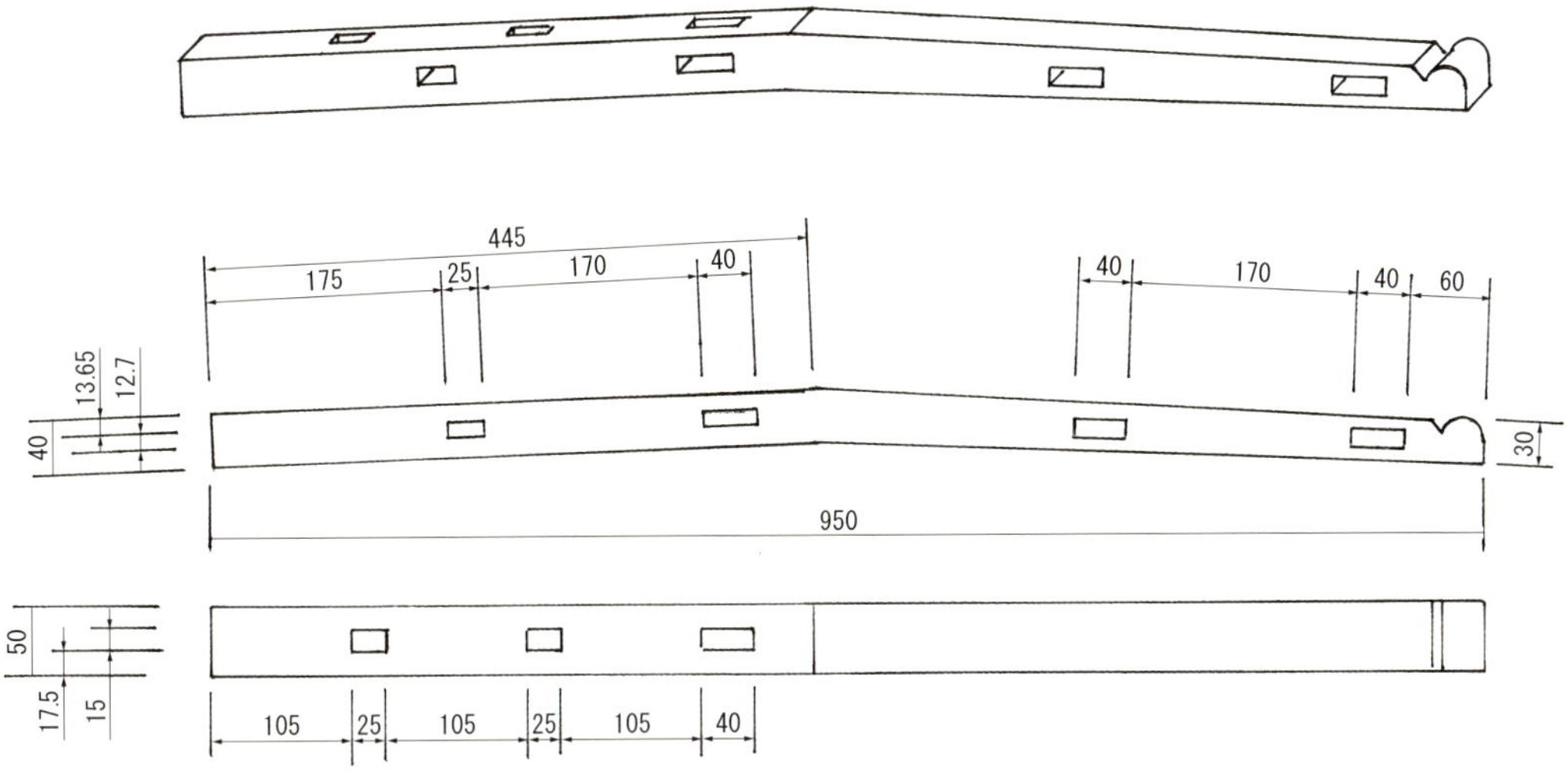


## 図面③側幕板（吸い付き桟、２枚）

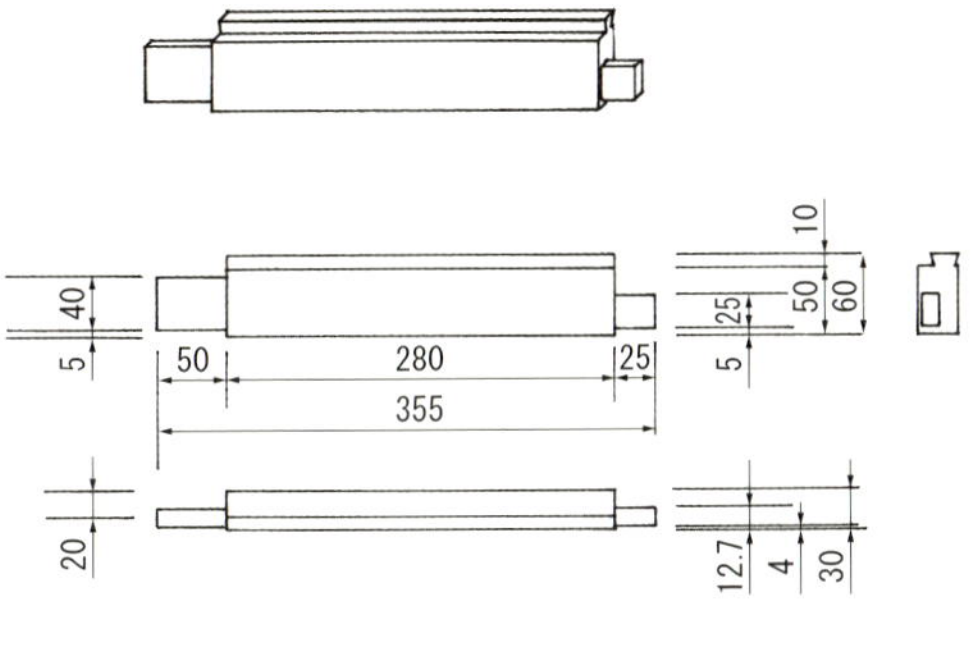


## 図面②前脚（２本）

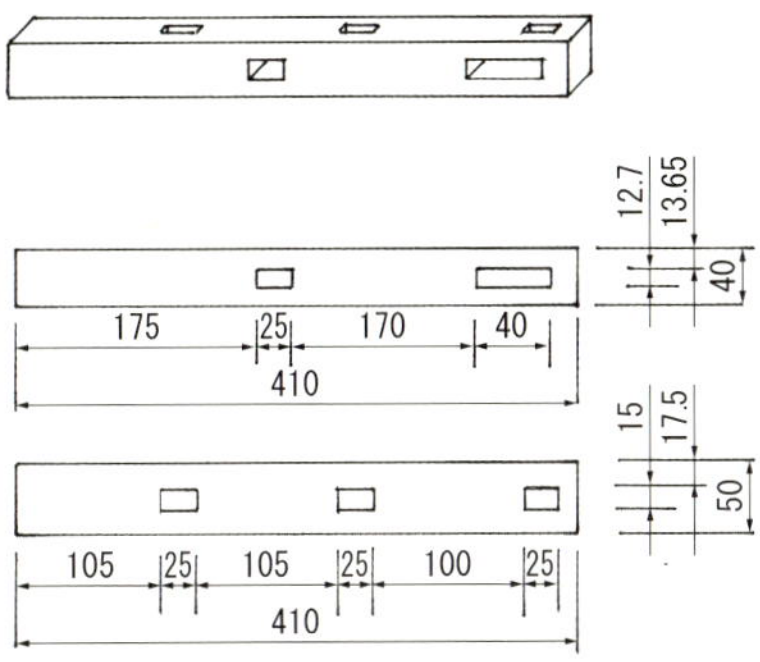


## 図面⑤後ろ幕板（１枚）

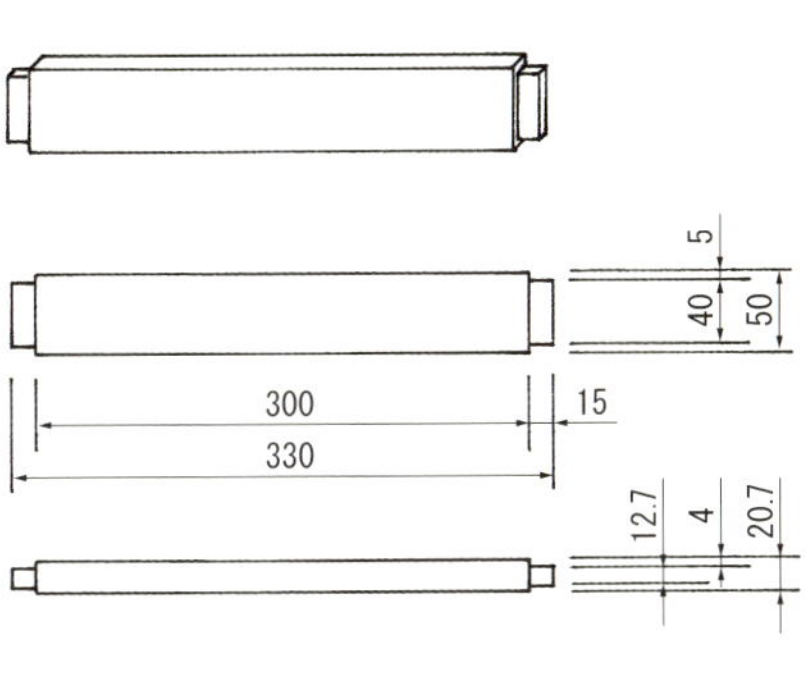


## 図面④前座受け（１枚）

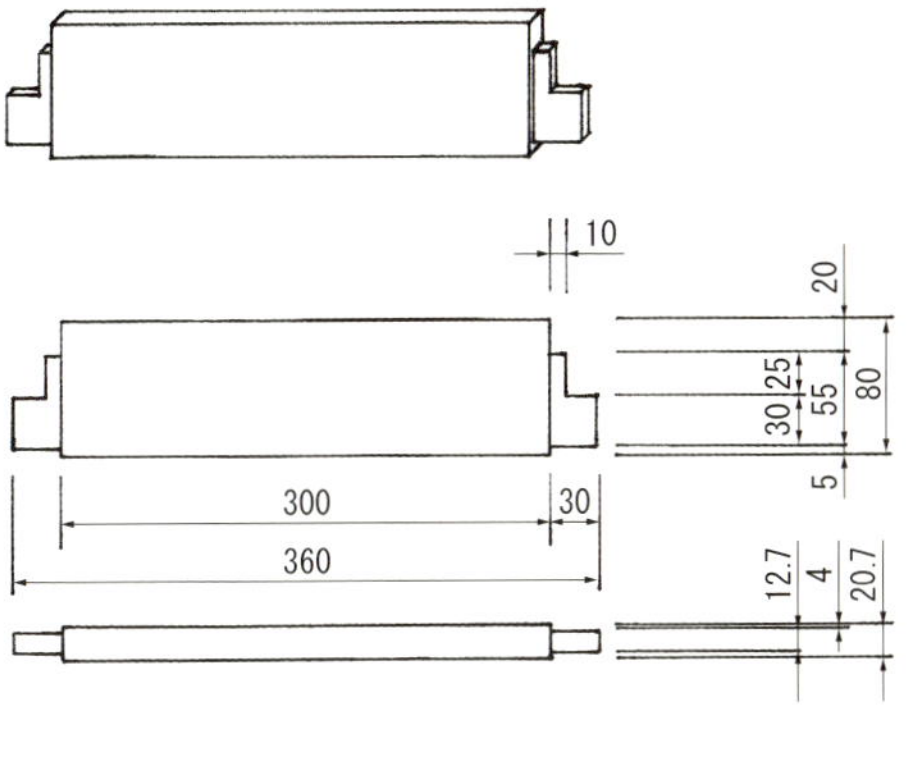

**図面⑦前貫・後ろ貫（２本）**

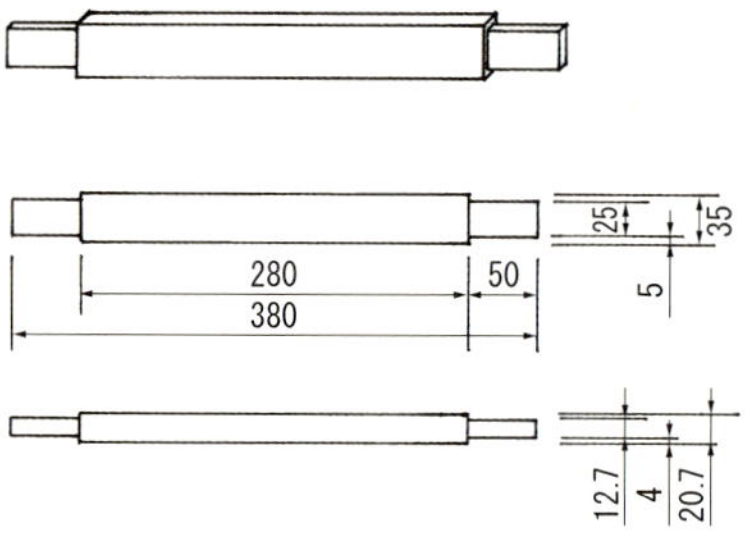


**図面⑥側貫（４本）**

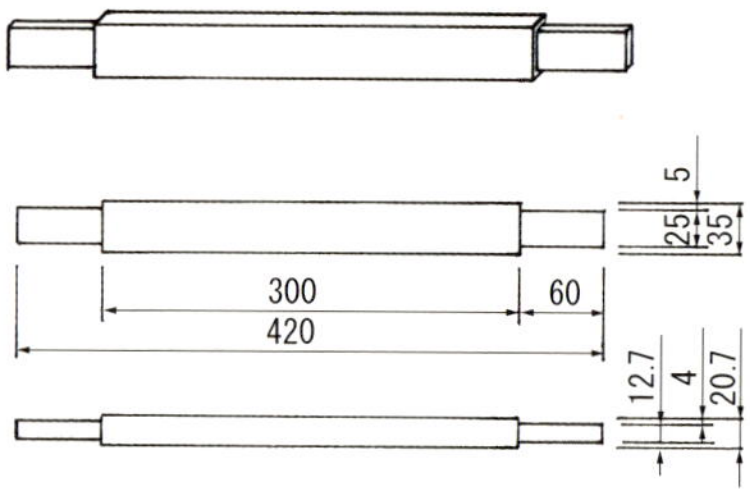


**図面⑧背板（２枚）**

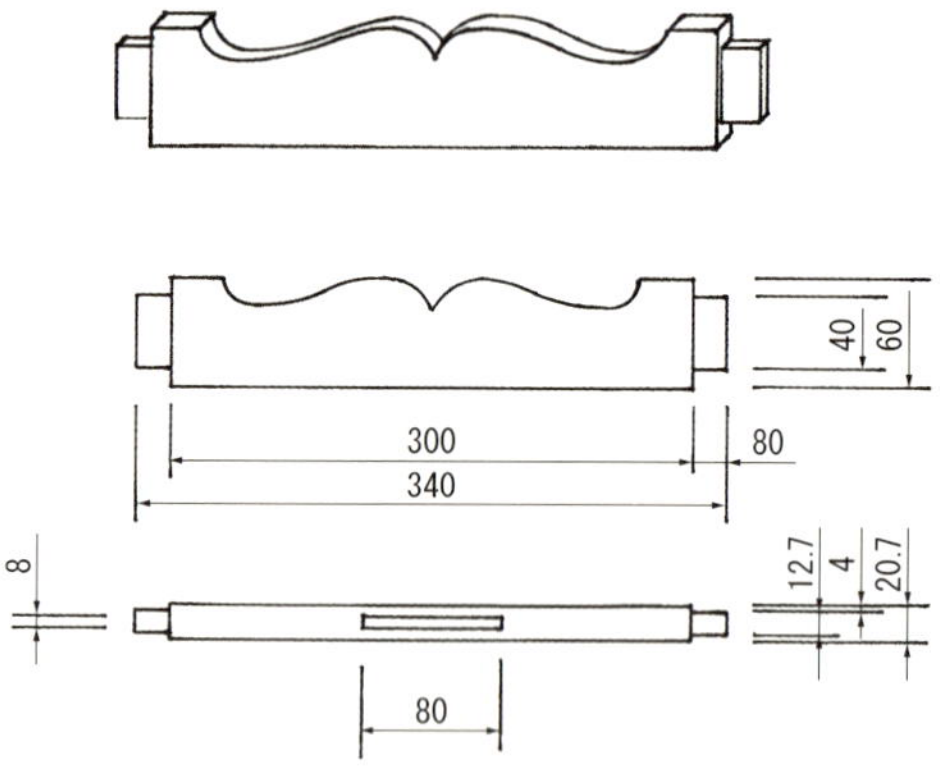


**図面⑨背貫（１枚）**

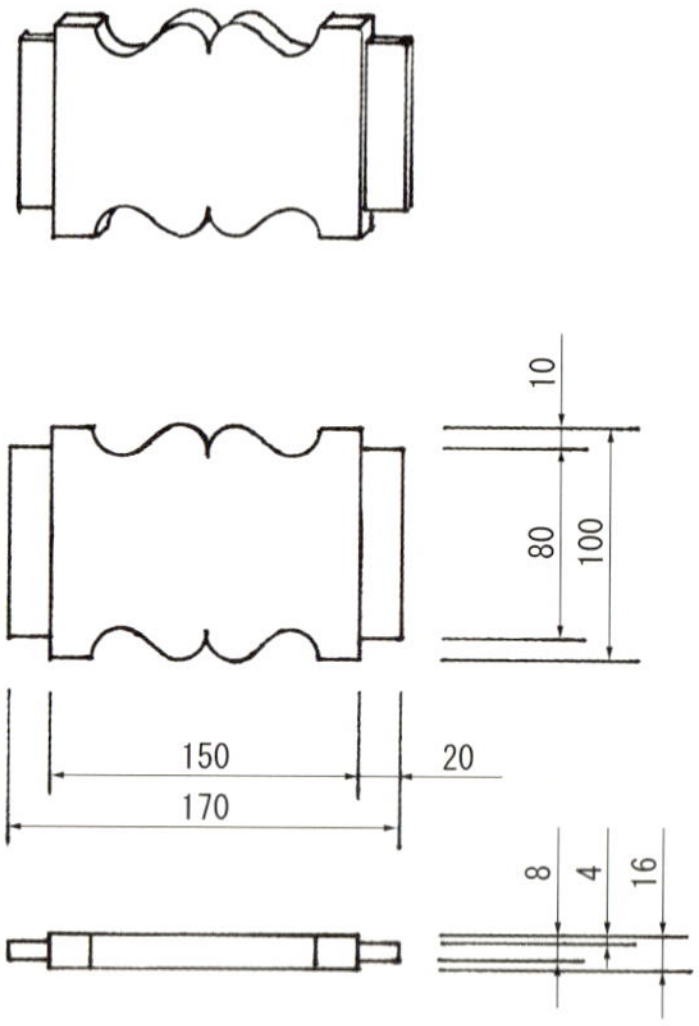


## 【材料と道具】

材料　針葉樹。赤松・イエローパイン・ホワイトパインなどの松材がおすすめです。

道具　ノミ
平鉋・面取り鉋
鋸（胴付きノコ・縦挽きノコ）
錐・刳り小刀・切り出し小刀
スコヤ・自在定規
ゲンノウ・敷き棒・叩き棒
クランプ・バイス
カッターナイフ

電動工具　ベルトソー
電動角ノミ盤（または木工用錐）
トリマー（またはルーター）
糸ノコ（またはジグソー）
電動ドリル

その他　釘（25㎜）
ビス
サンドペーパー
（120番・220番）
水性木工用接着剤
（水性ビニルウレタン系接着剤）
オイル（自然塗料）
軍手・ウエス

# パーツを作る1——脚部分

まず、脚部分（図面①〜⑦）の材料の下ごしらえをし、スミ入れをして、脚部分のパーツを作ります。
パーツ作りで一番重要なのは、ホゾの横幅が広過ぎないことです。木材は木目に沿って割れやすいことを忘れてはいけません。

**【材料の下準備】**
角材の下ごしらえ（55〜58頁参照）
板の下ごしらえ（59〜61頁参照）
木は動くので、下ごしらえをしたあと、長時間置いておくと、スミ入れをする段階で狂ってしまうことがあります。慣れないうちは作業にも時間がかかりますから、下ごしらえは、各パーツごとに行うとよいでしょう。

## 1. 後ろ脚の削り出し

このダイニングチェアーは、前脚は座面に対して直角ですが、後脚の座面から上（背中が当たる部分）は、座りやすくするために角度をつけてあります。KAKIが材料に使用している紅松は柔らかいので、曲木＊はできません。そこで、カンナで削って角度をつける「削り出し」を用います。

＊木材に熱・蒸気・圧力などを加えて曲げ、家具などを作ること。

1 スミ線に沿って、ベルトソーかノコギリで切ります。ベルトソーの刃は粗く、最後にカンナで仕上げるので、スミ線が少し残るように、線のやや外側を切るようにします。

2 まず、表面から削ります。左右の脚を合わせた状態でクランプで止めます。

3 バイスで作業台に固定し、平鉋でスミ線のとおりに（スミ線が消えるまで）削ります。こうすれば、左右の脚を同じ状態に削ることができます。

4 スミ線のとおりに削ったところ。スコヤを当てて、直角になっているかどうかを

4

5

6

7

確認します。

5 6 前面が仕上がったら、続いて後面を削ります。中心部分の角度がついた内側の部分は、角度に合わせた反り鉋を使って削っていきます。前面ほど厳密でなくてもよいですが、両方が揃うように注意します。

7 脚の前側は左右ピッタリになるよう、よく注意します。これができていないと、組み上げたときにガタつきが出てしまいます。これで脚部分の「削り出し」が完成です。

## 2. ホゾの加工

次に、ホゾ穴（＝雌木）を掘ります。この作業は電動の角ノミ盤を使えば早くできますが、角ノミ盤がない場合は、ホゾ穴の大きさより1㎜ほど小さい木工用錐で穴を開けた後、ノミで掘って仕上げる方法もあります。ここでは、ノミで仕上げる方法をご紹介しましょう。この方法は少々時間がかかりますが、ノミを上手に使う練習にもなります。

1 まず、脚部分を揃えてスミ入れをします。

2 通しホゾのスミ入れをしたところ。

3 電動ドリルの先に木工用錐を付け、穴を開けます。

4 ホゾの幅に合わせて数か所開けます。

5〜9 ノミで切り込みを入れ、少しずつ削り取っていきます。直角に掘るように注意しながら行ってください。

10 ホゾ穴ができました。ホゾ穴は垂直に掘るよう、慎重に行ってください。ホゾ穴掘りのコツは、焦らないことです。

4

5

6

7

8

9

10

（写真1）

ホゾの横幅がきついと割れる

11 次に、ホゾ（ホゾ穴に挿し込む部分＝雄木）を作ります。ホゾ穴に対して、ホゾの横幅が広くならないように注意してください。

まず横の線に、スミ線に沿って胴付きノコを入れます。

12 次に、バイスで作業台に固定し、縦の線を切ります。

13 ホゾ穴に入れてみて、ホゾの幅を確認してみましょう。ホゾの横幅がホゾ穴に対してきついと割れてしまうので（写真1）、注意して作ってください。

14 ノミで削ってホゾの幅を調整します。

15 ホゾの縦部分を切り取ります。

16 試しに入れてみます。縦は多少きつくても大丈夫です。

17 少しずつノミで削って調整します。

18 ホゾ穴とホゾができました。ホゾの角は、組みやすいようにノミで面取りをします。ホゾの先に少しでも角があると、ホゾがホゾ

16

17

18

19

穴を貫通した瞬間、角が当たって、ホゾ穴が割れてしまいます。ホゾ穴に入れてみて、横はスッと入るくらい、縦は多少きつめがいいです。縦が緩いと、組んだときガタガタになります。

[19] 通しホゾの部分には、最後にクサビを打ち込みますので、ホゾの先端から3分の2ほどのところまで、ノコで切れ目を入れておきます。クサビについては88〜89頁を参照してください。

## 3. 背板・脚の飾りを彫る

ホゾとホゾ穴が仕上がったら、次は、背部分（図面⑧⑨）を作ります。後ろ脚（図面①）の背もたれ部分の頭の飾りも彫りましょう。

飾りの曲線部分のスミ入れは、型紙を使います。型紙は、工作用紙など、厚みのある紙で作ることができます。

（写真1）

1 背板部分のスミ入れをします。ここで型紙（写真1）が登場します。

背板の曲線（写真2）とホゾ部分（写真3）、背の飾り部分（写真4）をスミ入れしたところ。

2 スミ線に沿って糸ノコかジグソーで荒く切ります。スミ線が残るように、やや外側を切りましょう。

3 4 細部はノミや切り出し小刀で仕上げていきます。

（写真2）

（写真4）

（写真3）

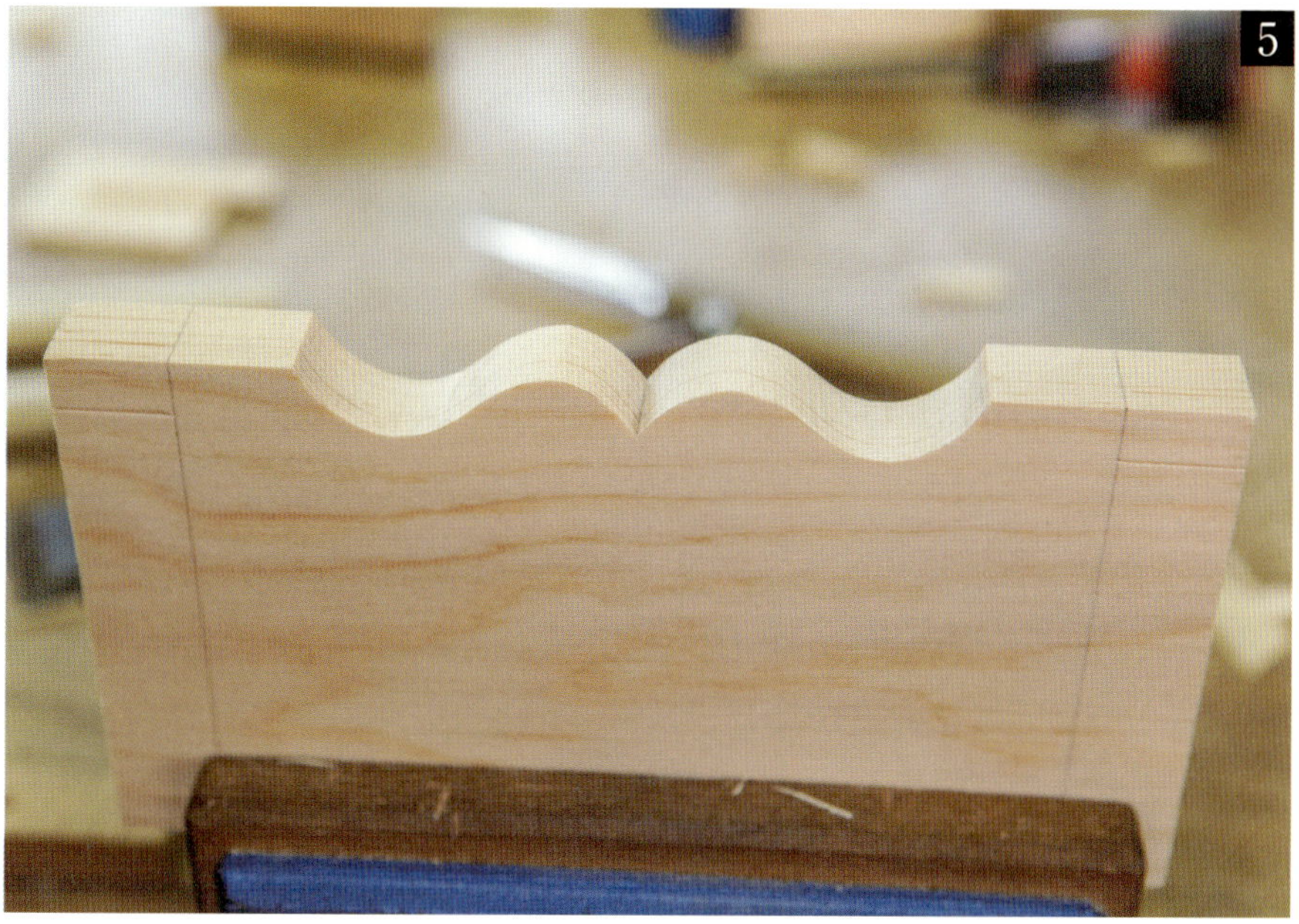


5 背板の曲線部分ができました。ノミや小刀だけではきれいに切れない場合、とくに曲線部分は、サンドペーパーで仕上げてもよいでしょう。布を巻いた丸棒にサンドペーパーを巻いてかけると、スムーズな曲線になります。

6 7 後ろ脚上部の小さな曲線の飾りは、ノミだけで彫ります。まず、ノコギリで一番深い部分に垂直に切り込みを入れてから、ノミで削っていきます。

8 きれいな飾り彫りができました。

9 飾り彫りができたら、それぞれのパーツに面取りをします。面取りは、面取り鉋があると、同じ幅で面が取れて便利です。

部位によって多く面取りをする部分とそうでない部分とを、その場その場で考えて面取りをしましょう。たとえば、床に接する面は少々多めに面取りをすると、椅子を引いたときに割れにくくなります。

10 面取りができたら、カンナで仕上げます。

## アリ差し

木材は繊維に対して横方向に伸び縮みが大きいため、天板や椅子のシートなど、幅広い板と直角に部材を組むときに必要となる方法で、反りを止める役割を果たします。

板にアリ溝を掘り、その溝に合わせたアリ桟（吸い付き桟）を挿し込みますが、この「アリ形状」によって、板は桟から浮き上がることはなく、かつ伸び縮みする方向には動くことができる状態になります。

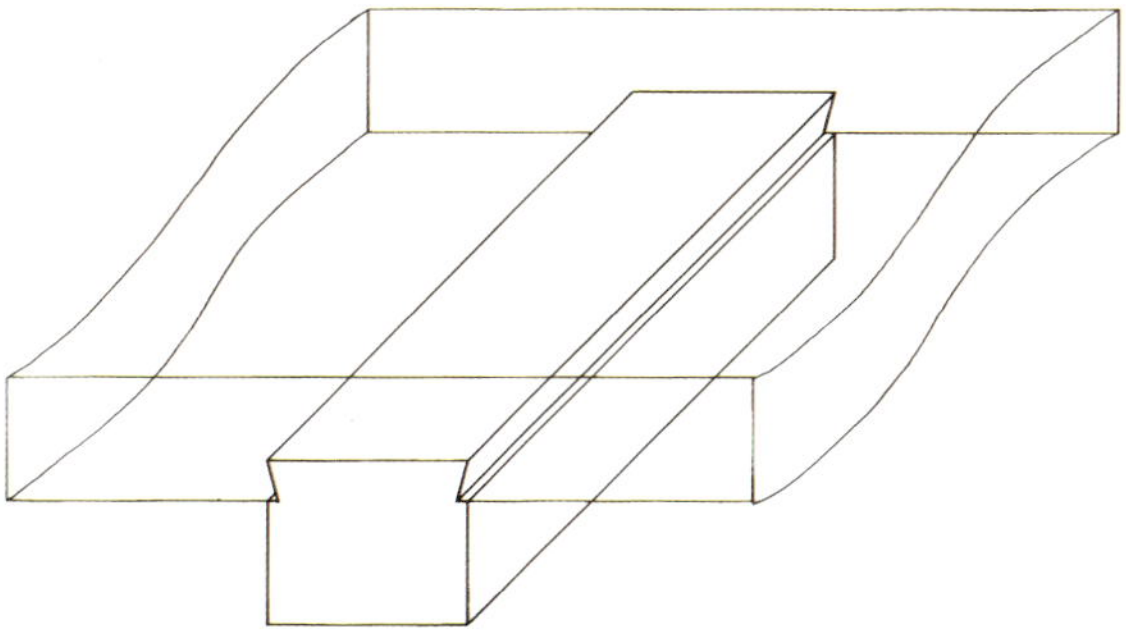

ここで重要になるのが、アリ溝にアリ桟を挿し込むときのきつさです。挿し始めから叩き込まなくてはいけないようなきつさだと、桟を最後まで入れることが困難になり、途中で止まってしまうか、桟が割れてしまうなどの問題が発生します。反対に、最後まで手で押し込むことができるようでは緩く、うまく板の反りを押さえることができません。

だいたい、板の幅の3分の2くらいまで手で押し込むことができ、残りを叩き入れるくらいがちょうどよいでしょう。

幅の広いテーブルの天板などは、アリ溝の幅を入り口から奥にかけて狭くしていくように加工しなくてはなりません。全体を斜めに徐々に細くしていってもよいのですが、桟と溝の形状を合わせるには、かなり高度な技術が必要になってきますので、アリ桟を先・元で2段階（もしくは3段階）で太さを変え、その形に合わせてアリ溝の幅を変えて加工すると、しっかりと組み付けることができます。

アリのきつさの塩梅は、材料の種類や板、溝の幅によっても変わってきます。経験を積むことで習得することができるでしょう。

## 3. 座受けにアリホゾを掘る

座受け（図面③）に、シートを受ける「アリホゾ」を掘ります。

トリマーかルーターがあれば早く正確にできます。なくても型紙を作ってノミで作ることもできます。ここでは、後者の方法をご紹介しましょう。

しかし、アリホゾの加工はとても難しいので、初心者の方はトリマーを使うことをおすすめします。この機会に手に入れておくと、いろいろな作業を早く、かつ正確にこなすことができ、家具作りの幅が広がるでしょう。

1 自在定規でアリの角度を作り、スミ入れをします。

2 その角度で型紙を作ります。ノミで削ったところにこの型紙を当てて、角度を確認しながら削っていきましょう。

1

2

3 4 スミ入れをした角度に合わせて、ノミで削っていきます。

アリとアリ溝の関係は、緩くなってしまうと直しようがありません。きつ過ぎず・緩過ぎず、慎重に作業をしましょう。

これで、各パーツの完成です。

## 脚部分の組み立て

脚部分・背板（図面①～⑨）のパーツが揃ったら、いよいよ組み立てです。まだ経験の浅いころ、組み立ては一番ゾクゾクする時間でした。うまくいけばいいのですが、一番、失敗も多いときです。早く組み立てたくてホゾを入れ違えたり、力強く叩き過ぎて壊してしまったりしたものです。組み立て作業は落ち着いて行いましょう。

組み立てはかなりの力が加わるため、せっかくカンナで仕上げた表面に傷がつかないように、パーツの下に入れる「敷き棒」と、叩くときに使う「叩き棒」という道具を用意します。重みでズドンズドンと入れていく感じなので、ゲンノウは少々大きめがいいです。

組み合せるホゾ穴に接着剤を塗り、ゲンノウで叩き込んで組み立てます。まず後ろ脚を組み、前脚を組んでから、前脚と後ろ脚を組み合わせます。組む前に、ホゾとホゾ穴がきちんと入るかどうか、ためし入れしておくとよいでしょう。

1 敷き棒の上で、まず、背貫のホゾ穴に接着剤を塗り、背板のホゾを挿し込みます。

2 叩き棒を当ててゲンノウで叩きます。

3 背板と背貫が組み上がりました。

4 次に、後ろ脚のホゾ穴に接着剤を塗ります。

5 背貫のホゾを後ろ脚のホゾ穴に挿し込んでいきます。

6 続いて、座受け・左右貫のホゾを後ろ脚のホゾ穴に挿し込んでいきます。

7 8 同じ要領で、もう片方の後ろ脚を組み合わせます。

1

2

3

4

5

6

7

8

9 後ろ脚が組み上がりました。ガタつきがないかチェックしてみましょう。

10 11 後ろ脚と同じ要領で前脚を組んでいきます。前脚と座受け・左右貫を組み合わせてから、前後貫・前座受けを挿し込んでいきます。

12 組み合わせた前脚の上に、組み上げた後ろ脚をかぶせるようにして組み込みます。

13 組み上がったら、ひざで押さえて力を加えてみて、ガタつきがないか確認します。ねじれがあれば、直します。ホゾがきつ過ぎると、ねじれが出やすくなります。

14 15 飛び出ている通しホゾを、少しだけ残してノコギリで切り落とします。脚に傷がつかないように注意してください。当て紙をしておくとよいでしょう。

最後に、またガタつきがないかチェックします。ねじれがあれば直しましょう。

16 ホゾとホゾ穴の結びつきをより強固にするために、通しホゾの部分に「クサビ」を打ち込みます（88頁図1）。クサビの作り方は89頁を参照してください。
前もってノコギリで入れておいた切れ目のところをノミで開きます。

17 クサビを入れます。ホゾ組みと同様に、クサビにも入れる前に接着剤を塗ってください。時間が経つとクサビが緩んでくるのを防ぐためです。

18 ゲンノウで叩いて打ち込みます。

19 すべての通しホゾの部分に打ち込みます。

20 21 ノコギリで切り取り、ノミで削ります。

長年使っていると、木が痩せてゆるみが出てくる場合があります。そんなときも、また上から新たにクサビを打ち込むことで、強度を保つことができます。

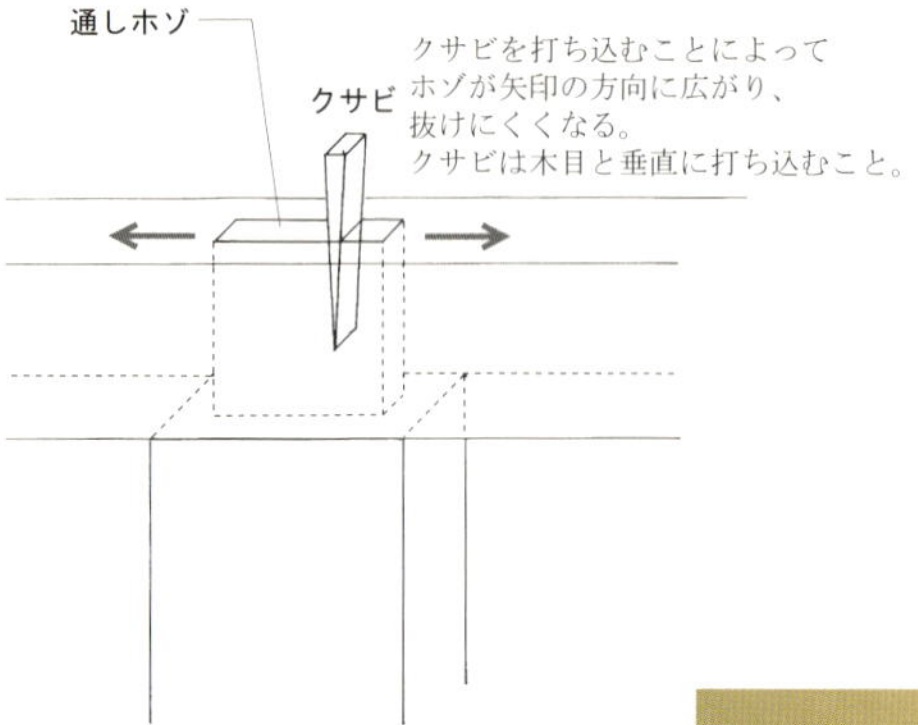
通しホゾ
クサビ
クサビを打ち込むことによって
ホゾが矢印の方向に広がり、
抜けにくくなる。
クサビは木目と垂直に打ち込むこと。
(図1)

## クサビの作り方

クサビは、通しホゾの部分に打ち込むことでホゾを扇状に広げ、ホゾを抜けにくくする部品です。とても小さな部品ですが、通しホゾをしっかり止めるためには欠かせない重要なものです。

クサビは打ち込んだときに、しっかりホゾを開いてくれなくてはいけません。薄過ぎると効果が小さく、打ち込む途中で折れてしまうこともあります。また、厚過ぎるとうまく入らずに抜けてしまいます。さらに、打ち込み過ぎるとホゾだけでなく、部材本体まで割れてしまうことがあり、使う樹種、ホゾの固さに応じた形状のクサビを作らなくてはなりません。

### クサビを作る

まず、ホゾと同じ幅の材料を用意し（ホゾを作ったときの残りでもよい）、ホゾにもよりますが、だいたい5㎝程度に切っておきます。柾目のものが加工しやすいでしょう。

次に、ノミで5㎜程度の厚みに割ります（写真1）。木口から入れるノミは斜めにならないように気をつけ、きれいな長方形になるようにします。木目が斜めだったりねじれていたりするときれいに割れず、クサビの形に削ることができません。なるべく目のまっすぐ通った柾目の材料を使いましょう。

木を割ったら、ノミでクサビの形に削っていきます（写真2）。このときも、斜めにならないように注意します。小さな材料なので、作業中に倒れたり折れたりし、作業に力が入りがちになります。木がパタンと倒れた拍子に指を切らないように注意してください。一気に削ろうとせず、少しずつ削るようにします。ノミをよく研いでおき、無用な力を入れずにすむようにしましょう。

先端が薄過ぎると打ち込めませんので、ある程度の厚みを残して止めます。先端を面取りして尖らせ、横も少し面取りします。面取りをしておくと、ホゾ穴に沿ってスムーズに入り、周りを傷つけにくくなります。これでクサビの出来上がりです（写真3）。KAKIでは、組み立てるときに使いやすいように、厚み別にクサビを作り置きし、分けて保管しています。

クサビ作りはノミをうまく扱うためのよい練習になります。クサビを思い通りの厚み・角度で削れるようになれば、ほかの作業もきれいに早くできるようになるでしょう。

（写真1）

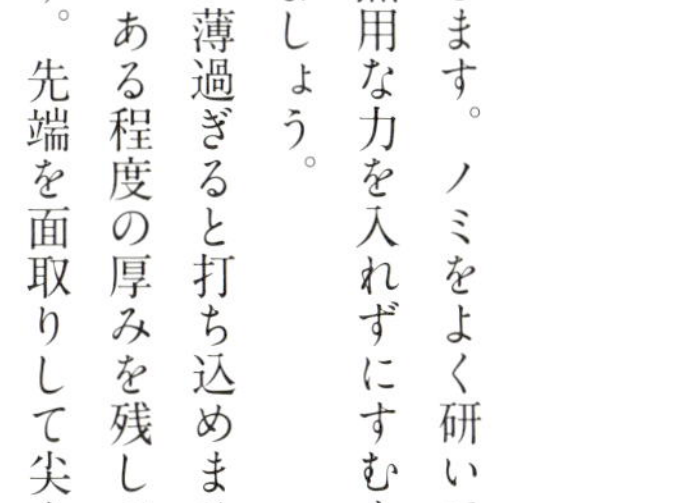

（写真2）

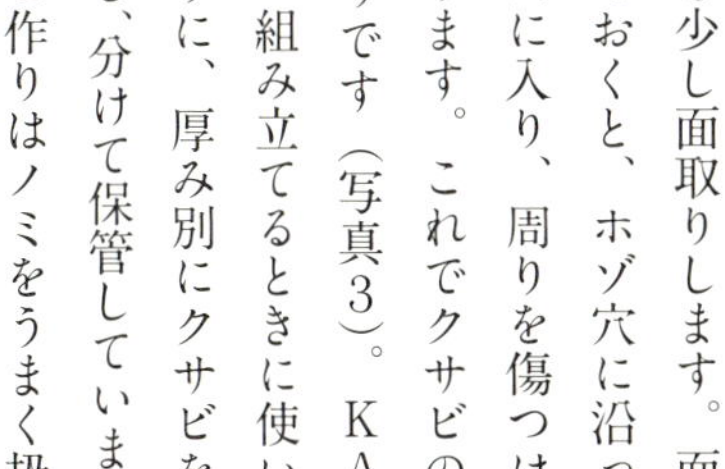

（写真3）

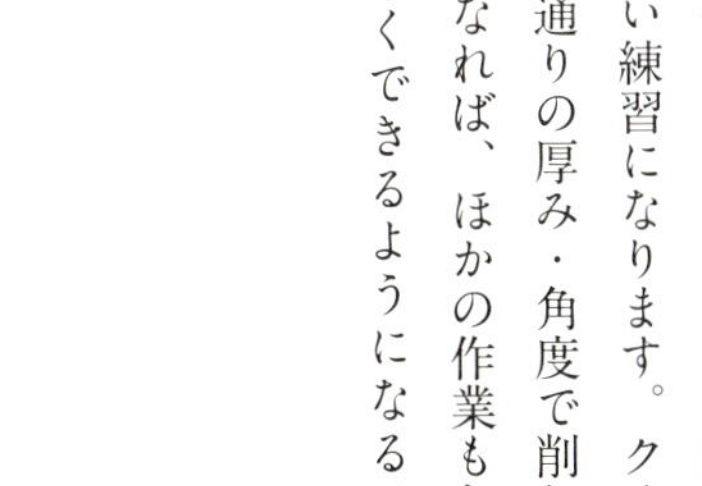

# パーツを作る2――シート（座板）

（写真1）

（写真2）

シート（図面⑩）は、脚部分が組み上がってから、実寸をとって作ります。

シートは「アリ差し」で本体に接合しますが、3枚程の板を、ビスか釘で本体に留める方法でも構いません。しかし、アリ差しのほうがより完成度が高いので、できればアリ差しで仕上げたいものです。

## アリ溝の加工・仕上げ

まず、後ろ脚に入り込む欠き取り部分とアリ溝のスミ入れをしましょう。上写真1・2のように材料をシート受けに直接当てて、実寸をとります。

[1] 後ろ脚欠き取り部分のスミ入れをします。スコヤを使って、ずれがないように注意してください。

[2] 次に、自在定規を使って、アリ溝のスミ入れをします。

1

2

3

4

（写真3）

5

3 スミ線に沿って、ノミを軽く打ちこんで印をつけます。

4 スミ線に沿って、カッターナイフで切り込みを入れます。これでアリ溝のスミ入れができました（写真3）

5 違う場所を掘ってしまわないように、掘る部分は塗りつぶすなどして、印をつけておきましょう。

6 スミ入れが済んだら、アリ溝を掘りましょう。ノミで掘る場合は、まず、木工用錐で溝部分を粗く掘ります（粗取り）。

7 溝の角度に合わせてノミを入れます。

8 溝の底をさらいます。溝全部をノミで削り取っていく場合は、溝全部を粗取りし、6～8の手順を繰り返して削り取っていきます。

9 ここでは電動工具を使いましょう。溝の幅に合わせたガイドを作っておくと便利です。シートにガイドをクランプで固定し、トリマーかルーターで掘っていきます。

10 溝を掘ったところ。

11 アリの形がアリ溝に合うかどうかチェックします。このとき、いちいち椅子の本体に入れてチェックするのは大変なので、写真のようにじっさいのアリ桟の寸法で作ったダミーの「アリ棒」を1本作っておくと便利です。

12 アリ溝を掘り終えたら、横幅をシートの寸法に合わせて切ります。ここでは電動ノコを使いますが、なければノコギリで切ります。

電動ノコを使う場合も、ガイドを作っておくと便利です。アリ溝が掘れたら、じっさいに本体に入れてみましょう。

13 後ろ脚が入り込む部分をノコギリで切り取ります。

14 切り口をノミで削って仕上げます。

15 シートの前面、座って膝の裏が当たる部分は、面取り鉋で面取りします。

16 表面にはカンナをかけ、両サイドはサンドペーパーでごく細く面取りをしましょう。

17 シートができました。

1

2

3

# 組み立て・完成

シートにアリ溝が掘れたら、組み付けましょう。本体がねじれないように、左右のアリがなるべく均等に入っていくように気をつけてください。また、力が斜めにかかると板を割ってしまいますので、板が反り返らないように真っ直ぐ力をかけましょう。

1 2 本体のアリホゾをシートのアリ溝に入れ、少しずつ叩いて入れていきます。

3 長い年月の間に木が痩せてきて、シートがずれる場合があります。後ろ脚に近い部分に裏側からビスを打っておき、ずれを防ぎます。ビスを打つ位置には、先に錐で下穴を開けておきましょう。

4 ダイニングチェアーの完成です。

組み立てが終わったらオイルを塗り、30分ほどおいてから拭き取ります。1日乾燥させれば、完成です。

オイルフィニッシュについては、155頁を参照してください。

ダイニングチェアーは、食卓用の椅子です。安楽椅子のように座りやすさも大事ですが、よい姿勢を保つことが大切です。よい姿勢で座ると疲れにくいもので、長時間座っていることができます。

KAKIのダイニングチェアーの背もたれの角度は、よい姿勢を保つために、長い時間をかけて考えられてきました。

用途に合わせていろいろ考えながらデザインし、製作しましょう。

# いろいろなホゾの形

ごく基本的なホゾのかたちをまとめておきましょう。

これからの製作工程にも随所に出てくるので、参考にしてください。

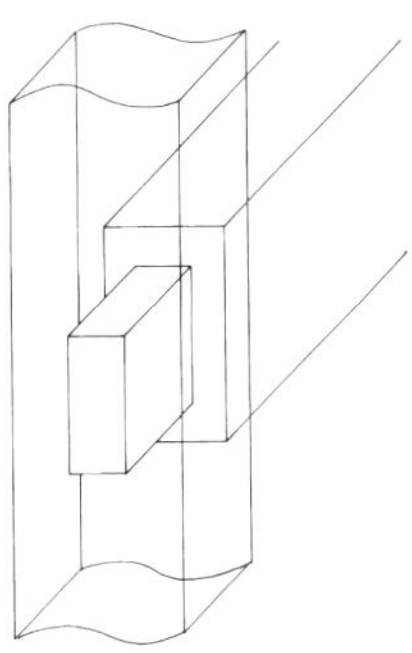

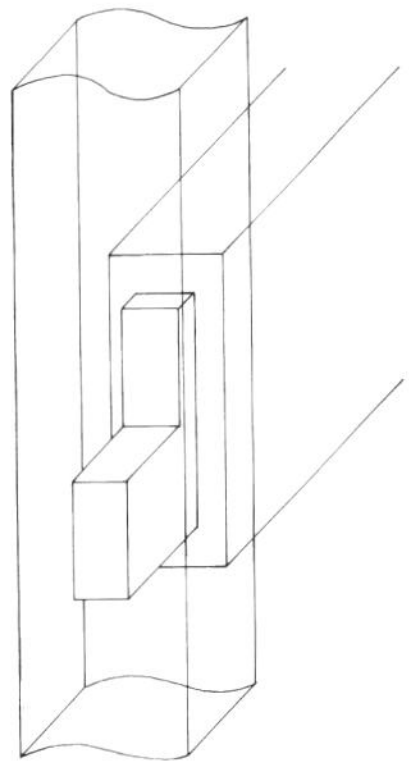

**四方胴付ホゾ（止め・通し）**

基本的なホゾです。ＫＡＫＩでも最もよく使われるホゾで、ホゾの周囲4面にすべて「胴付面（どうつきめん）」があります。

ホゾ全般に当てはまりますが、ホゾ穴の幅は、雌木の3分の1程度にします。

また、幅方向にきついと繊維を裂いて、材料を割ってしまいますので、縦方向をきつめに加工して組みます。

ホゾが反対まで突き抜ける、「通しホゾ」と途中で止める「止めホゾ」があります。通しホゾの場合、組んだあとクサビを打ち込み、抜けにくくします。

**小《お》根《ね》付《つき》ホゾ**

高さ（長辺）の広い貫などの場合、長辺全部をホゾにしてしまうと、材が縮んだときにホゾも緩くなってしまいますので、ホゾの長辺を狭くします。しかし、ホゾが細いと弱くなるので、小根をつけ、材料の反り、ねじれを押さえます。

小根は、通常のホゾの加工をしたあと、根元を残して片側をノコギリで直角に欠き取って作ります。

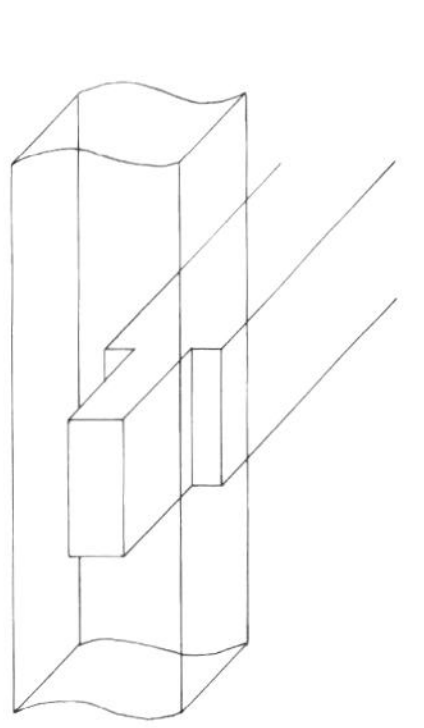

**二方胴付ホゾ（止め・通し）**

四方胴付や三方胴付にするとホゾの高さが小さくなってしまうとき、上下の胴付面をなくしてホゾの高さをかせぐ方法です。

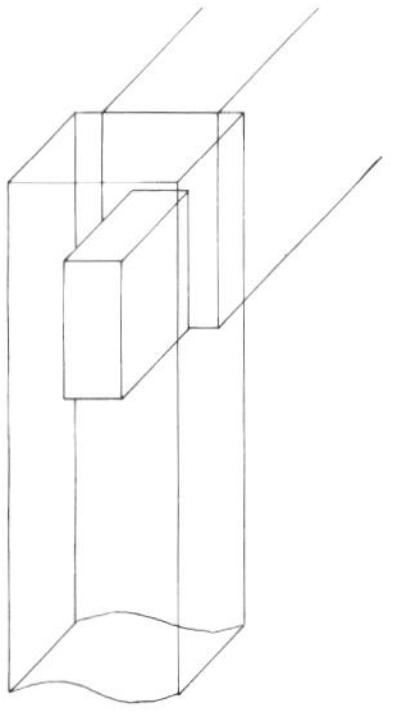

**三方胴付ホゾ（止め、通し）**

胴付面が3面のホゾです。

ホゾ穴を、材料の端から極力離して掘りたいときや、構造によってホゾを貫の端に寄せて作る方法です。キャビネットの貫の部分にも使っています。

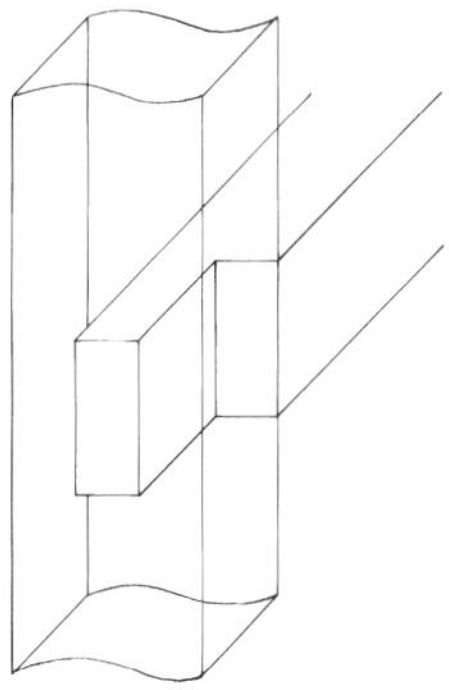

**片欠きホゾ（止め・通し）**

貫などを、材の中心からずらしたいときや、細い貫を面に合わせて挿したいときに使う方法です。

# 縄張りスツール

背もたれのない椅子をスツールと呼んでいます。スツールは〝補助椅子〟のことで、急に人数が増えたりして、椅子が足りなくなったときなどに使います。ですから、あまりかさばらないほうがよいので、背もたれがないのです。スタッキング（重ねる）タイプのものもあります。もちろん、座面が板張りのものもありますが、今回は、縄を張るタイプのスツールに挑戦してみましょう。

ダイニングチェアーにも縄張りは応用できますので、作ってみたら面白いかもしれません。

# 図面・材料表

【縄張りスツール分解図】

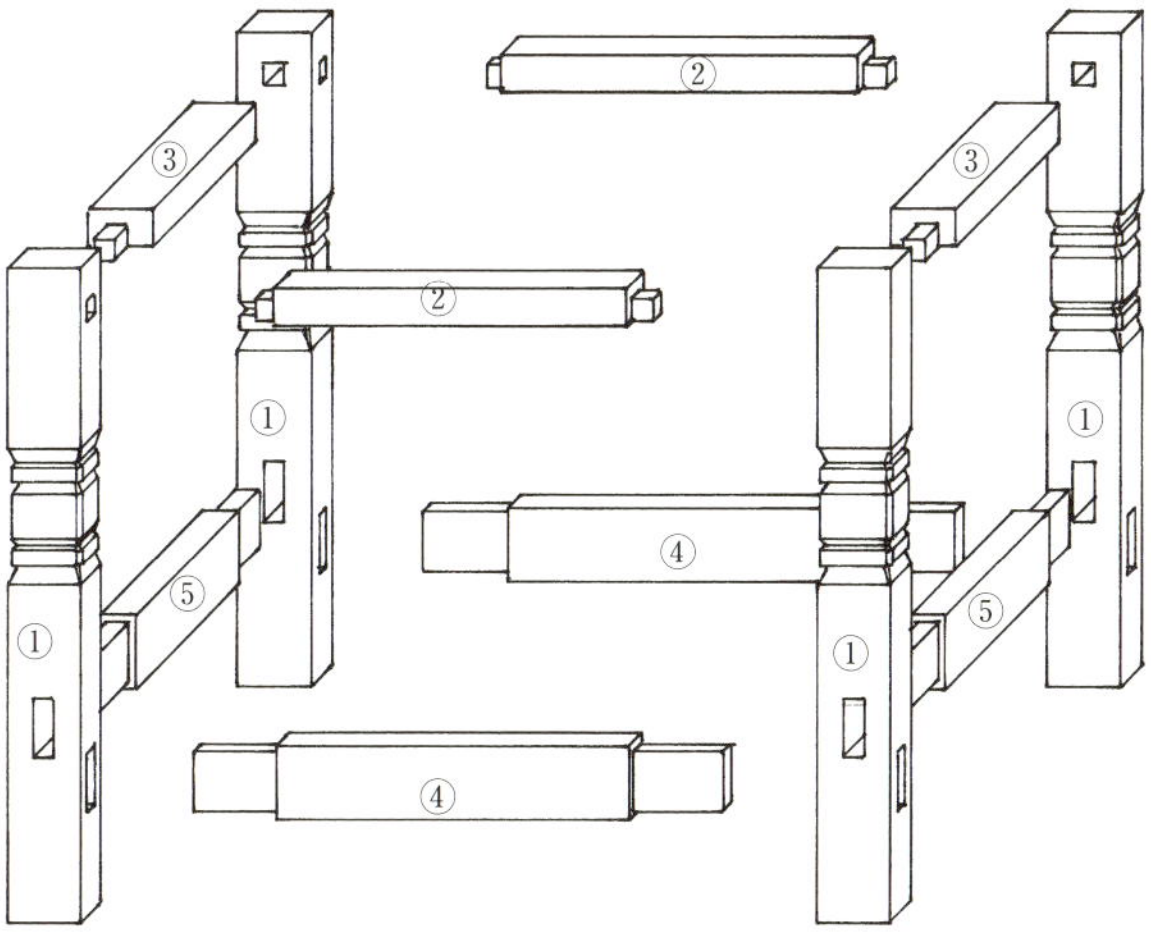


【スツール材料表】

| 部品名 | 厚み×幅×長さ（㎜） | 数 |
|---|---|---|
| ①脚 | 40× 50× 435 | 4本 |
| ②座枠・長 | 20× 35× 290 | 2本 |
| ③座枠・短 | 20× 45× 250 | 2本 |
| ④貫・長 | 25× 50× 360 | 2本 |
| ⑤貫・短 | 25× 50× 320 | 2本 |

【材料と道具】

材料
赤松・イエローパイン・ホワイトパインなどの松材がおすすめです。
サイザル麻縄（6㎜・丸三産業）

道具
ノミ
平鉋・面取り鉋
鋸（胴付きノコ・縦挽きノコ）
剳り小刀・切り出し小刀
スコヤ・ケビキ
ゲンノウ・敷き棒・叩き棒
クランプ・バイス

電動工具
電動角ノミ盤（または木工用錐）
トリマー（またはルーター）
電動ドリル

その他
釘（25㎜）
サンドペーパー
（120番・220番）
水性木工用接着剤
（水性ビニルウレタン系接着剤）
オイル（自然塗料）
軍手・ウエス

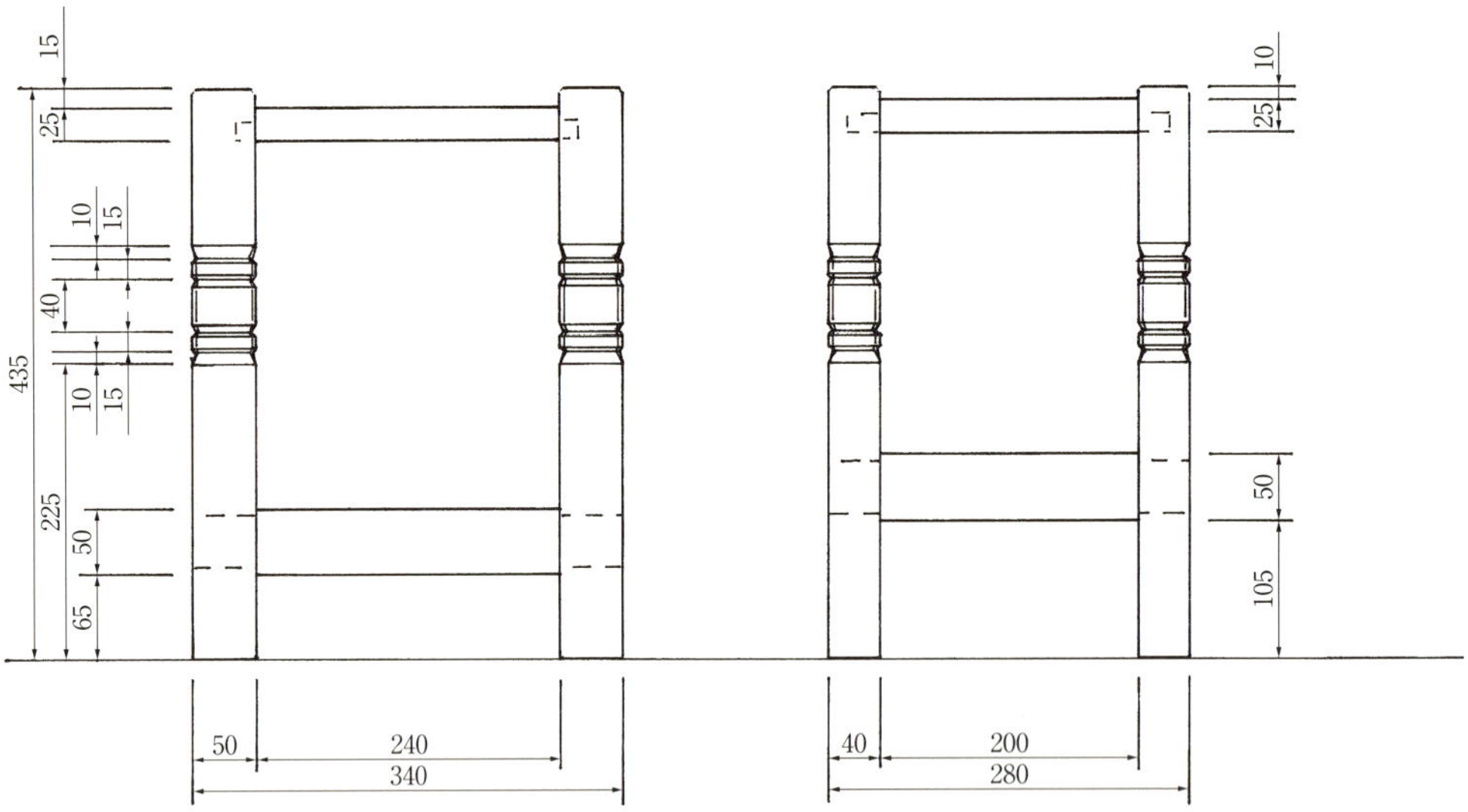


ホゾの構造

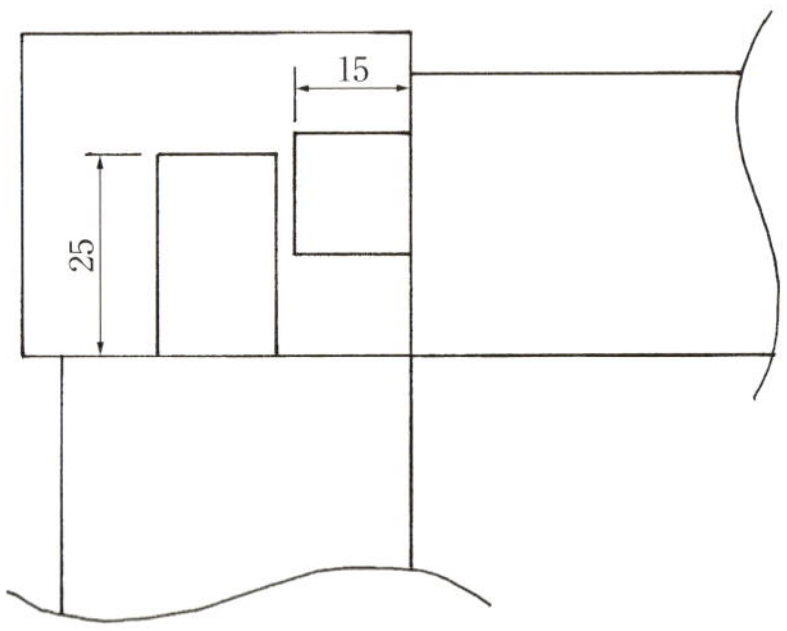


**図面①　脚（4本）**

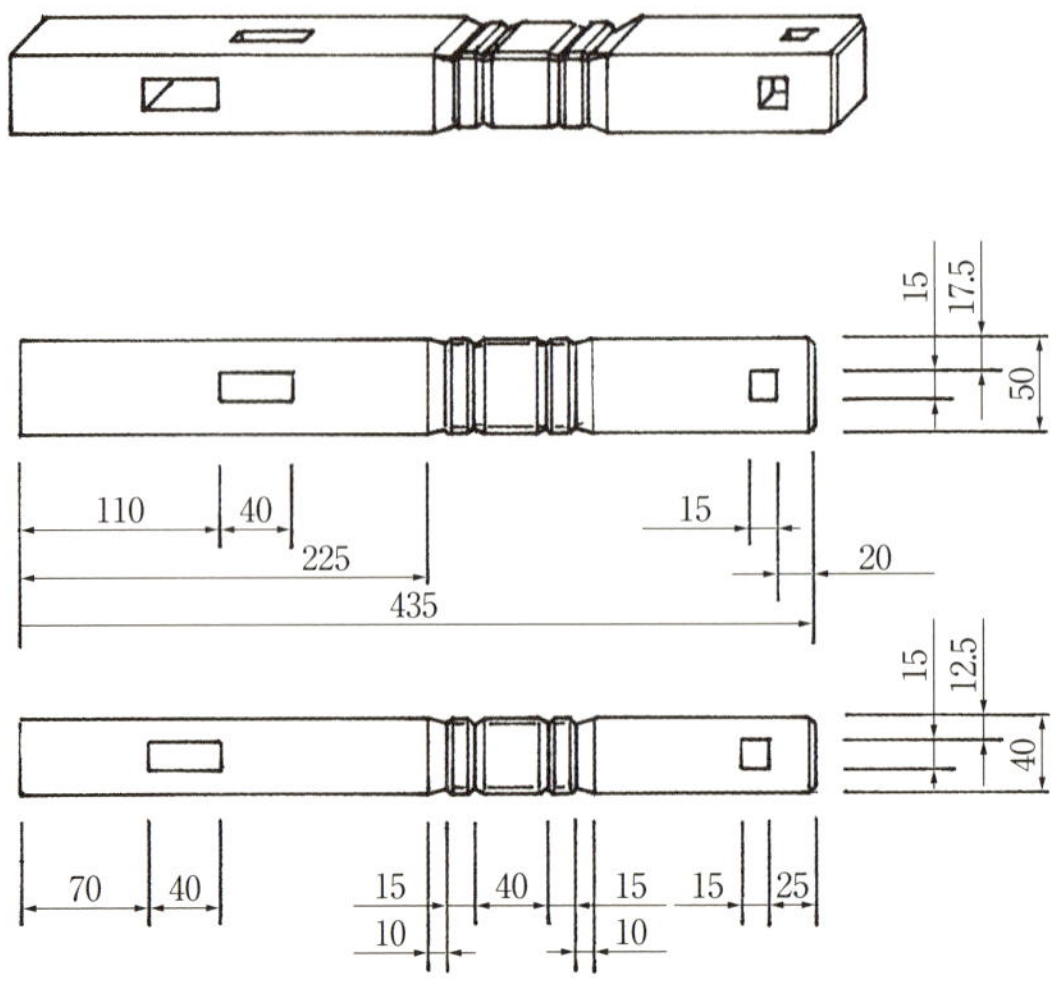

図面②座枠・長（２本）

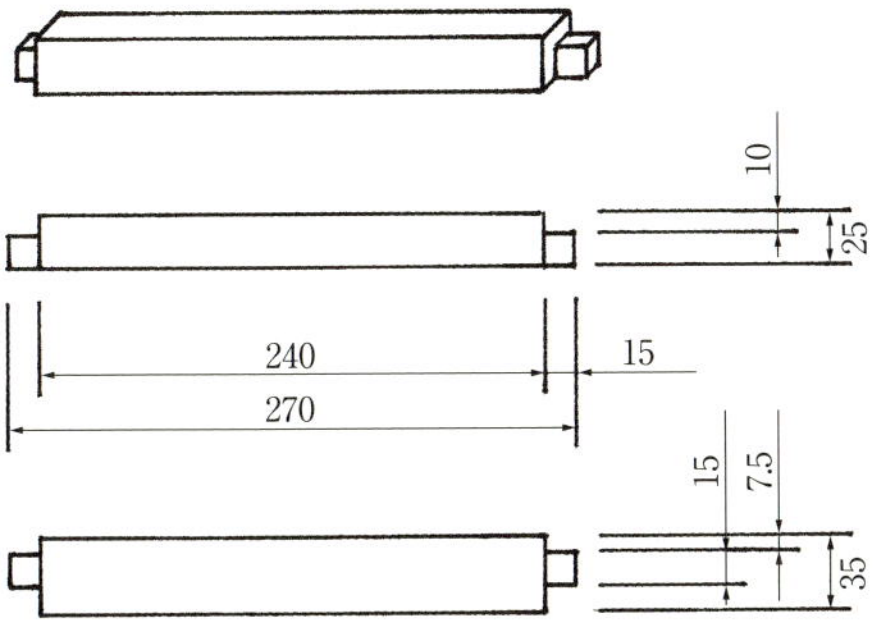


図面③座枠・短（２本）

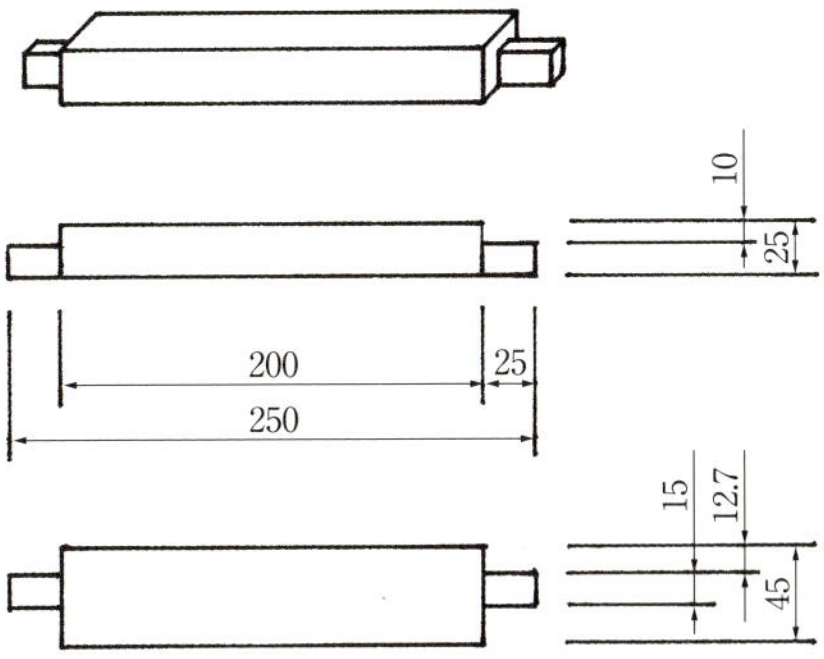


図面④貫・長（２本）

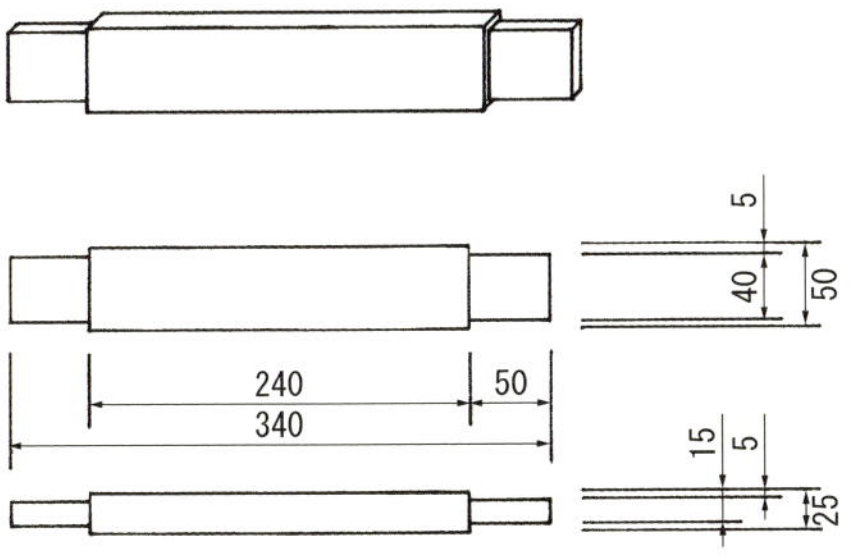


図面⑤貫・短（２本）

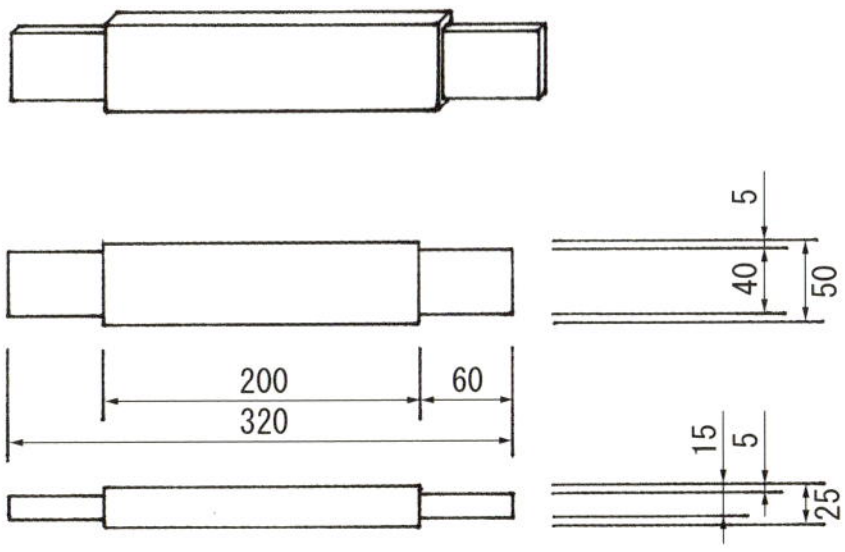

# パーツを作る

まず、脚部分（図面①～⑤）の材料の下ごしらえをし、スミ入れをして、脚部分のパーツを作ります。下ごしらえ・スミ入れ、ホゾ組みの種類や組み立て方法は、すべてダイニングチェアーと同じです。ここでは、パーツの飾り彫りから組み立て・縄張りの方法を中心にご紹介しましょう。

サイザル麻縄

**【材料の下準備】**
角材の下ごしらえ（55～58頁参照）

## 脚部分の飾り彫り

ホゾ穴と飾りを混同しないように、まず、ホゾ穴・ホゾを作ってしまってから、飾り部分のスミ入れをし、彫っていきます。ホゾ・ホゾ穴の作り方は、ダイニングチェアー76～79頁を参照してください。

1 ノコギリで、飾りの彫りが一番深い部分に切れ目を入れます。深く入れないように注意しましょう。

2 3 広めのノミで彫っていきます。一度に深く入れずに、少しずつ彫りましょう。全体を見ながら、注意して彫ってください。また、指を切らないように注意することも大変重要です。「木工家のケガは勲章だ」などといいますが、指は5本あるのが一番です。

4 5 ダイニングチェアーと同じように、面取りをして、カンナで仕上げます。他のパーツも同じように仕上げます。

# 組み立て

パーツができたら、組み立てていきましょう。組み立て方は、ダイニングチェアーと同じです。

1 脚のホゾ穴に接着剤を塗り、ホゾを挿し込んで、叩き込みます。

2 3 座枠・貫を挿し込み、残りの脚を組みます。

4 飛び出した通しホゾをノコで切り取ります。

5 通しホゾの部分にクサビを打ち込みます。

6 クサビをノコギリで切り取り、ノミで削ります。

1

2

3

7 カンナで仕上げます。

8 地面に接する部分を面取りするのも忘れないでください。
組み立てたらオイルを塗り、乾燥させておきます。

# 縄を張る・完成

接着材が乾いたら、縄張りを始めましょう。基本的には、1本の麻縄を最後まで巻いていくのですが、一度に長い縄を使うと絡まってしまい、それを直すのにも時間がかかりますので、7～10mずつに切ってから使いましょう。縄がなくなったら、継ぎ足していきます。

1 まず、縄の端を1回結んで結び目を作ります。

2 25㎜くらいの釘で、その結び目を座枠の内横に止めます。釘で止めたところを起点として、起点となった座枠をAとします（107頁図参照）。

3 Aと平行に縄を引っ張ります。座枠Bを、上から下に1回巻き、続けてAを、上から下へ1回巻きます。

4 そのままBと平行に縄を引っ張り、今度はCを、上から下に向かって1回巻きます。

5 Bを、上から下に向かって1回巻き、Cと平行に縄を引っ張ります。

6 Dを上から下に1回巻きます。

7 続けてCを上から下へ1回巻き、Dと平行に縄を引っ張って、Aを上から下に向かって1回巻きます。これで1周しました。

縄巻き図

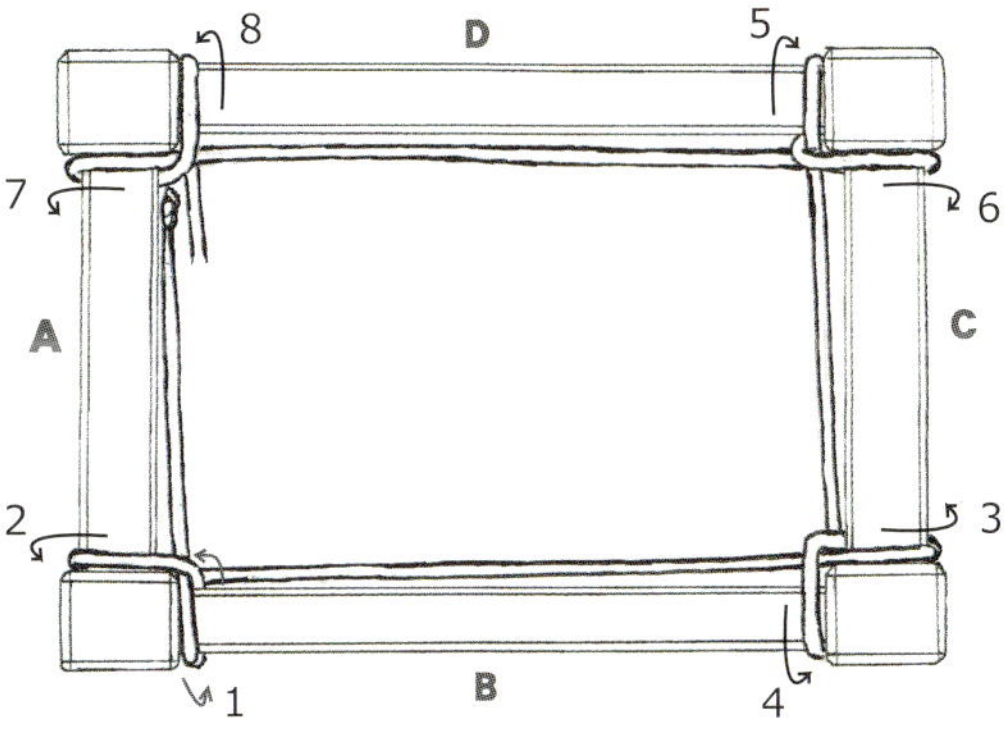

8 9 ひたすらこの作業の繰り返しです。

本体を足で押さえ、縄をしっかり引っ張りながら巻いてください。緩いと、最後に美しく収まりません。

縄は、ぐるぐると回していくうちに絡まってこないように、ゴムなどで軽く束ねておくなどして、なるべくまとまった状態で取り回すとよいでしょう。

10 時折、縄がまっすぐ（各座受けと平行に）張れなくなってくるときがありますので、そのときはゲンノウで縄を叩き、きれいに揃えてください。

途中で作業を止める場合は、縄に結び目を作り、ピンと張った状態で貫に釘で打ち付けておきます。

（写真1）

（写真2）

（写真3）

途中で縄がなくなったら、継ぎ足します（写真1〜3）。

縄のつなぎ方は、柔道の帯の結び方と同じ、「本結び」です。結び目はシートの表側に出ないようにしましょう。

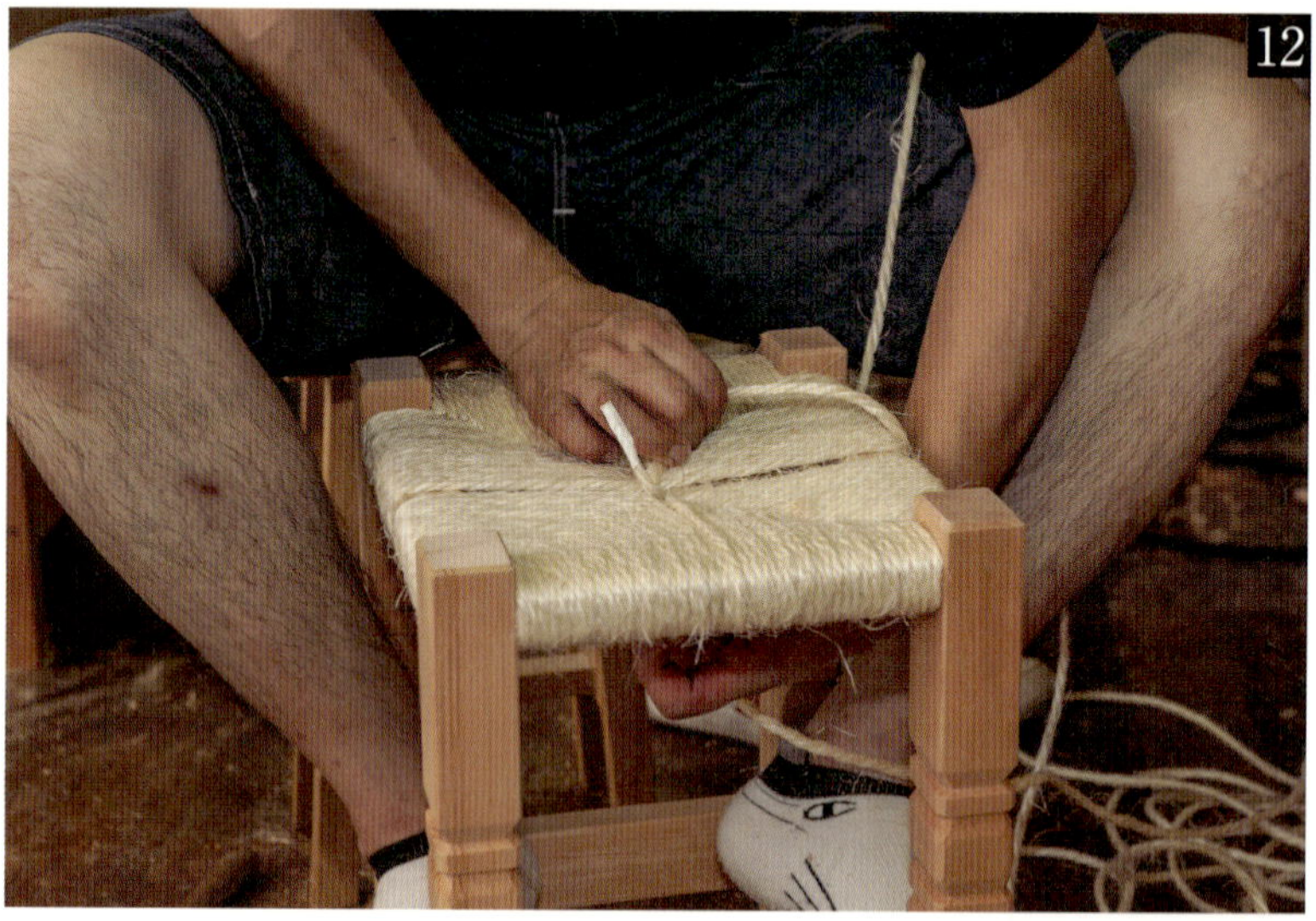

11 シートが正方形（A～Dが同寸法）の場合は、順に巻いていけば、同じタイミングで巻くスペースがなくなり、巻き終わりとなるのですが、今回のような長方形のスツールの場合、短辺（A・C）を巻き終わっても、長辺（B・D）は少し残ってしまいます。A・Cを巻き終わったら、BとDの間だけ、繰り返して巻き終えてください。

12 縄張りの終わり頃になると、通す穴が小さくなっていくので、縄の先端をビニールテープで巻いて細くします。

13 縄はかなり固く巻かれるので、最後の縄の始末をするとき、金属製の棒があると作業がしやすいでしょう。

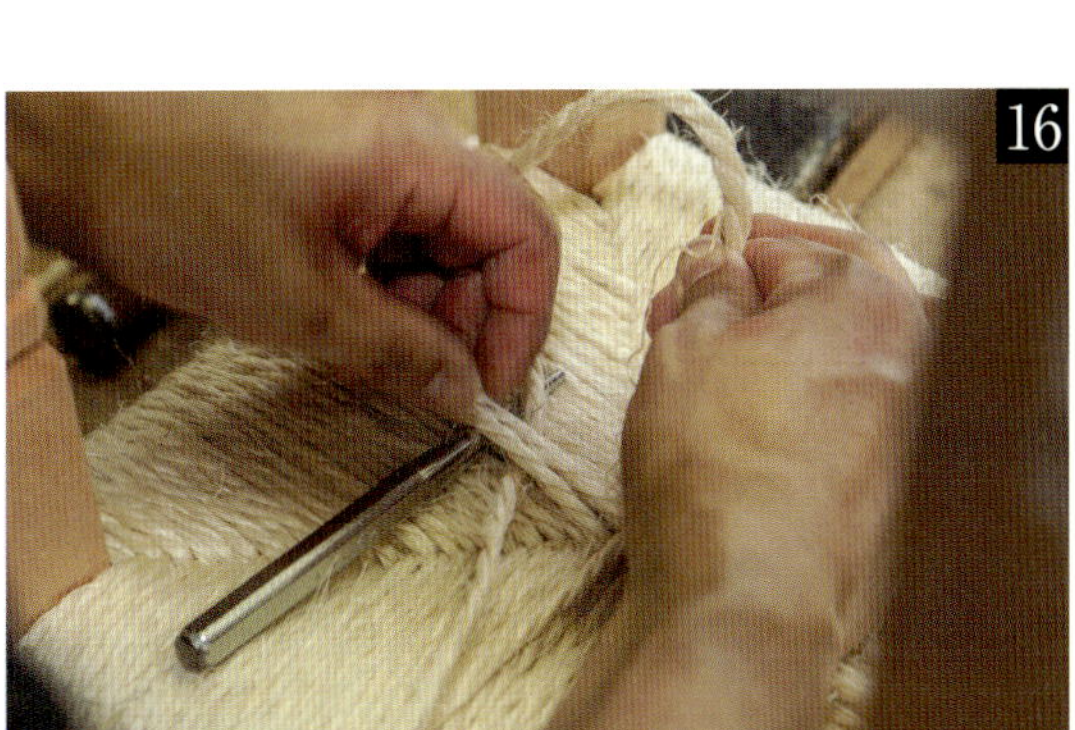

14 B・Dの巻くスペースがなくなったら、巻き終わりです。

15 縄の始末は、とくに決まった方法があるわけではありません。シートの裏側で縄がブラブラしないように、きちんと結んでください。縄を反対側にグッと張り、1本の縄の下をくぐらせて締めます。

16 続いて、縄を手前に引っ張ります。そのときに、2本の縄にくぐらせます。縄は固く締まっているので、金属の棒を挿し込んで、少し隙間を作るとよいでしょう。

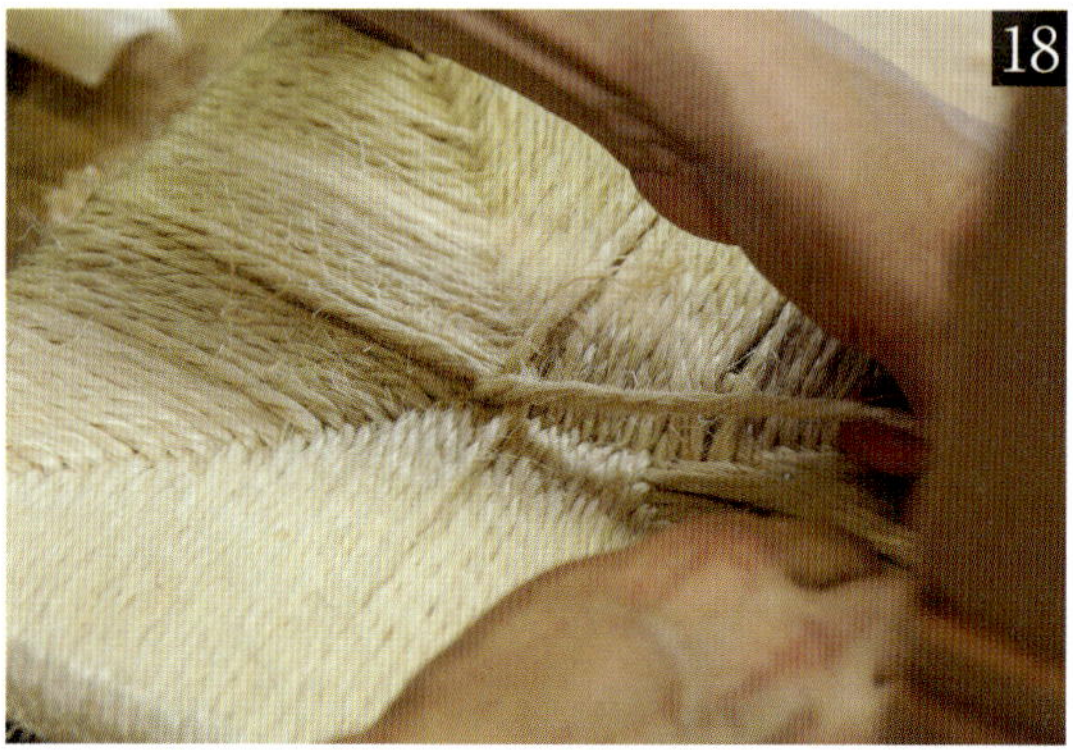

17 くぐらせたところ。

18 グッと引っ張ります。

19 最初に1本くぐらせた縄の列と同じところで、また2本の縄の下をくぐらせます。

20 ここで固く結びます。

21 端を切り、切り口は内側にしまいます。これで縄張りができました。

22 縄の始末が終わったら、ゲンノウで軽く叩いてかたちを整えます。

23 24 脚の上部にカンナをかければ、スツールの完成です

縄を一脚張ると、手のひらは赤くなり、ジンジンします。慣れないうちは、水ぶくれができたり、皮が剥けてしまうこともありますので、薄手の革の手袋などをはめて作業するとよいでしょう。

縄巻きのシートはどんなに強く張っても、長年座っていると縄が伸びて緩くなってしまいます。そんなときは一度縄をほどいて、伸びたその縄で張り直すとしっかりして、それ以上緩みにくくなります。

スツールは、本来補助椅子です。かさばらないことが第一の目的です。しかし、だからこそ座りにくいものではいけないと思います。そんなところに気を配りながら、いいデザインのスツールを考えてみるのも楽しいのではないでしょうか。

# ファイブボードベンチ

シンプルでユニークなベンチの作り方をご紹介しましょう。シート、脚2枚、幕板2枚の5枚の板だけで構成されるベンチです。

このベンチにはホゾはなく、接着してビスで留めて作ります。幕板からシートと脚を接着する構造によって、高い強度を持たせます。

ただし、そのためには5つのパーツがピッタリと合っていなければなりません。

脚に角度がついているので、直角以外の角度のとり方もご紹介しましょう。

# 図面・材料表

【ファイブボードベンチ分解図】

【ファイブボードベンチ材料表】

| 部品名 | 厚み × 幅 × 長さ（mm） | 数 |
| --- | --- | --- |
| ①シート | 20× 200×1200 | 1 枚 |
| ②幕板 | 20× 110×1200 | 2 枚 |
| ③脚 | 20× 240× 430 | 2 枚 |

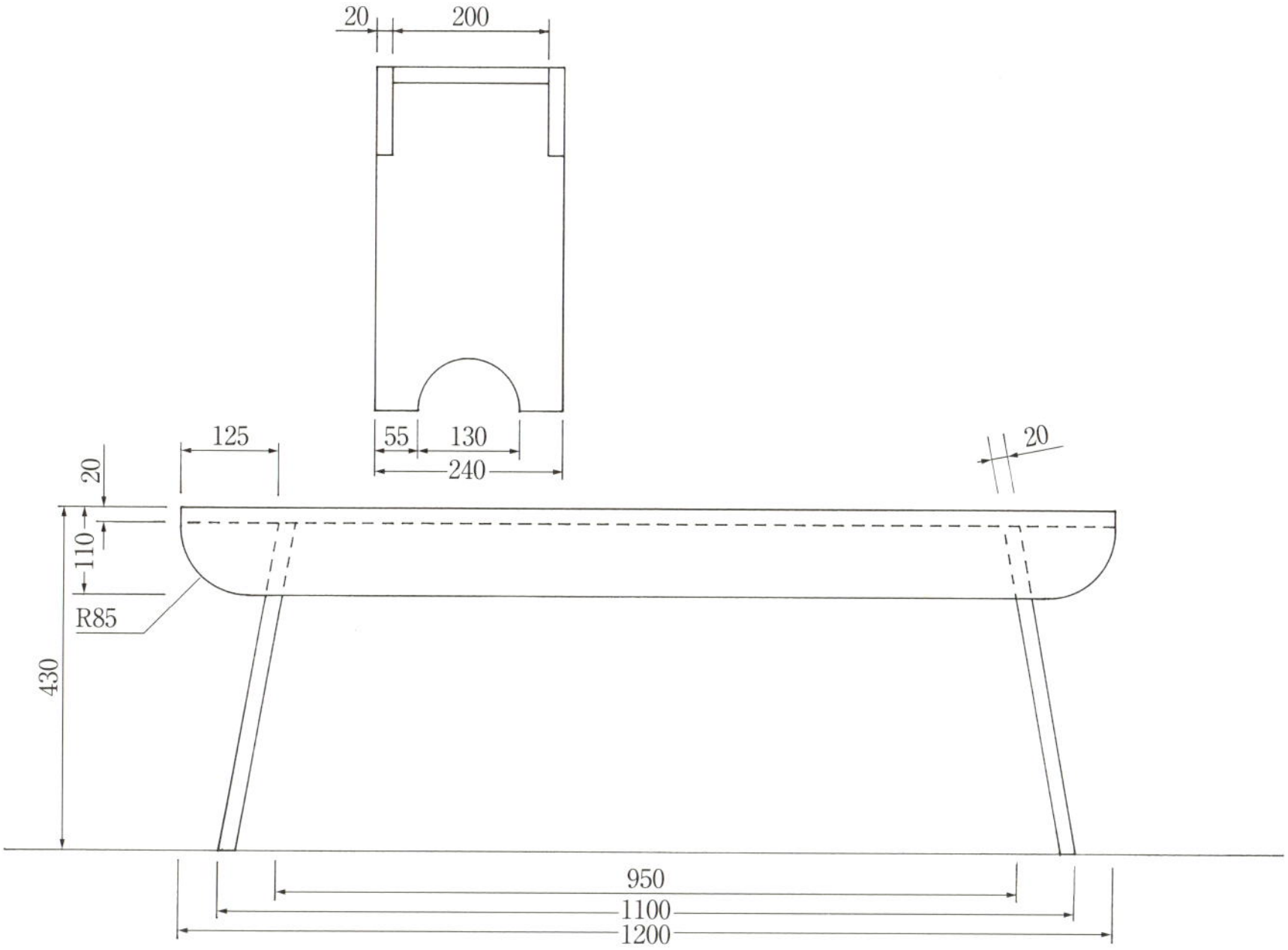

①シート（1枚）

②幕板（2枚）

③脚（2枚）

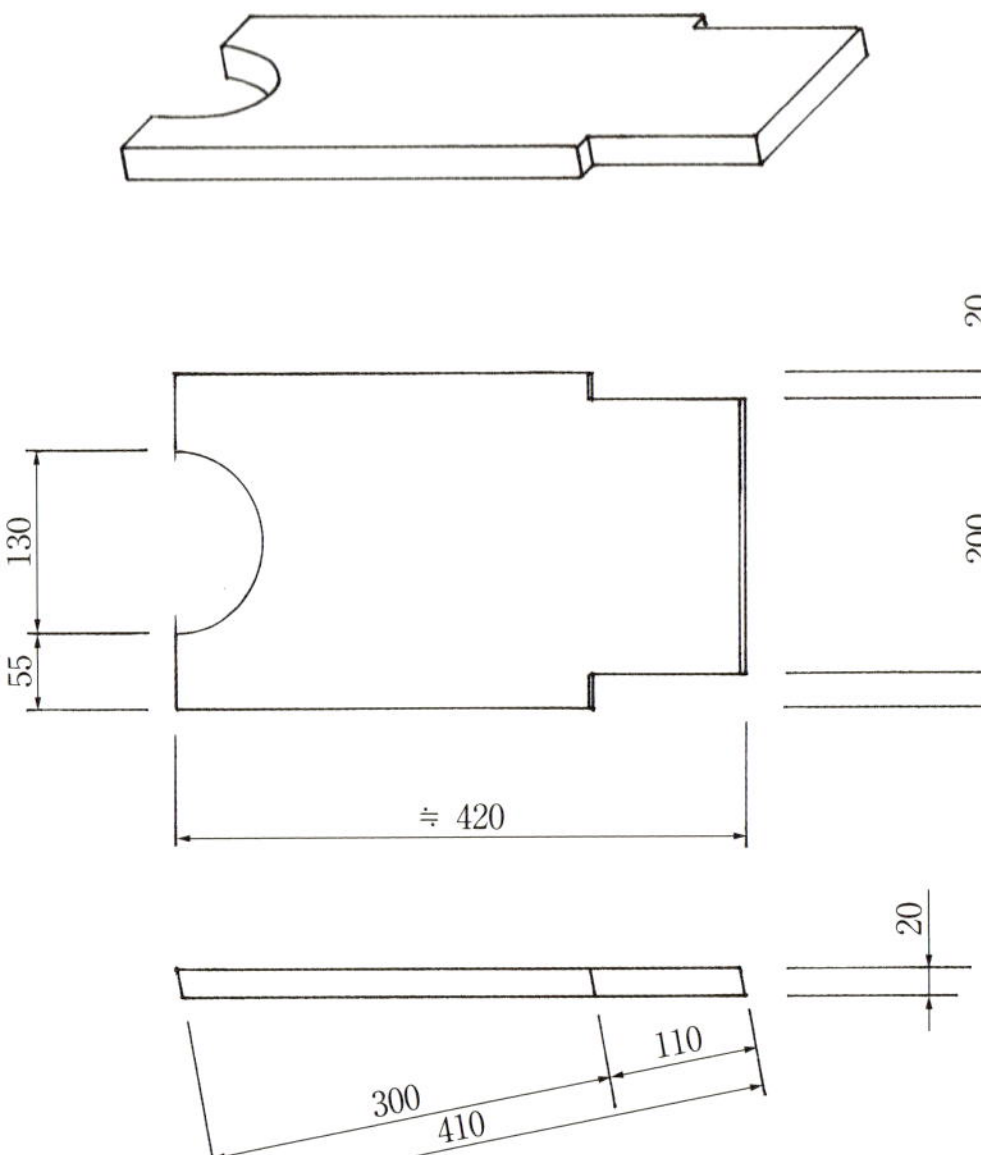

# パーツを作る

## 【材料と道具】

材料　赤松・イエローパイン・ホワイトパインなどの松材がおすすめです。

道具　ノミ
平鉋・面取り鉋
鋸（胴付きノコ・縦挽きノコ）
錐・刳り小刀・切り出し小刀
自在定規
ゲンノウ・敷き棒・叩き棒
バイス

電動工具　ドリル（2〜2.5㎜・9㎜）
ジグソー（または糸ノコ）

その他　板（約60㎜幅、水平・直角ができているもの）
ビス
丸棒
水性木工用接着剤（水性ビニルウレタン系接着剤）
サンドペーパー（220番）
オイル（自然塗料）・軍手・ウエス

## 【材料の下準備】

板の下ごしらえ（59〜61頁参照）
脚になる板は、30㎜程度長いものを用意してください。

材料の下ごしらえをしたら、スミ入れをし、パーツ作りに入りますが、このベンチのように斜めの部品がある家具の場合、角度や長さを正確に出すために、実物大の図面を書き、そこから実寸をとると間違いがありません。全体の図面を書くことができない大きな家具は、部分的に実物大の図面を書くこともあります。

まずは、実物大の図面から実寸をとる方法をご紹介しましょう。

## 1. 実物大の図面から寸法をとる

ベンチの脚はシートに79度の角度で付きます。まずこの角度を、自在定規を使って、図面からとります。

1　60㎜程度の幅の板（平面・直角ができているもの）を、図面の斜めの線（79度）の上に置きます。図面の方眼に合わせて、水平に置いてください。そして、板と線が接するところに鉛筆で印をつけます。板の反対側も同じように印をつけます。

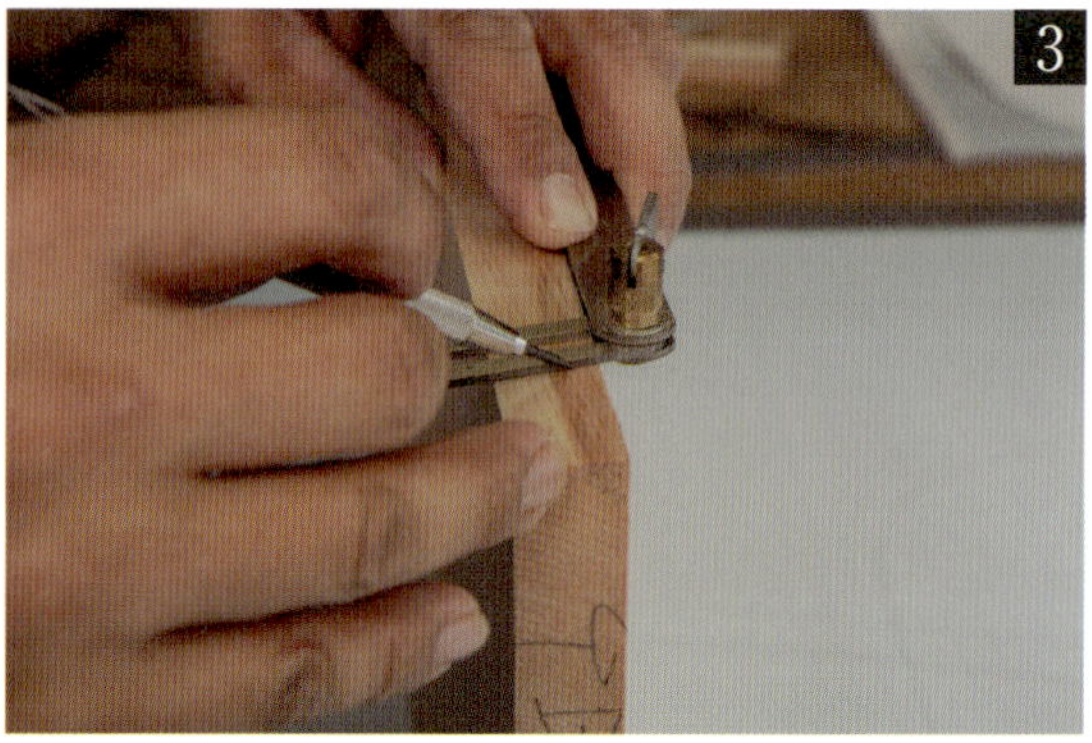

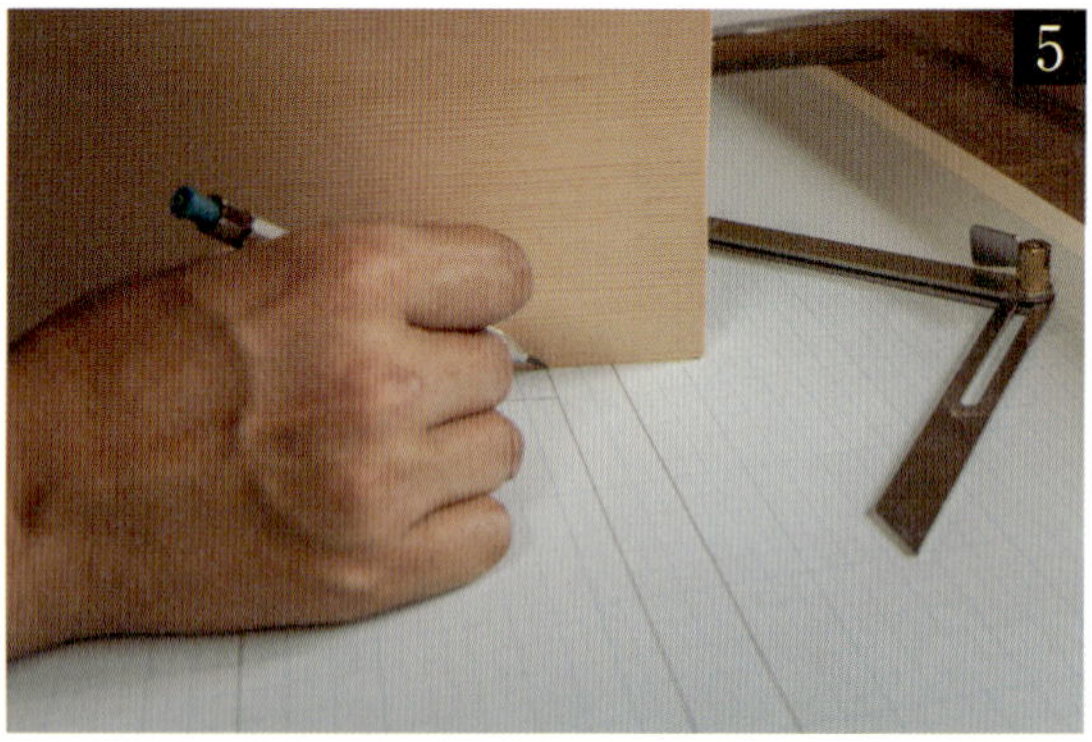

2 自在定規の角度を、1でつけた印に合わせます。これで図面から79度の角度がとれました。

自在定規のかわりに型紙を作ってもよいでしょう。

3 続いて材料にスミ入れをしましょう。この自在定規を使って、まず脚の下端にスミを入れます。

4 3でつけたスミ線と図面の脚の下端の線を合わせてから、材料を図面の線の通りに置きます。

5 1と同じ要領で、脚の上辺と板が接する部分に鉛筆で印をつけます。幕板と接する部分にも印をつけましょう。

6 5でつけた脚の上端部分の印を線で結びます。これで、脚の上端にも、図面から直接、79度の正確なスミ線が入りました。

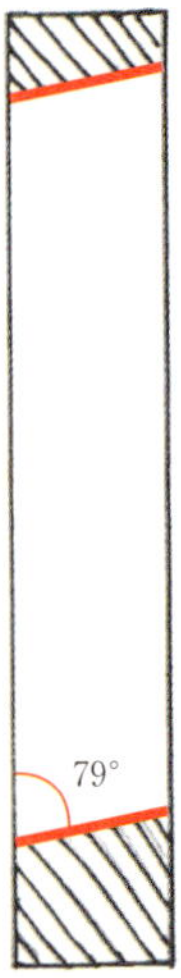

7

8

7 幕板と接する部分の印を結び、欠き取り部分（幕板が入り込む部分）もスミ入れします。

8 次に、幕板・シートにビスを打つ位置を決めます。見える位置にビスが入りますので、間隔を揃えてきれいに見えるように位置を決めましょう。

　幕板と脚とは、幕板の上からビスを打って留めますので、幕板には、脚と接合する部分に79度の自在定規を使って線を引き、その線に沿ってビスを打つ位置を決めます。

　スミ線に沿ってビスを打つ位置を決めたら、錐で印をつけていきます。

　これで、全部のパーツに、実物の図面から実寸をとった、正確なスミ入れができました。

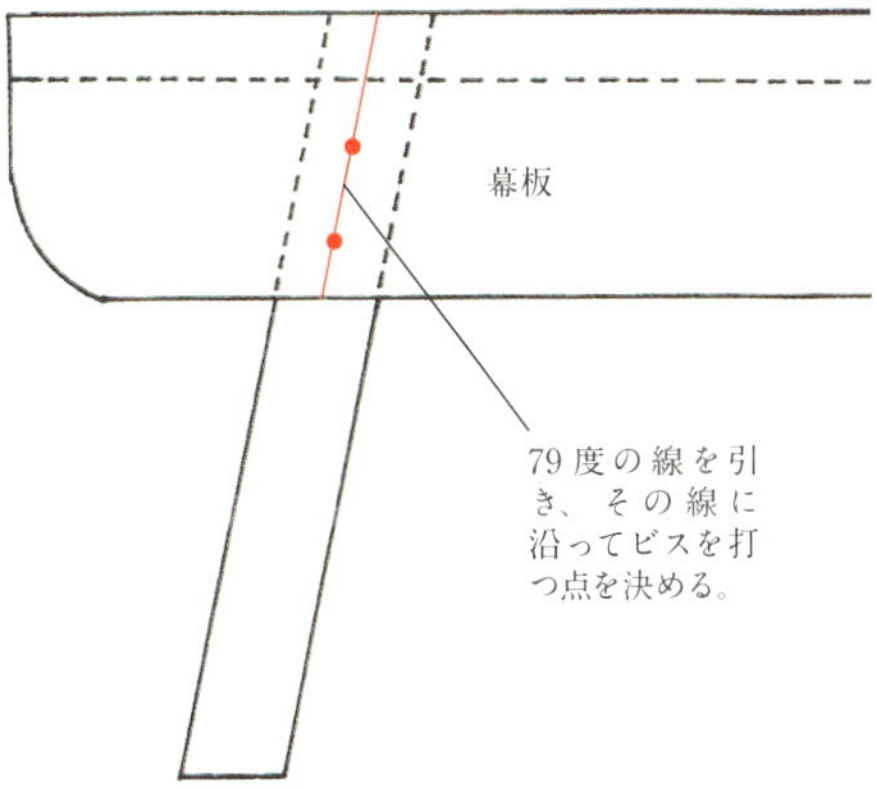
幕板
79度の線を引き、その線に沿ってビスを打つ点を決める。

## 2. 脚を加工する

スミ入れができたら、加工に取りかかりましょう。

まず、脚から作ります。

1 脚の上・下端の79度の角度がついた線をノコギリで切ります。ノコギリをスミ線の角度に合わせて傾けて切ります。あとからノミで仕上げますので、刃がスミ線の内側に入らないように、板の表裏の線を確認しながら、慎重に切り進めてください。

1

2

3

4

5

[2] 次に、欠き取り部分を切り取ります。板の幅が広いぶん、不安定になるので、バイスでしっかり固定しましょう。
まず、横方向を胴付きノコで切っていきます。ここにも79度の角度がついています。スミ線の内側に刃が入らないように気をつけて切ってください。縦方向の線は、縦挽きノコで切ります

[3] ノミで削って、スミ線の通りに（スミ線が消えるように）仕上げます。欠き取った部分の幅がシートとピッタリ同じ幅になるように仕上げてください。

[4] きれいに仕上がりました。

[5] 脚の半円形の飾り部分を、型紙を使ってスミ入れをし、糸ノコまたはジグソーでスミ線を残すように切り取ってから、最後に刳り小刀や切り出し小刀を使って、スミ線が消えるように仕上げます。

## 3．幕板・シートを作る

続いて、幕板とシートを作ります。幕板のカーブの部分も、型紙を使ってスミ入れをしましょう。

[1][2] 幕板のカーブの部分は、ノコギリで角を切り落としてから（粗取り）、カーブの部分はノミ、平面部分はカンナを使って、スミ線の通りに仕上げます。

[3] カーブがきれいに仕上がりました。

[4] 次に、ビスを打つ印のところに、2～2・5㎜のドリルで下穴を掘り、下穴の上から9㎜のドリルで深さ6～9㎜程度の穴を掘ります。写真1のような、下穴と9㎜の穴を一度に開けられるドリルがあると便利です。ない場合は、必ず下穴を掘ってから、9㎜の穴を掘ってください。下穴なしでビスを打つと板を割ってしまいますから、下穴はビスよりも若干細いドリルで掘ってください。

（写真1）

[5] ビスを打つ場所すべてにこの加工を施します。これで、パーツ作りの完了です。

パーツによけいな傷やへこみを付けないために、ここで一度、ワークベンチの上を片づけましょう。

# 組み立て・完成

いよいよ組み立てです。5つのパーツがずれないよう、角度に注意してください。とくに上端・欠き取りの面がシートと幕板に隙間なくピッタリ付くことが重要です。

1

2

1 組み立てる前に、各パーツにカンナをかけて仕上げます（シートの側面は、接着してしまうのでカンナをかける必要はありません）。

2 まず、シートと幕板を組みます。シートの接着する方の側面にだけ、接着剤を薄くまんべんなく塗ります。

3 幕板の位置を決めます（ここでは、下側の幕板や脚は、支えとして置くだけ）。

4 穴に合わせてドリルを入れ、シートに下穴を開けます。

5 ビスを入れ、シートと幕板を留めます。反対側の幕板も同じように留めましょう。

6 シートと2枚の幕板が組めたら、同じ要領で脚を組み、ビスで固定していきます。くれぐれも、ずれと角度に注意してください。ここで脚とシート、幕板との間に隙間ができてしまうと、ファイブボードベンチの強度は得られません。

上端、欠き取りの面がピッタリとシートと幕板に付いているかが重要です。木口など、ずれが生じた場合はカンナで削って調整してください。

## 埋め木・丸棒の作り方

ビス穴などに丸い棒を打ち込んで埋めることを「埋め木」といいます。この丸棒は用途やサイズもさまざまで、購入することもできますが、樹種も限られ、太さにもむらがあるので、必要な丸棒は作るとよいでしょう。木工用旋盤などで加工できますが、KAKIではカンナを使って丸棒を作ります。繊維に沿ってカンナで削ると表面が滑らかに仕上がり、スピンドル（背もたれなどに入れる丸棒）などはカンナで削ったあとの細かな面が光を反射して、きれいに光ってくれます。

使用する角材は、幅は作る丸棒の直径＋10％程度、作りやすい長さに切ります。角材の両小口に対角線を引き、中心から目的のサイズの円を描きます。次に、四つの角をカンナで削って八角柱にし（線を消さないように注意）、さらにその角を削って、挿し込む穴のサイズに合わせながら、丸く削っていきます。木の目に注意しながら均等に削るように心がけてください。直径が穴のサイズに近づいたら穴にねじ込み、あとどれぐらい削ればよいか確認します。木材にもよりますが、丸棒は若干太めに作り、穴にねじ込みながら調整すると、抜けにくく隙間もできません。削り過ぎに注意してください。

7 ビスを打った穴は表面よりへこんだ状態なので、径9㎜よりやや太い丸棒を挿して埋め木をします。基本的な作業の手順は、クサビの打ち込みと同じです。

穴に接着剤を入れ（棒に塗るとたくさんはみ出ます）、丸棒を挿し込んで、ゲンノウでしっかり打ち込み、余分をノコギリで切り取ります。刃で傷つけないように、当て紙をするとよいでしょう。

8 切り残した部分をノミで平らに仕上げます。同じ要領で、全てのビス穴を埋めます。

9 カンナがけ・穴埋めが終わり、「もう刃物を使わない」状態になったら、サンドペーパー（220番）で角の面取りをしていきます。触れても痛くない状態が目安です。

10 面取りが終われば、組み立て完了です。すべてのパーツが、美しくピッタリと合っています（下写真）。最後にオイルを塗って30分程置いてから、ウエスで拭き取り、乾燥させれば完成です。

今回はベンチの作り方をご紹介しましたが、幅や高さは自由に変えることができます。

この構造で一人がけのスツールを作ることもできます。置く場所や用途に合ったサイズのものを考えて、いろいろな形で作ってみるのも楽しいでしょう。

# 丸テーブル

ダイニングテーブルは、家族が集まって食事をしたり、友人や仲間が集まってお茶やお酒を飲んだり、人が集う家庭の中心となる家具です。

円形のテーブルは座る位置に制限がなく、少々人数が増えても椅子を増やせばどこでも座ることができ、そしてどんなに人数が増えても、座る人みんながお互いの顔を見ることができます。

ここでは、直径９００㎜の丸テーブルをご紹介しましょう。

脚が内側に入っているので、どこに座っても、脚が椅子の邪魔になることがありません。

作り方の中には、脚のベース部分の「相欠き接ぎ」や「二枚ホゾ」、大きな天板と脚とを組み合わせる「送りアリ」の加工など、新たな組み手が出てきます。とくに天板の組み付けや仕上げにかけては重要な工程となります。

# 図面・材料表

**【丸テーブル材料表】**

| 部品名 | 厚み × 幅 × 長さ（mm） | 数 |
|---|---|---|
| ①脚 | 70 × 70 × 680 | 4 本 |
| ②貫 | 51.4×55×450 | 2 本 |
| ③天板受け | 40 × 85 × 800 | 1 本 |
| ④吸い付き桟 | 52 × 85 × 800 | 1 本 |
| ⑤脚ベース | 55 × 85 × 785 | 2 本 |
| ⑥天板 | 40 × φ900 | 1 枚 |

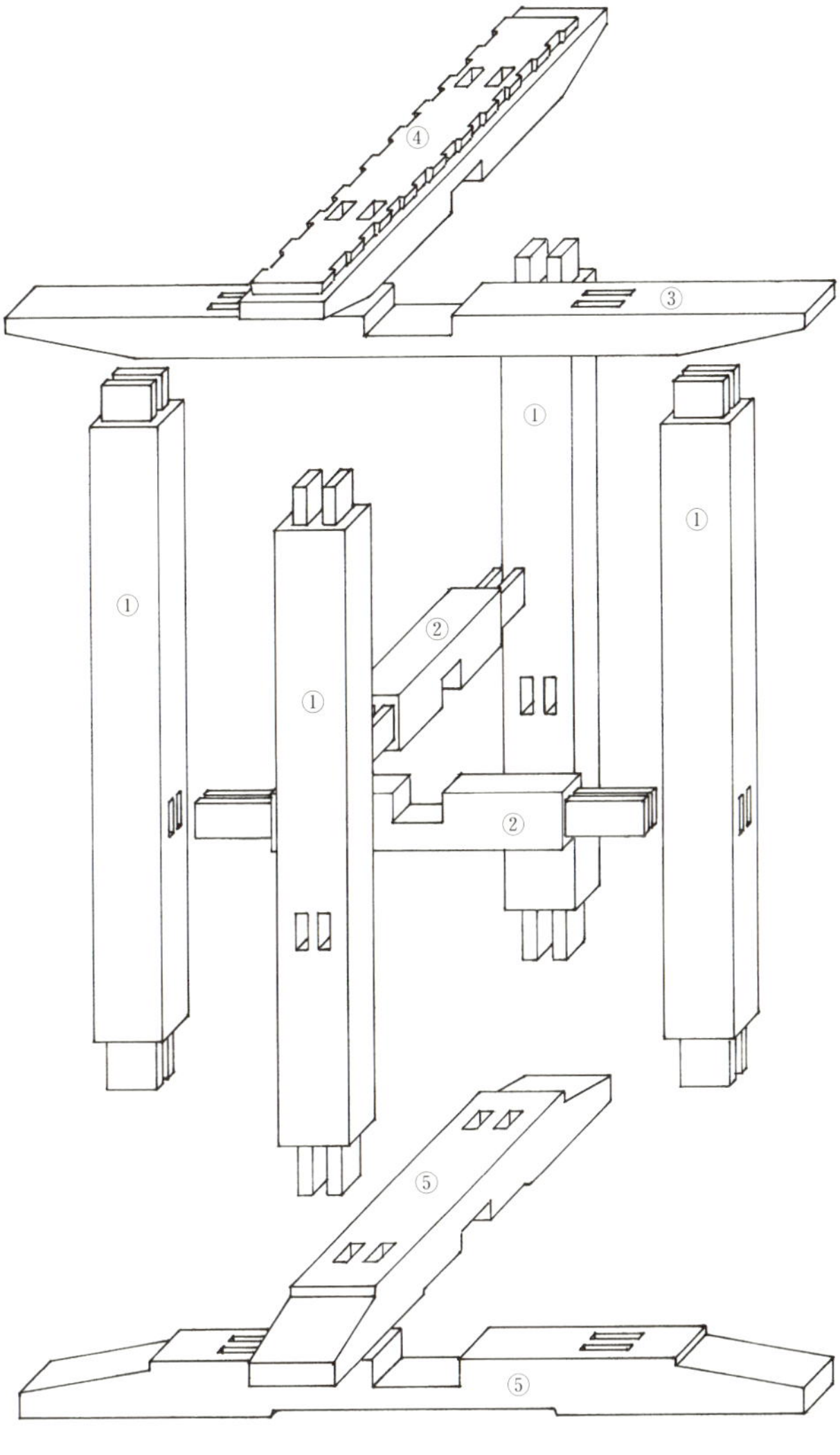


**【丸テーブル分解図】**

天板の図面は143頁

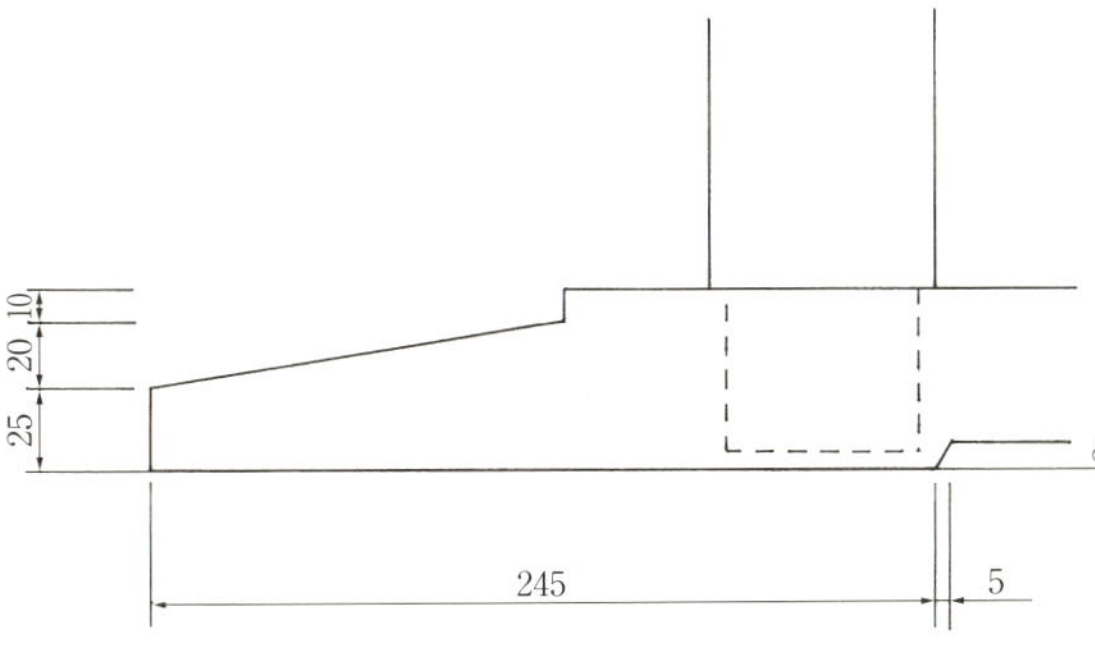


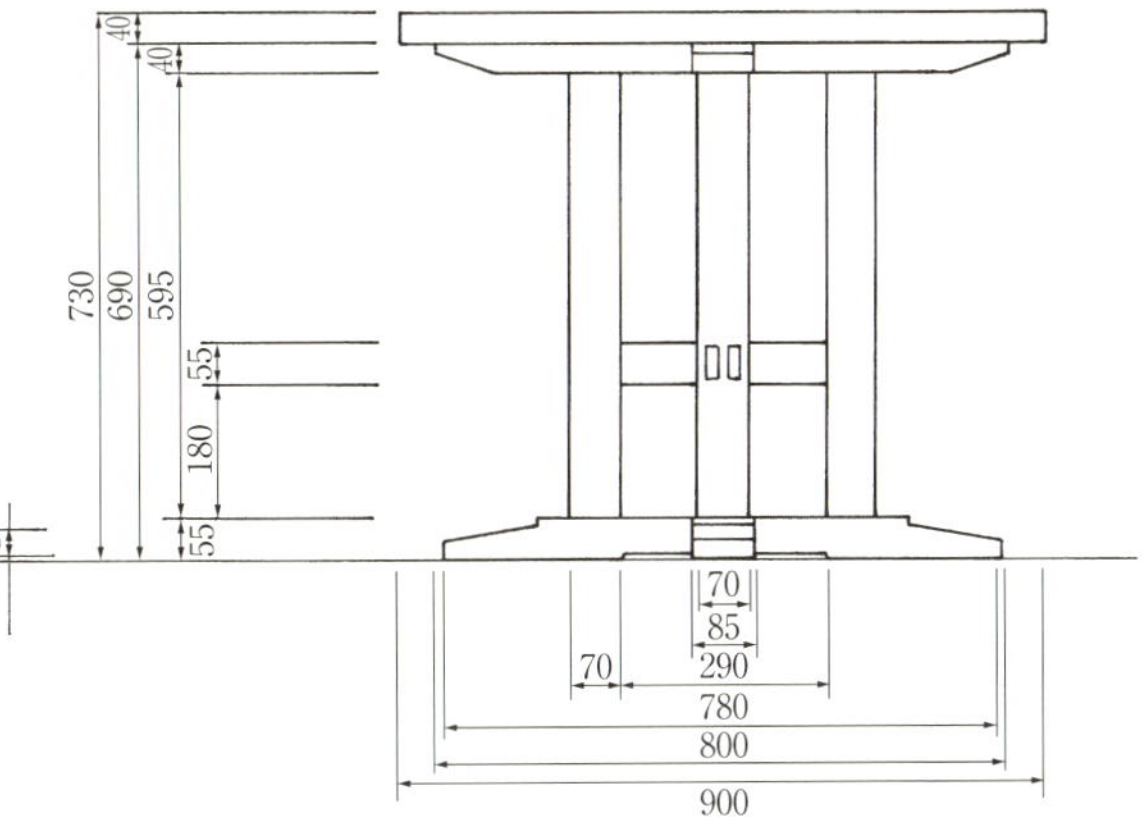

## ①脚（4本）

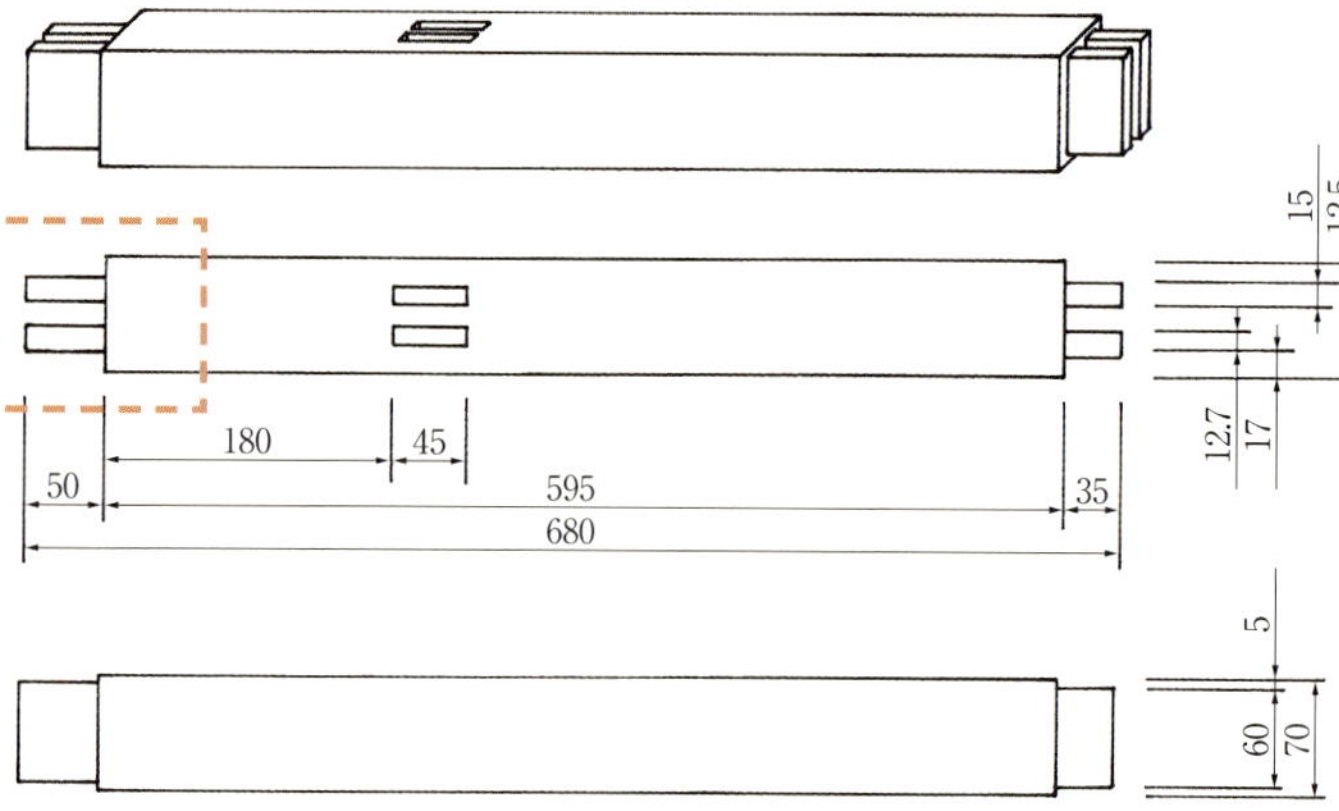


### 脚ホゾ

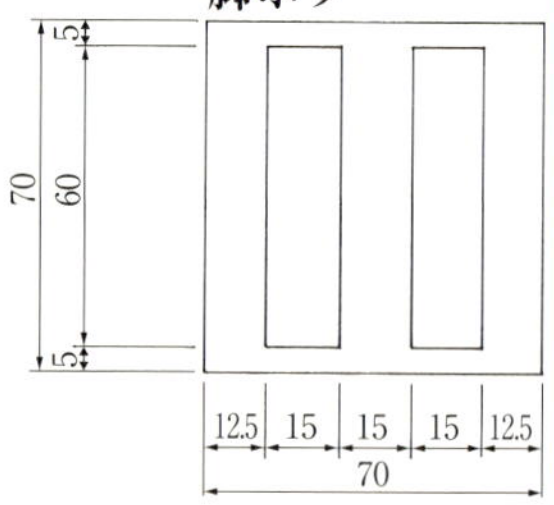


## ②貫（2本）

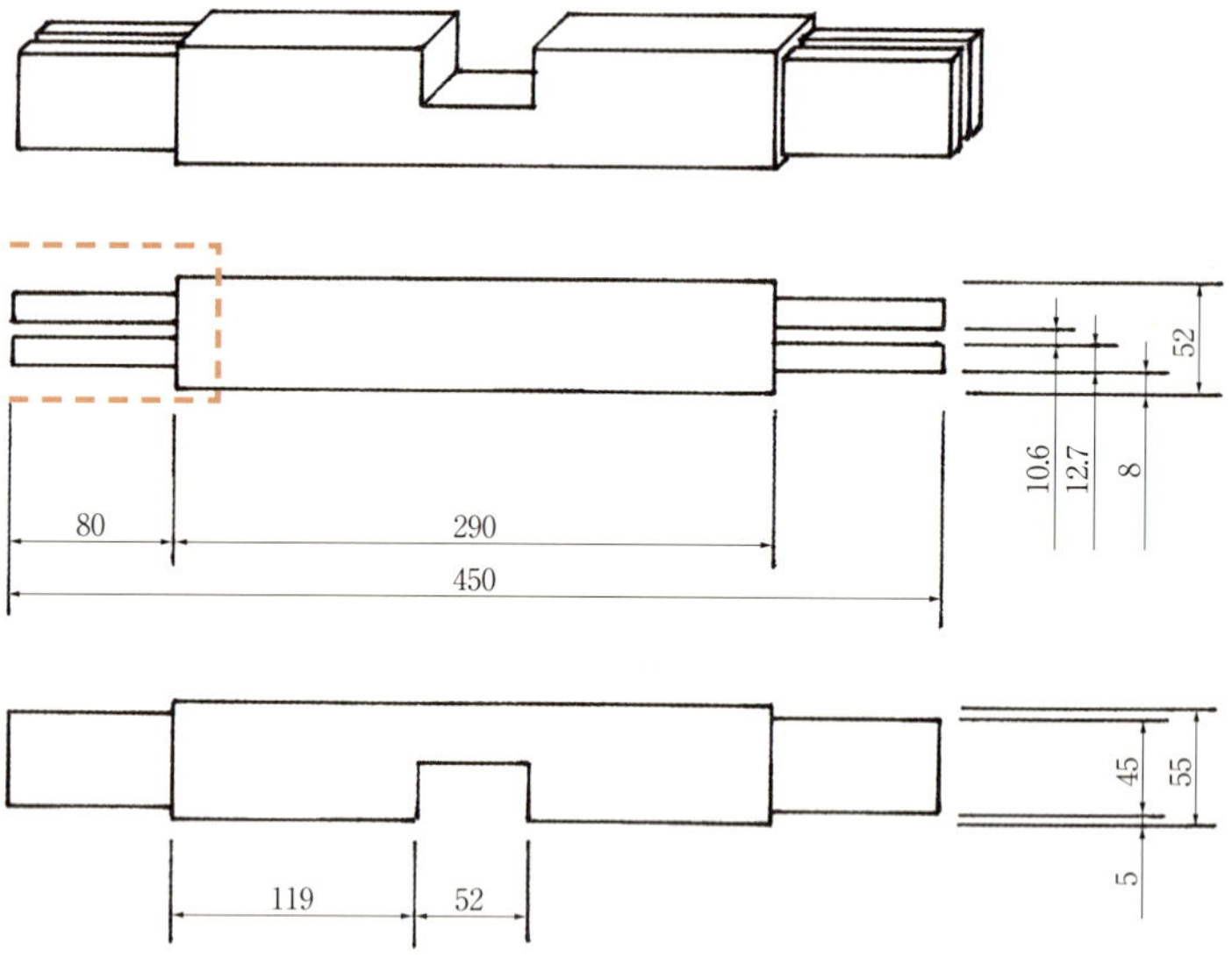


### 貫ホゾ

②③④共通

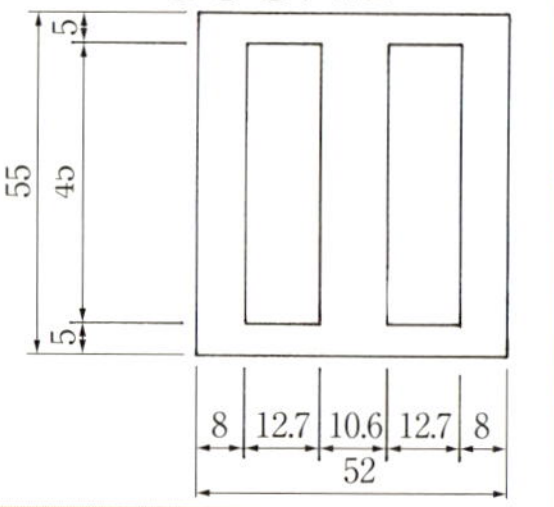


## ③天板受け

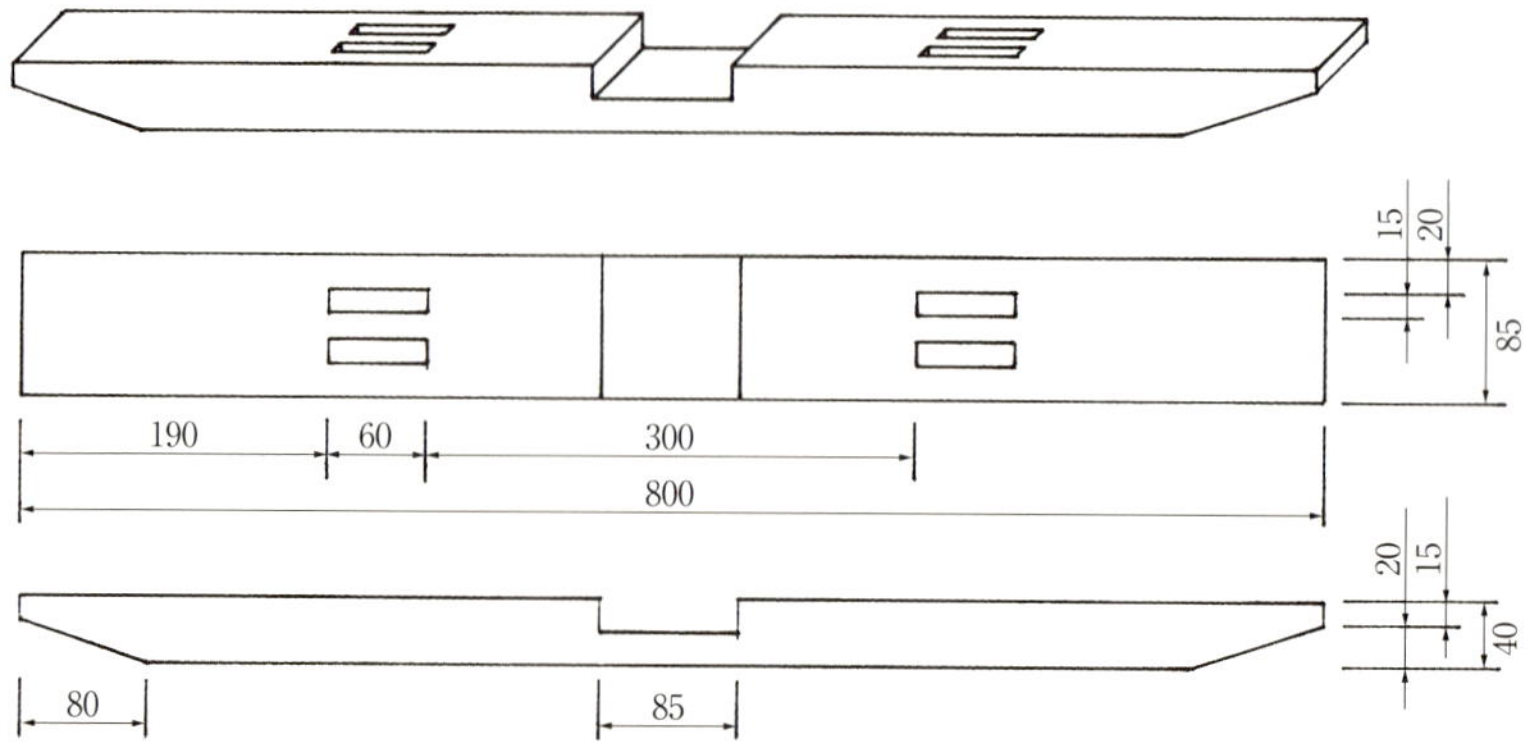

④吸い付き桟

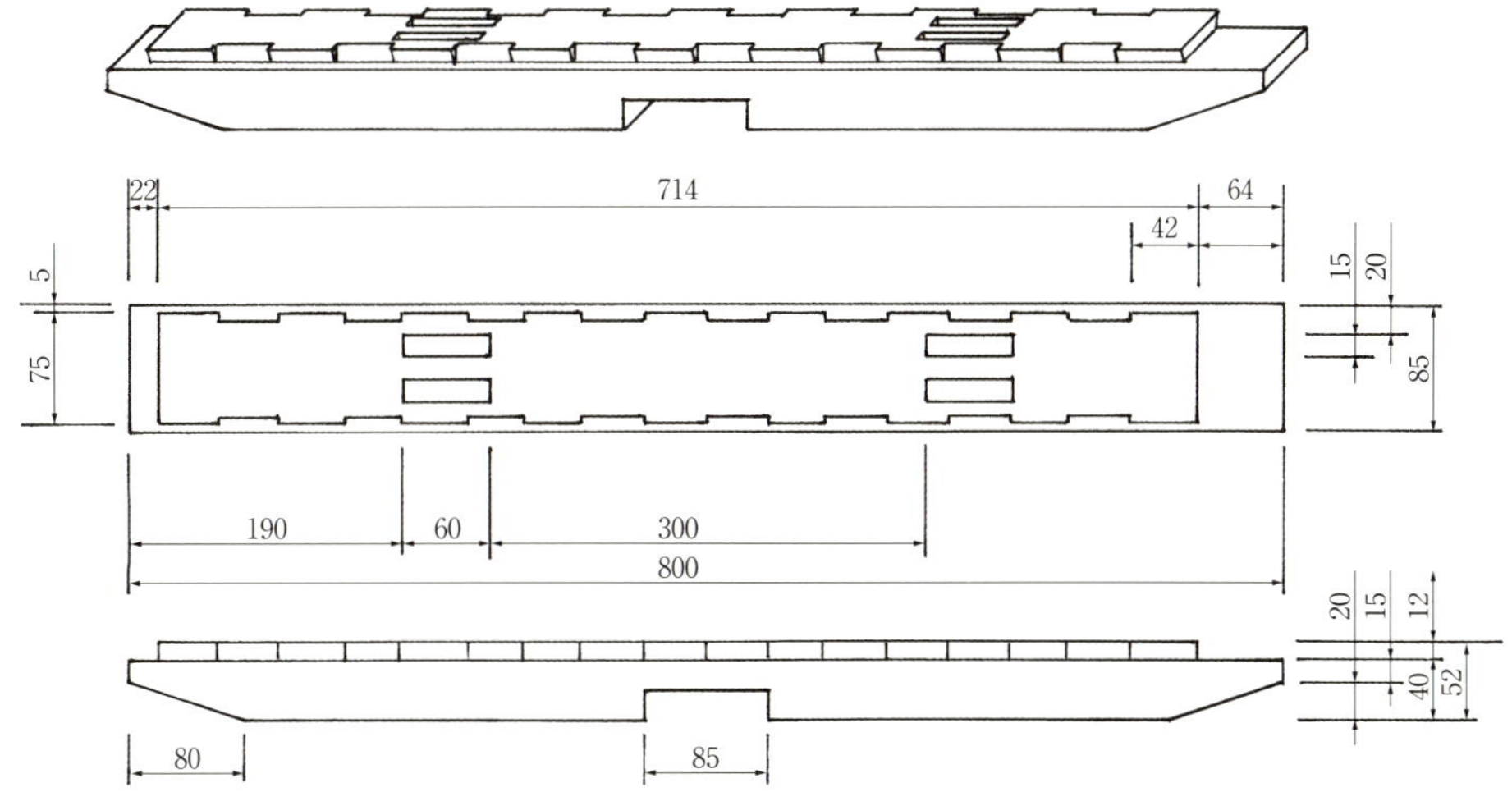


⑤脚ベース（2本）

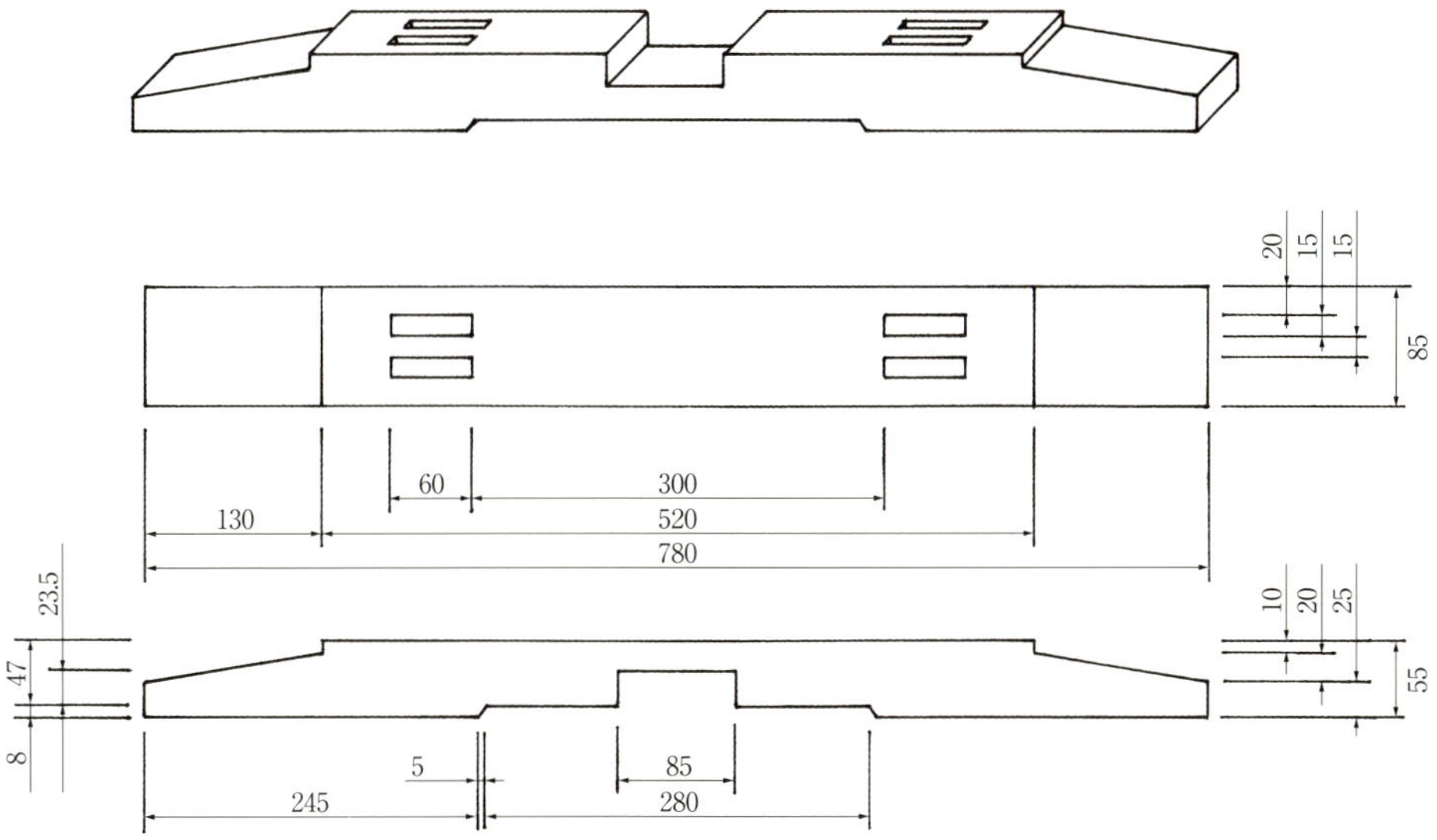

# パーツを作る1
## ——ベース・脚・天板受け

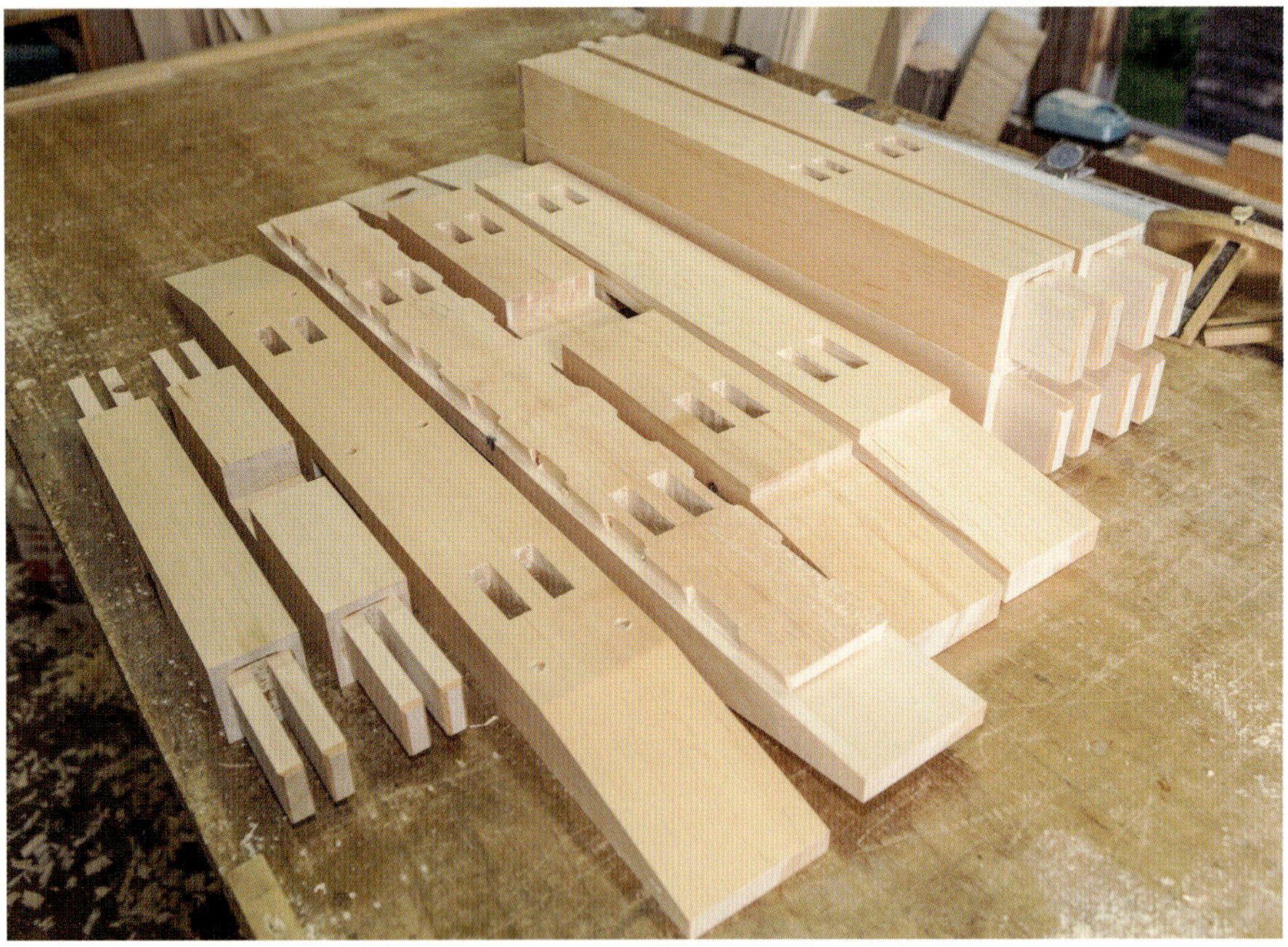

### 【材料と道具】

材料　赤松・イエローパイン・ホワイトパインなどの松材がおすすめです。

道具
ノミ
平鉋・キワ鉋・面取り鉋
鋸（胴付きノコ・縦挽きノコ）
錐・切り出し小刀
ゲンノウ・敷き棒・叩き棒
定規・スコヤ・ケビキ
バイス・ハタガネ
ビームコンパス
カッターナイフ

電動工具
電動角ノミ盤（または木工用錐）
電気カンナ
溝切りカッター
トリマー（またはルーター）
ジグソー（またはハンドソー）
ドリル（2～2.5㎜・9㎜）

その他
ビス
丸棒
サンドペーパー（200番）
オイル（自然塗料）・軍手・ウエス　など

このテーブルの脚の部材は太さがあるので、「二枚ホゾ」を用います。太さのあるパーツを、大きな一枚ホゾで組むと、材料が縮んだとき、ホゾの動きも大きくなってしまうのです。

二枚ホゾは、ホゾの数が増えるぶん接着面が多くなることと、角ノミでホゾ穴を開ける場合、材料同士の芯が揃うなどの利点もあります。

二枚ホゾの場合、普通のホゾより組むときの抵抗が大きいので、きつくなり過ぎないように注意します。しかし、決して緩くなってはいけません。

十字に組む部分は、ベース・貫・天板受けと3か所あり、中心が揃っていないと組むときに歪みが生じるので、注意が必要です。

### 【材料の下準備】

角材の下ごしらえ（55～58頁参照）
板の下ごしらえ（59～61頁参照）

## 1. 脚・ベース部分の加工

下ごしらえをしたら、まず脚・ベース部分の「二枚ホゾ」のホゾ穴・ホゾ部分の加工をします。

とくに二枚ホゾは、ホゾとホゾ穴の幅がずれないよう、スミ入れの段階でよく注意してください。ずれ防止のために、試しに線を引いてみて、合うかどうかを確認してみるとよいでしょう。

写真は、貫を挿すホゾ穴を加工したところです。ホゾ穴の開け方は、ダイニングチェアー76〜77頁を参照してください。開けるホゾ穴の幅だけ木工用錐で穴を開け、ノミで削り取ります。

### 二枚ホゾ

ホゾを2枚並べて作ります。材料が太いときや、貫を中心に入れたいとき、接着面を増やしたいときに用います。

ホゾ穴の幅は雌木をほぼ5等分したサイズにします。一枚ホゾより抵抗が大きくなるので、きつくなり過ぎないようにします。

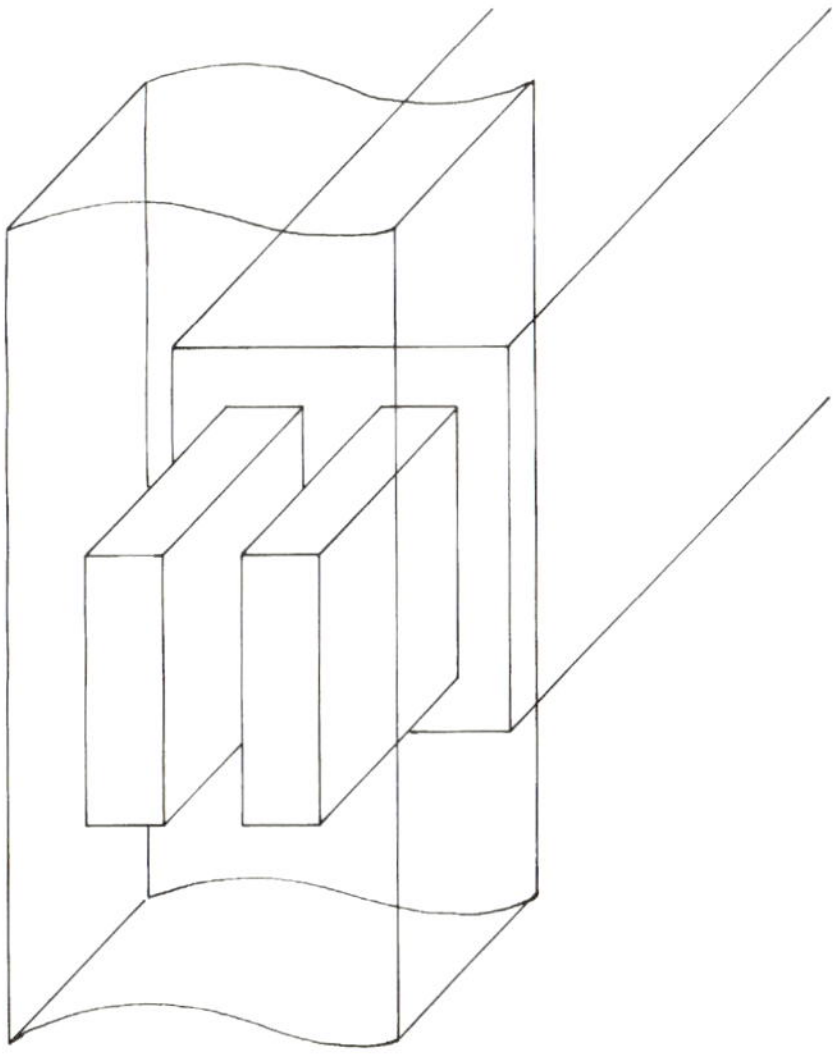

次に、開けたホゾ穴に合わせてホゾを作ります。二枚ホゾは、まず内側部分を削り取ってから、ホゾ穴に合わせていきます。

二枚ホゾは、一枚ホゾと同じ固さの感覚で作ると、組み立てるときにきつ過ぎて組み立てられない場合がありますので、注意してください。

1 先に胴付きノコで、ホゾの外側の切り落とす部分（胴付面）の横線に切り込みを入れます。

2 3 二枚ホゾの内側を削り取ります。要領はホゾ穴の開け方と同じで、ホゾの根元にドリルで穴を開け、内側をノコギリ（手作業の場合は縦挽きノコ）で切り落とします。ここでは電動角ノミ盤を使っています。

4 二枚ホゾの内側部分の幅がきついと、ホゾの間で材料が割れることがありますので、実際にホゾ穴に当ててみて、ホゾとホゾ穴の幅が同じになるように合わせます。

5 次にホゾの外側を切り落とします。手作業で行う場合は、縦挽きノコを使って切り落としてください。

6 外側部分を落としたら、ホゾ穴にためしに入れてみましょう。きつ過ぎるようであれば、ホゾを削って調整してください。ホゾの固さは、ホゾ穴に挿し込むとき、若干の抵抗を感じる程度の幅が目安です。

7 次に、縦の部分を切り落としていきます。縦はある程度きつく作りますが、椅子のホゾより若干抵抗が小さい感じが目安です。

8 二枚ホゾの形ができました。

## 2. ベース・貫・天板受けの加工

ベース・脚・天板受けを十字に組む、相欠き接ぎの欠き取り部分を削り取ります。

欠き取る部分のスミ入れをするときは、組み合わせる材料を実際に当て、幅に合わせて引くようにし、決して広くならないようにしてください。

**相欠き接ぎ**

2本の材料を十字に組む場合に、組む部分の材料の厚みを半分ずつ欠き取って組み合わせる方法です。

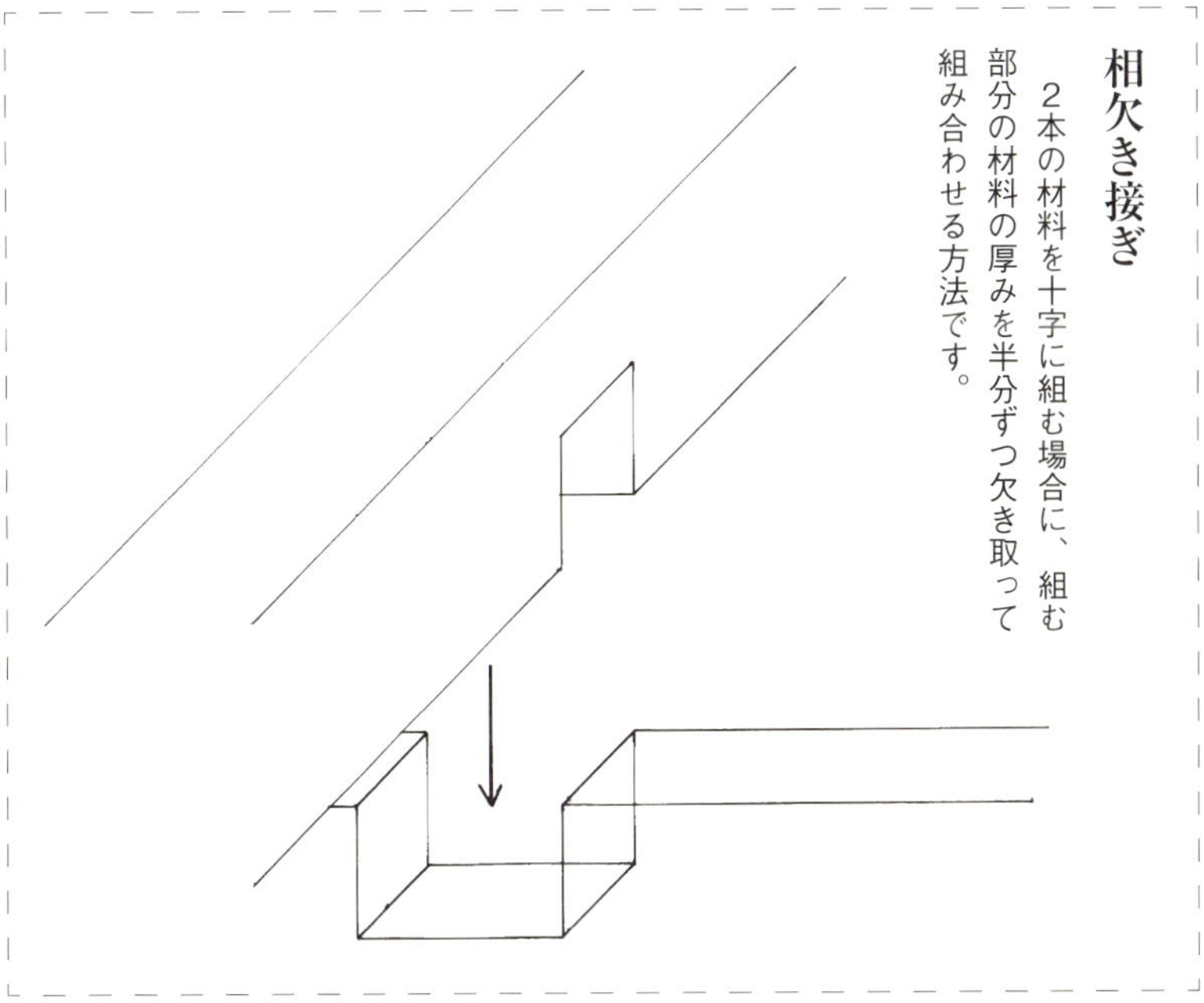

写真1は、機械で欠き取り部分を加工したところです。手作業で行う場合は、まず胴付きノコで欠き取り部分の横のスミ線に沿って切り込みを入れ、欠き取る部分をノミで削り取ります。

相欠き接ぎは、組み合わせる部分の深さが揃わないと、組んだときに段差が出てガタガタしてしまいますので、注意してください。

（写真1）

## 3. ベース・天板受けの飾り加工

ベースと天板受けには、斜めに角度をつけた飾りの部分があります。天板受けの飾りは、ただ斜めに切るだけですが、ベースの飾りの部分は、上面から10㎜切り込んだところから斜めに切るデザインになっています。この切り込み部分の削り出しが難しいところで、ここは刃物が逆目に入らないように注意しなくてはいけません。

（逆目については、35頁「逆目と鉋境」を参照してください）。

1 2 ベースの飾り部分を削ります。まず、胴付きノコで10㎜の部分に切り込みを入れ、斜めの部分をノコギリで切り落として、だいたいの形を作ります（粗取り）。

3 このあと、カンナで仕上げていきますが、ここで単純に反対側からカンナをかけてしまうと逆目になってしまいますから、要注意です。

木の繊維の方向をよく見て、キワ鉋や切り出し小刀を使って仕上げてください。

4 ベースの飾り部分が仕上がりました。

# 4. 送りアリの加工

テーブル作りの中の重要な作業「送りアリ」の加工です。

天板と天板受けは、アリ差しで接合しますが、ここでは、「送りアリ」という方法を用います。

ダイニングチェアーでは、シートとシート受けをアリ桟で接合しました。シート受けに掘ったアリ溝の端から、アリホゾを挿し込み、少しずつ叩き込んで組む方法です。いっぽう、この「送りアリ」は、アリ溝を掘ってから、一定の間隔でアリ溝を削り取り（雄木のアリホゾも同様に加工します）、削り取った部分にアリホゾをアリ一つぶんずらしてはめ込み、ずらした部分を定位置までスライドさせて接合します（下図参照）。

この方法を使えば、アリ桟を上から落とし込んで組むので、天板の端からホゾが見えませんし、また、長い天板の端から少しずつホゾを入れていかなくても、アリ一つぶんスライドさせるだけで組むことができ、アリも一定の幅で作ることができる利点もあります。

ちなみに長いアリ桟だと、アリの幅を、挿し込む部分から奥にいくに従って狭くしていく、非常に緻密な加工を必要とします。

## 送りアリ（寄せアリ）

吸い付き桟の一種で、原理はアリ桟と同じです。板の縁にアリの入り口が見えてはいけないときや、幅がとくに広い材料に用います。

吸い付き桟のアリは、桟より10㎜程度細くして一定の幅で作り、40㎜程度の長さで均等に分割してから、一つおきにアリを削り落とします。

アリ溝も同じように分割し、一つおきにアリを削り取ります（このとき、削り取った部分がアリ桟からはみ出さないように注意します）。桟と溝の凹凸を合わせて桟を落とし込み、アリのぶんだけスライドさせて組み付けます。

この方法だと、桟を挿し込む長さが40㎜程度と小さいので、桟と溝は一定の幅でもしっかりとした固さで挿し込むことができます。

幅の広いテーブルの天板では、全体をしっかり押さえることができるので、反りを止める効果も高くなります。

この方法も、桟と溝の固さの塩梅が重要で、やはりある程度経験を積む必要があります。しかし、習得すればいろいろなものに活用でき、技術の幅が広がりますので、ぜひトライしてみてください。

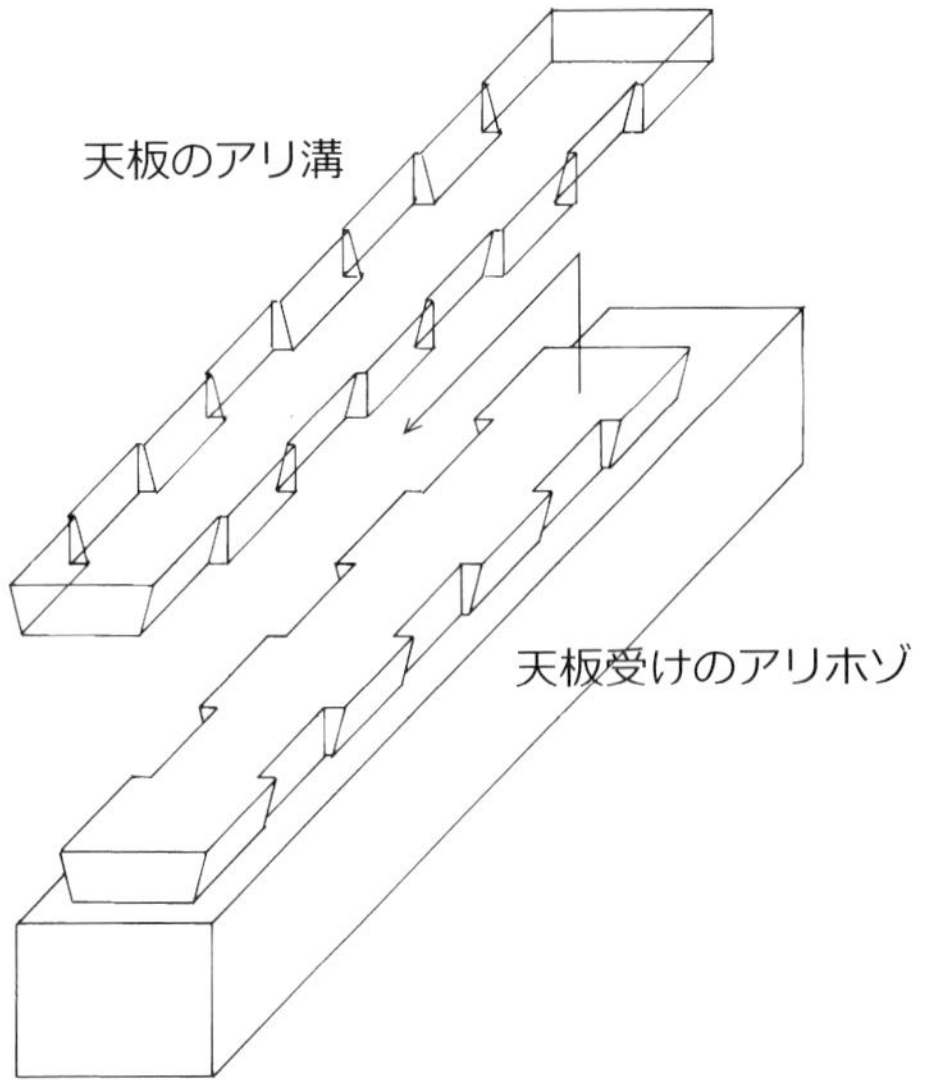


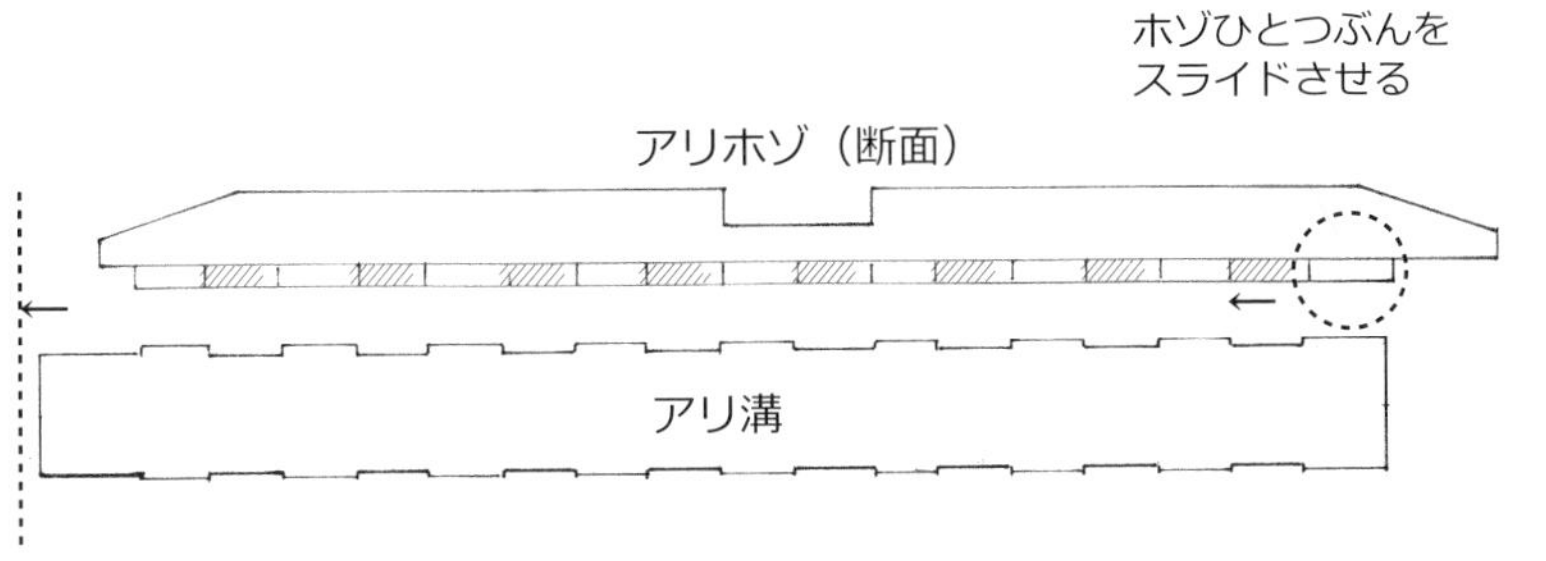

1 アリ桟に、トリマー（またはルーター）で、アリ加工を施します。

2 1のアリ桟を、40㎜程度の長さで割り付けます（ここでは、偶数で割ります）。

ノミで切り込みを入れていきます。

3 割り付けた部分を、一つおきにノミかトリマーで削り取ります。

4 ノミでアリの面取りをします。面取りをしておかないと、桟を挿し込むときに雄木と雌木のアリがぶつかって割れてしまうことがあります。

## 5. パーツの仕上げ

必要な部分に面取りを施し、カンナをかけてひとつひとつパーツを仕上げていきます。

相欠き接ぎの固さはここで調整しましょう。合わさる部分を仮に組んでみて（写真1）、きつい場合は、ノミやキワ鉋などで削ってください（写真2・3）。

緩ければ隙間ができてしまいますが、きつ過ぎると割れてしまうこともあります。この塩梅が重要で、経験を積んで身につけていく部分です。

ベースの裏側の斜めの部分はノミで削ります（写真4）。

ビスを打つ部分には下穴を開けておきましょう。

貫の十字に組む部分（写真5）や、天板受け（写真6）にも下穴を開けます。

アリ桟には下穴は開けません。

| | |
|---|---|
| （写真1） | |
| （写真3） | （写真2） |
| （写真4） | |
| （写真6） | （写真5） |

ホゾはノミで面取りをするのを忘れないでください（写真7）。脚部分は面取り鉋で角を落とします（写真8）。

ひとつひとつのパーツの表面にカンナをかけ（写真9）、パーツ作りはこれで完了です。

（写真7）
（写真8）

（写真9）

# ベース・脚部分を組み立てる

続いて組み立て作業にかかります。組み立ての順番に注意してください。また、相欠き接ぎの部分がきついと割れてしまうことがありますので、組む前に合わせてみて、きつい場合は無理に叩き込まないで、固さを調節してください。

また、二枚ホゾは、一枚ホゾよりも抵抗が大きくなります。きつ過ぎると、当て木をしていても叩いた部分がへこんだり、傷ついたり、最悪の場合、途中で止まって入らなくなってしまうこともあります。組んでいてあまりにもきついようであれば、削って調節してください。

完成を早く見たいところですが、慌てず焦らず、落ち着いて組み立ててください。

1 まず、貫とベースの十字部分を組みます。

2 十字部分を組むときは、交わる部分の真下に敷き棒を置くようにします。力のかかる部分の真下を支えてやらないと、上の部材を叩いたときに、下の部材を割ってしまう恐れがあります。

同じ要領で、ベース部分も十字に組みます。組み終えたら、ビス穴部分にビスを打ち、丸棒を打ち込みます。

1

2

3 続いて、貫に脚を組み付けていきます。

4 脚部分、ベースが組み上がりました。
飛び出したホゾは、ノコギリで切り取ります。

5 脚をベースに挿します。
このとき、4本の脚が均等に入っていくようにしましょう。

4本が均等に入っていないと、貫やベースにねじれを生じ、うまく組めなかったり、壊してしまう心配があります。

6 ベースと脚を組んだら逆さにして、ベースと脚を組み付けた通しホゾ部分にクサビを打ち込みます。（クサビの打ち方は、87～88頁を参照してください）。

7 ホゾを打ち込んだら定位置に戻して、天板受けを組みます。ベースと同じように、組んだあと、通しホゾ部分にクサビを打ち込みます。

アリ桟は天板に挿してから脚に組み付けるので、ここでは組まずにおきます。

8 これで、脚部分の組み立て作業の完了です。

# パーツを作る2——天板

ベース・脚部分が組み上がったら、天板作りにとりかかりましょう。ここでは、送りアリのアリ溝加工など、重要な工程が出てきます。

天板は、材料の下準備を参照に、板を接いで大きな板を作ります。大きな板は反りも大きいので、板を接ぎ終えたら、あまり時間をおかずに天板作りに取りかかれるように段取りするといいでしょう。

**【材料の下準備】**

板を接ぎ合わせる（62～65頁参照）

このテーブルの天板サイズに足りる大きな1枚板はなかなか手に入らないので、幅の狭い板を接ぎ合わせて必要なサイズの板を作ります（左頁下図）。天板は接ぎ合わせてから円形にカットするので、切り口にさねが出てこないように、さねの位置を先に決めて、スミ入れをしてから接ぎ合わせることがポイントです。

## 図面⑥天板

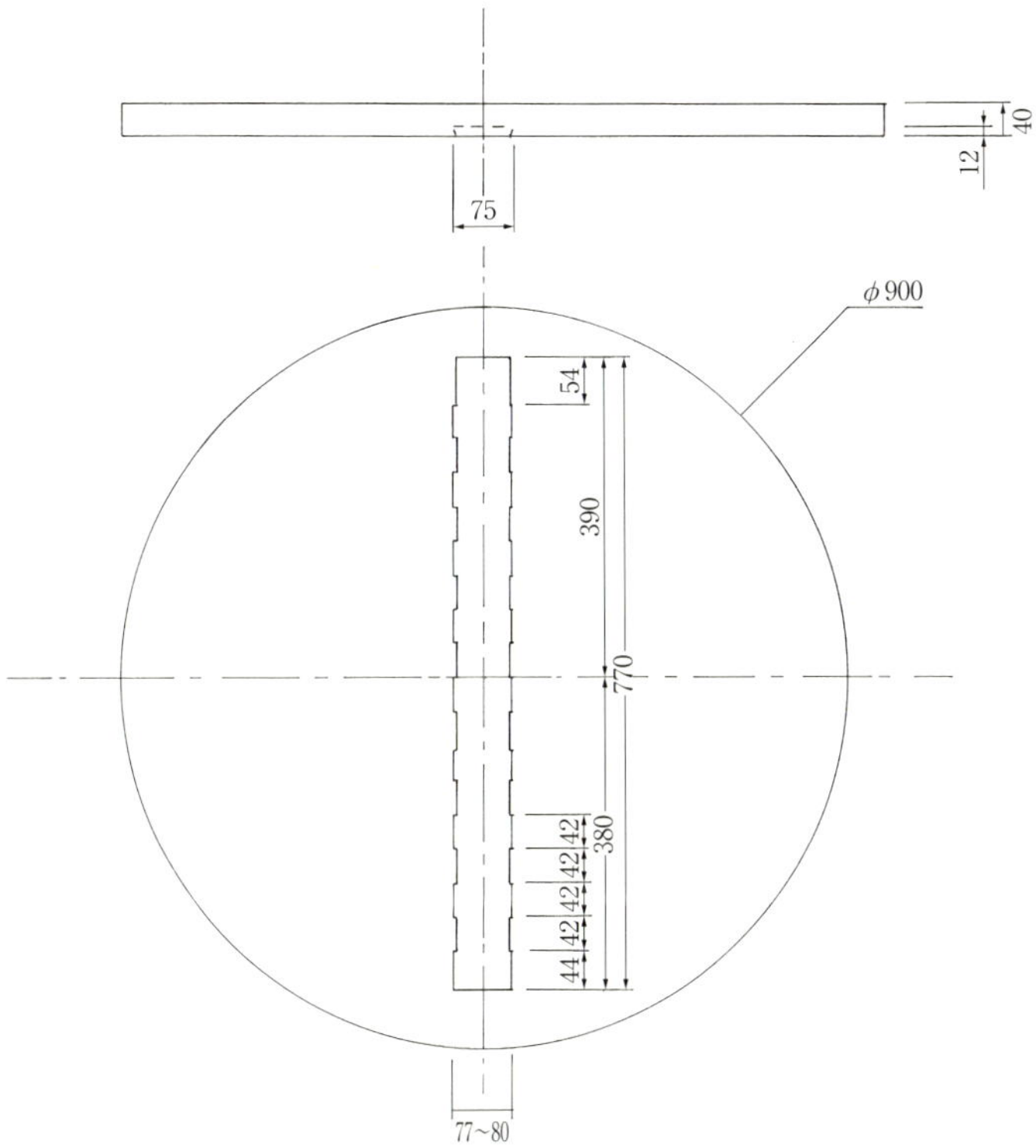

真ん中の板の長辺は、天板の直径+50㎜程度長ければよい。

## 1. 天板の反りを直す

圧着が終わった板（写真1）は、ここで再びカンナをかけて、平面にします。平面を出す手順は、59～61頁「板の下ごしらえ」を参照してください。

定規を当てて板全体の反りの具合を確認してから（写真2）、接ぎ合わせた板の目の境を電気カンナで取りながら、フラットになるように削っていきます。

まず、板に対して真横にかけて目境・反りを取り、次は両側から、削りあとが斜めにクロスするように、最後は繊維に沿ってかけます（写真3）。こまめに定規を当てて板の状態を確認し、削り過ぎないように注意しましょう。とくに板の縁は削れやすいので、気をつけてください。

また、全体の厚みにばらつきが出ないように注意しましょう。最初に薄い部分ができてしまうと、全体を薄い部分に合わせて削らなくてはならなくなります。

片面だけを一気に仕上げるので

（写真3）（写真1）
（写真4）（写真2）

はなく、時折裏返して両面を削っていくと、厚みにばらつきが出にくく、反りを早く取ることができます。

電気カンナでだいたい平面にしたら、手ガンナに変えて、電気カンナのあとを消しながら、さらに平らになるように削ります（写真4）。

平らな板ができたら、天板の裏面（木表）だけを仕上げます。表面は、このあとの作業中に傷がつくこともあるので、まだ仕上げないでおきましょう。

裏面を仕上げたら、側面を、仕上げた面に対して直角になるように削ります。この直角が、このあとのアリ溝作りの基準になりますので、ていねいに行ってください。

## 2. アリ溝を掘る

板が完全に平面になったら、円の中心を基準に、アリ桟を取り付けるアリ溝のスミ入れをします。

1 まず、天板にアリ溝のスミ入れをしていきましょう。

定規で板の中心をとり、ビームコンパスを使って直径９００㎜の円を描きます。

アリ桟の幅を確認してから（写真１）、ケビキでアリ溝の底（写真２）、自在定規でアリの角度を入れます（写真３）。

実際のアリ桟を当てて位置を確認してから、アリ溝の削り取る部分をスミ入れします（写真４）。

（写真1）

（写真4）

（写真2）

（写真3）

2 スミ線に沿ってカッターナイフで切り込みを入れます。

3 溝切りカッター（この溝掘りはルーターやトリマーでは負荷がかかり過ぎるので、溝切りカッターがよいでしょう）で、まず溝部分を掘ります。

4 溝が掘れたら、ルーターでアリ部分を掘ります。少しでも溝が広くなってしまうと、桟の吸い付きが緩くなってしまいますので、やや狭めを心がけて掘るようにしてください。

5 ノミ（またはトリマー）で、印をつけた部分のアリを削り取っていきます。

6 テスト用のアリ桟を入れて、きちんとはまるか確認し、溝の幅を調整します。

テスト用のアリ桟は同じ寸法で作るか、またはアリ桟を作るときに、寸法より長めに作っておいて、余分な部分を切り落としてテスト用にしてもよいでしょう。

溝が緩いと、天板をうまく脚に組み付けることができません。きついとアリを挿すときにうまく入らず、最悪の場合、アリを壊してしまいます。きつ過ぎず緩過ぎず。よい塩梅をつかむまでは経験を積むほかはありません。手で押してスッと入ってしまうようでは緩いでしょう。ゲンノウで叩いて少しずつ入っていく程度の固さは必要です。

7 溝が掘れたら、実際のアリ桟を入れてみます。ピッタリ入れば、アリ溝の完成です。

## 3. 天板の仕上げ

アリ溝ができたら、天板を丸く切り、カンナで仕上げます。

1 ジグソーなどを使って、天板を丸く切ります。このあとカンナで仕上げるので、スミ線が消えないように注意してください。ここで小さく切り過ぎてしまうと、直しようがありません。

2 カンナ、またはノミで、木端（天板の側面）のノコギリあとを消し、なめらかに仕上げながら、円に合わせて削ります。

天板を回しながら削るので、木目の向きをよく見て、木目に逆らわずに刃物を入れるように注意してください。

最後に、サンドペーパーでなめらかに削って仕上げてもよいでしょう。

砂がカンナの刃を傷めてしまうので、サンドペーパーは必ず、刃物の仕事が終わってから当ててください。

3 4 天板が丸くなったら、裏→表の順にカンナをかけて仕上げます。天板が動かないように、ワークベンチに当て木を取り付けます。

裏面は、スミ線が消えて、なめらかな面になればじゅうぶんです。カンナをかけ過ぎると、アリが緩くなってしまうので注意してください。

天板の表は手で触れる面になるので、肌触りのよい面に仕上げることを目標にカンナをかけていきます。

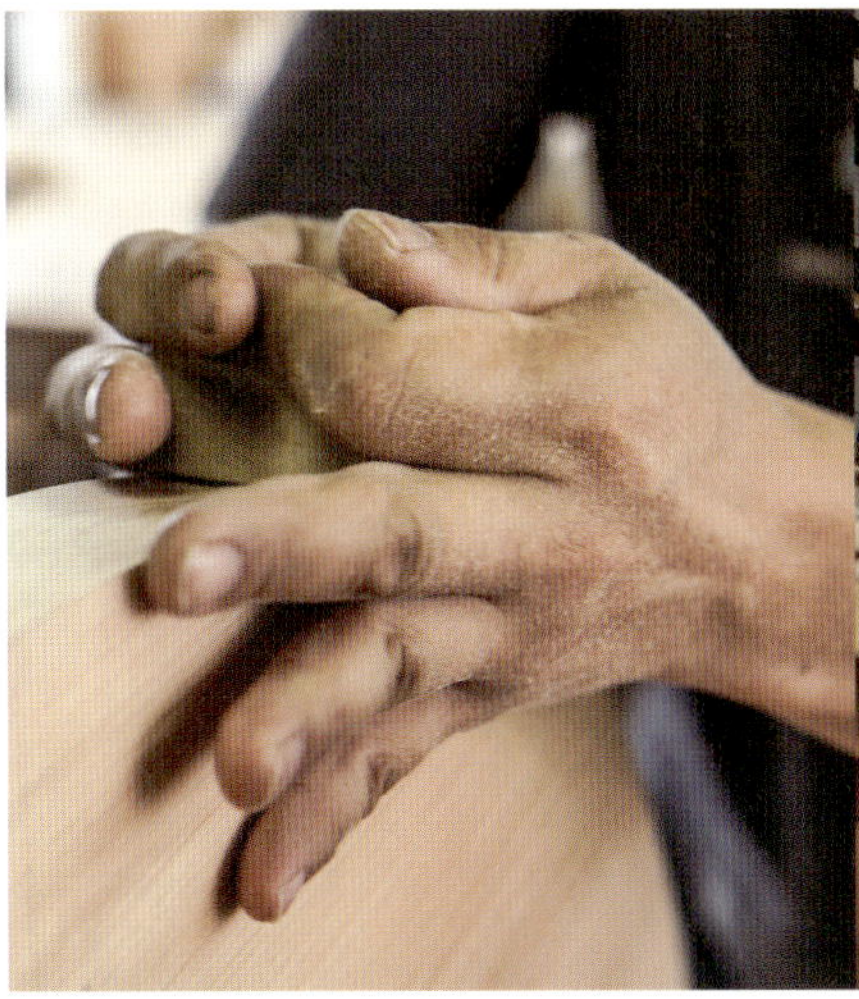

2

3

4

## テーブルトップのカンナがけ

天板作りは、工程の多くをカンナがけ作業が占めます。同じカンナをかける作業ですが、工程によって求められる面の状態は異なります。

最初のカンナがけは、板全体の大まかな平面が出せればよいでしょう。平面が出れば、次はカンナ境のない平面を作ります。

最後の仕上げでは、逆目が治まり、平滑な面が求められます。

テーブルのトップは手で触れることの多い面となりますので、ここからさらに、肌触りのよい面に仕上げることが求められます。

小さな子どもの頬を撫でたときのような、スベスベの面に仕上げられるとよいでしょう。仕上げカンナはまめに砥ぎ、切れ味が落ちないように注意してください。せっかく仕上がった面に切れ味の落ちたカンナをかけてしまうと、逆に面を荒らしてしまいます。

慌てずに砥いではかけての繰り返しです。

無垢の木の持つ、優しく気持ちのよい肌触りは、よく切れるカンナによって、いっそう際立つものになるでしょう。

# 組み立て・完成

天板が仕上がったら、いよいよ天板と脚を組み合わせる、最後の工程です。まず、アリ桟を天板に組み付けていきましょう。アリ桟と天板を組んでから、脚部分と組んでいきます。

1

2

1 敷き棒を置き、天板を乗せます。傷をつけないように、バイスで当て木をセットします。当て木は、天板を切り抜いた残りの部分を使うとよいでしょう。当て木と天板との間には、緩衝材をかませます。

アリ桟はゲンノウで叩き込んでもよいのですが、叩くと傷つけたり壊したりする心配がありますので、KAKIではハタガネで締めて挿すようにしています。そのために、ハタガネを固定するための角材もセットします。

2 準備ができたら、アリ溝にアリ桟を挿します。まず、ホゾひとつぶんをずらして、はめ込みます。

3 ピッタリ入りました。アリ溝の前方に余白が見えますが、ここがぴったり隠れるまでアリ桟をスライドさせていきます。

4 ハタガネをセットし、アリ桟が天板の真ん中にくるまで、徐々にハタガネを締めていきます。

5 天板と天板受けがピッタリと組み付けられました。

6 続いて、脚と天板を組み付けます。組む前に、きちんと入るかどうか、ためしに入れてみるとよいでしょう。

仕上げた天板を傷つけないように、くれぐれも注意してください。

7 きれいに組み上がりました。

8 アリ桟に交わる天板受けにビスを打ち、天板に固定します（アリ桟は真ん中だけにビスが入ります。でないと、天板が縮んだときに割れてしまい、アリ加工した意味がなくなってしまいます）。

9　ビスを打った部分は丸棒を打ち込みます。丸棒の断面の木目が、打ち込んだ部分の木目と揃うと、よりきれいです。

もう刃物を使う作業は終わったので、天板側面をサンドペーパー（220番）で仕上げる場合は、この段階で行います。

10　これで、すべての組み立ての完成です。

今回ご紹介したテーブルは、直径900㎜と、2〜3人で食事ができるくらいの小振りなサイズですが、KAKIでは直径1200㎜のサイズが人気です。120㎝あれば、だいたい6〜7人で食事をすることができます。

直径が10㎝大きくなるだけで、天板は一気に広くなります。部屋のサイズや座る人数に合わせてサイズをアレンジしてみてください。

# オイルフィニッシュ

カンナやノミなどで削られたばかりの木の表面はデリケートで、何らかの保護をしてやる必要があります。

ＫＡＫＩでは、木の持つ肌触りのよさや調湿効果を損なわないように、天然素材のオイルを塗って仕上げています。

まず刷毛で全体にオイルを塗っていきます。オイルがよく染み込むように、刷毛は繊維に沿って動かします。

全体に塗ったらしばらく置いて、オイルを木に染み込ませます（オイルの種類や気温にもよりますが、30～60分程度）。

全体をていねいに拭いて、余分なオイルを拭き取ります。

拭き残しがあるとベタついてしまいます。

拭き残しがあり、時間が経ってもベタつく場合は、オイルをもう一度塗って、すぐに拭き取るとよいでしょう。

# 吊り棚

壁に吊る飾り棚の製作方法をご紹介しましょう。
壁の空いたスペースに吊ることで、ちょっとしたものを整理したり、お気に入りの小物を飾りつけて壁を華やかに演出したりと、便利な家具です。
キッチンにあれば調味料やグラス、カップなど、作業場にあれば小型の工具や金物などの整理に使うことができるでしょう。
今回ご紹介するのは、ごく基本的な形のものです。壁の空きスペースにサイズを合わせ、収納する物に合わせて形をデザインしてみてください。とても活躍してくれるはずです。

# 図面・材料表

【吊り棚分解図】

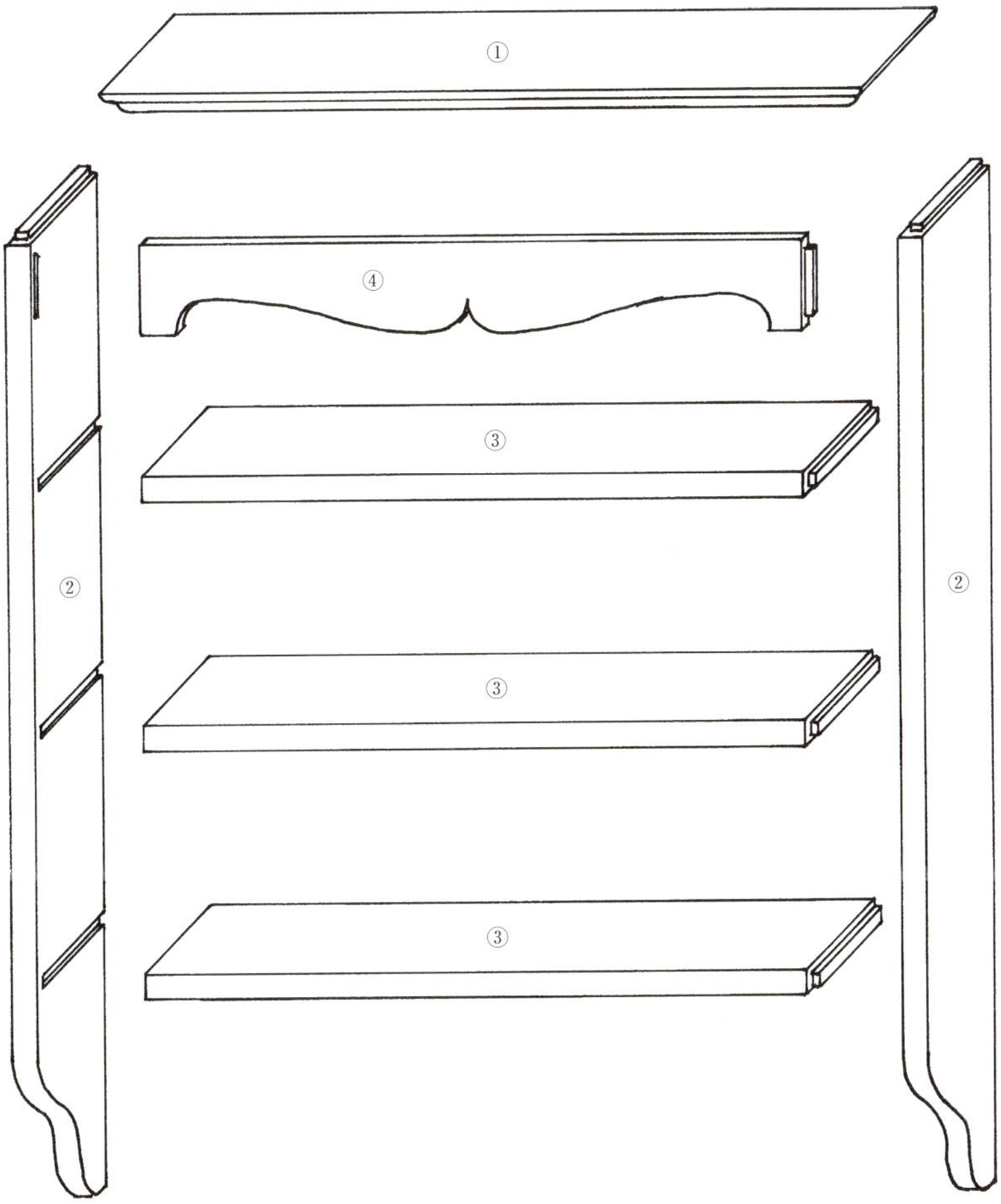


**【吊り棚材料表】**

| 部品名 | 厚み × 幅 × 長さ（mm） | 数 |
| --- | --- | --- |
| ①天板 | 20 × 170 × 600 | 1 枚 |
| ②側板 | 20×150×785 | 2 枚 |
| ③棚板 | 20 × 150 × 785 | 3 枚 |
| ④天板受け | 12 × 150 × 530 | 1 枚 |

**図面①天板（1 枚）**

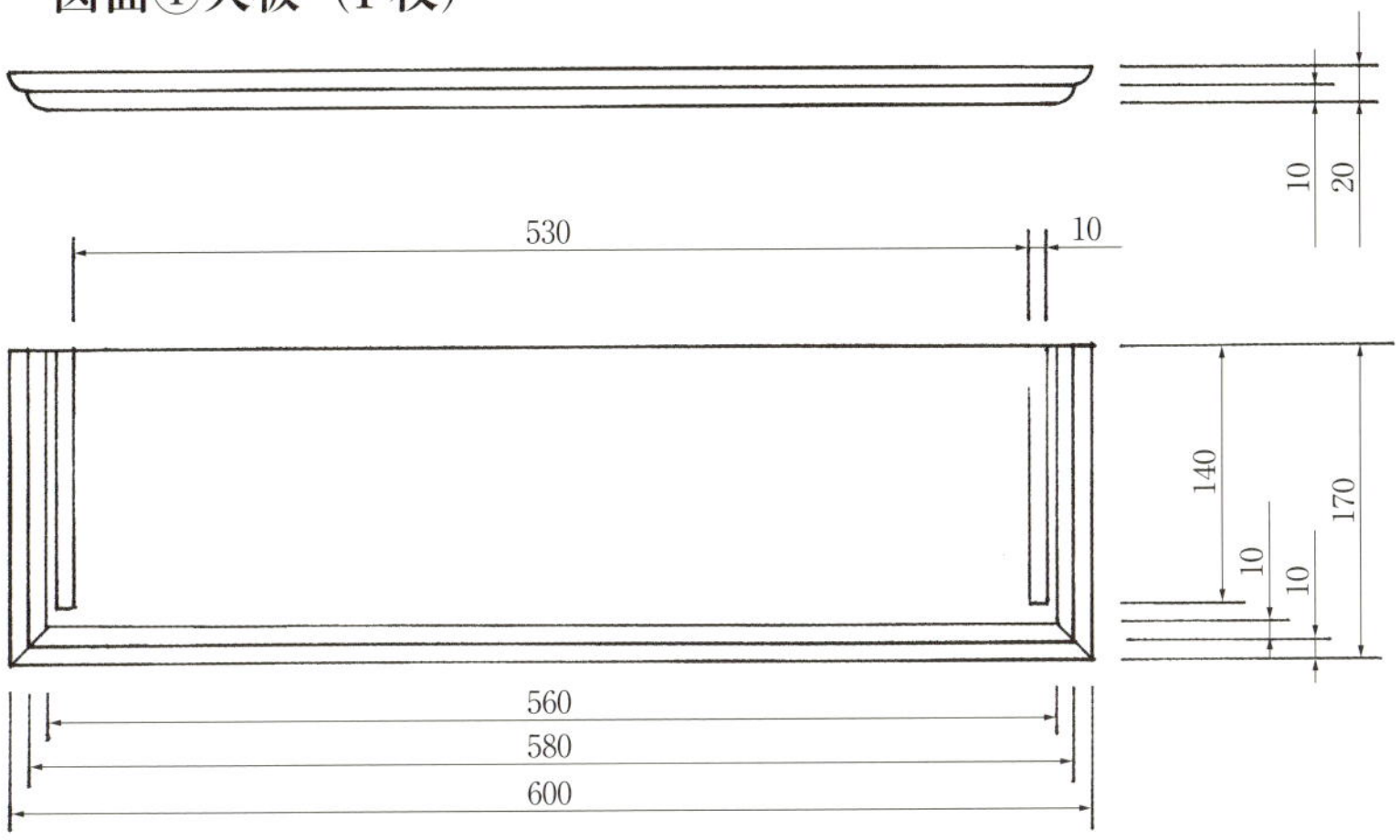

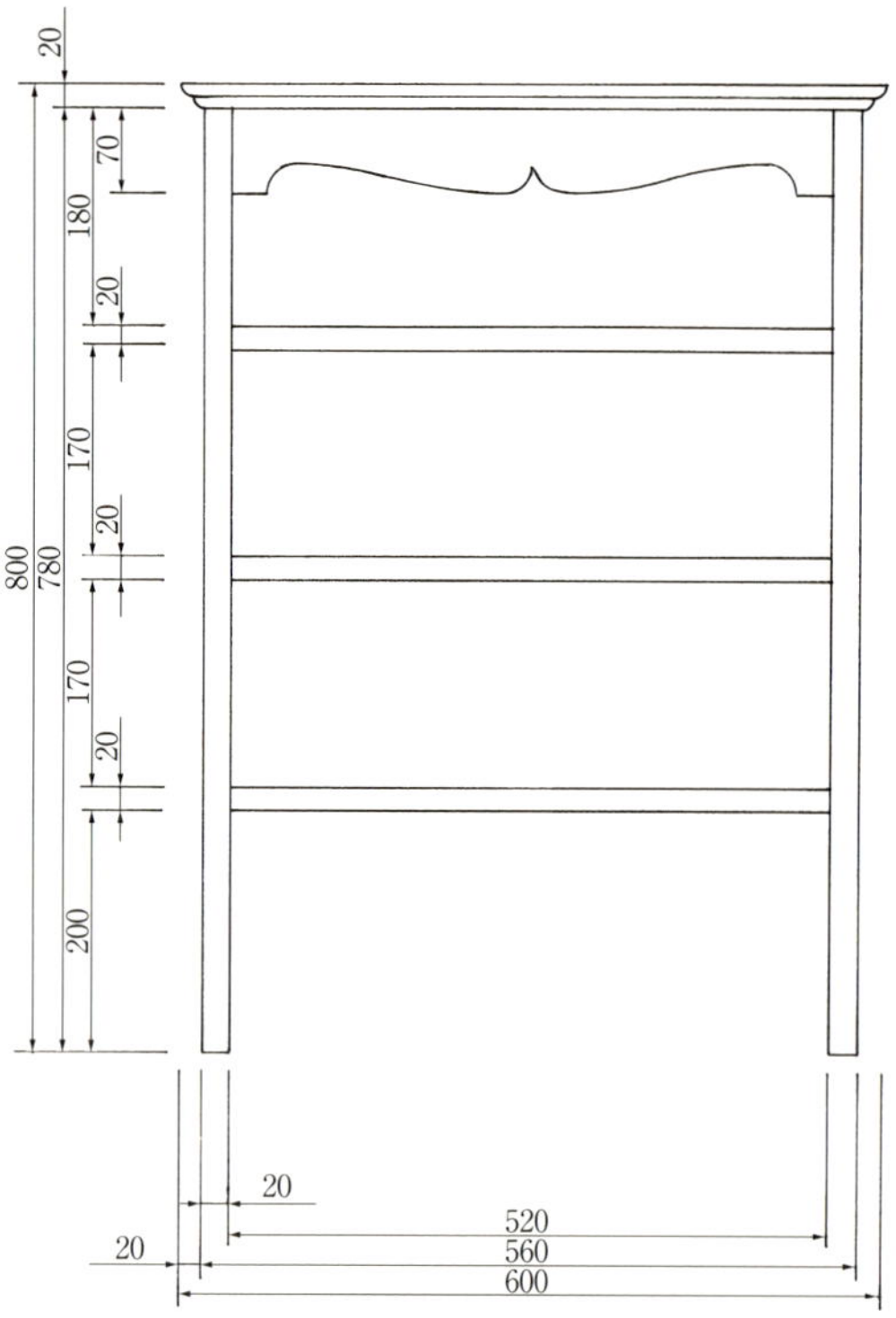


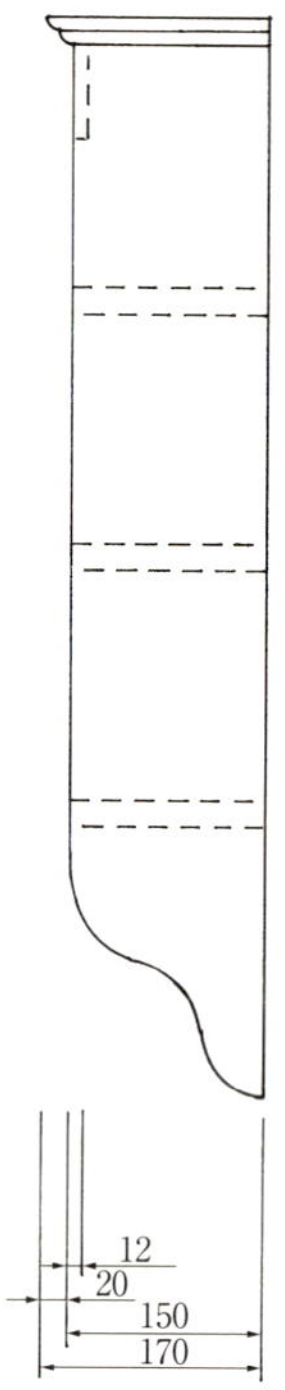


図面③棚板（3枚）

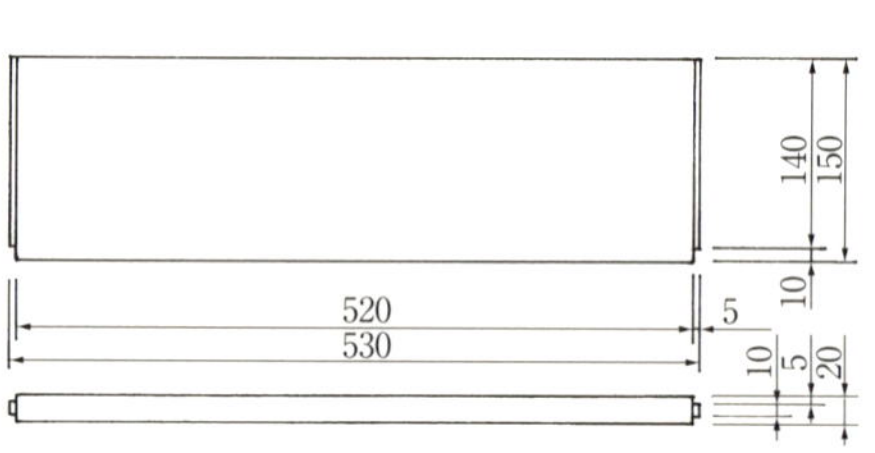


図面②側板（2枚）

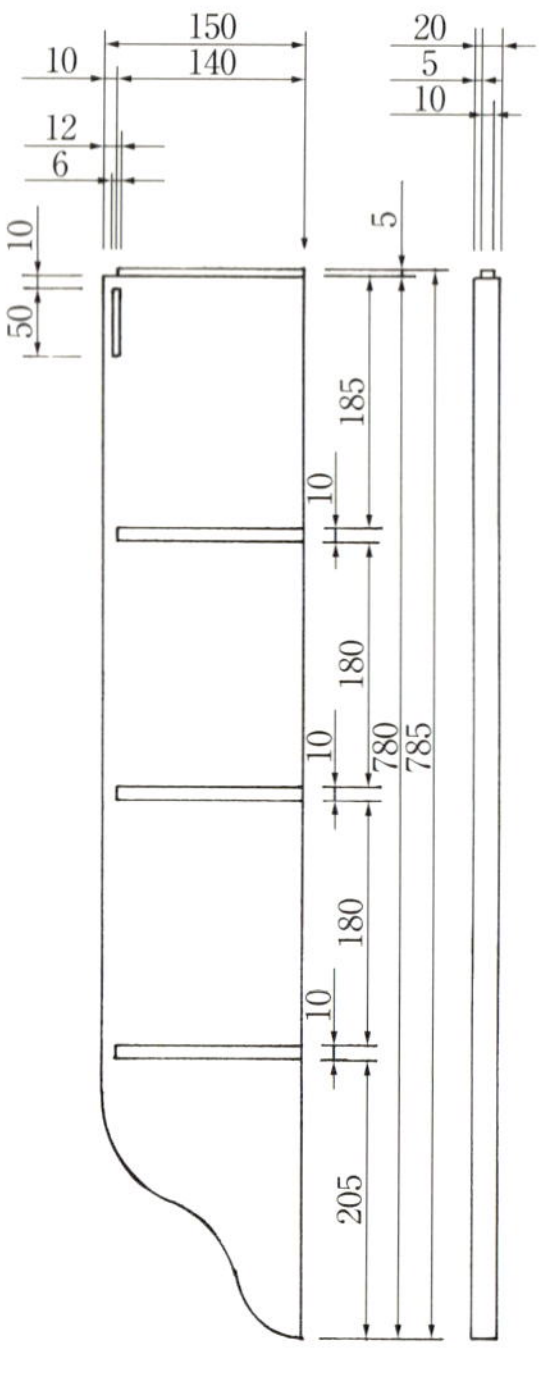


図面④天板受け（1枚）

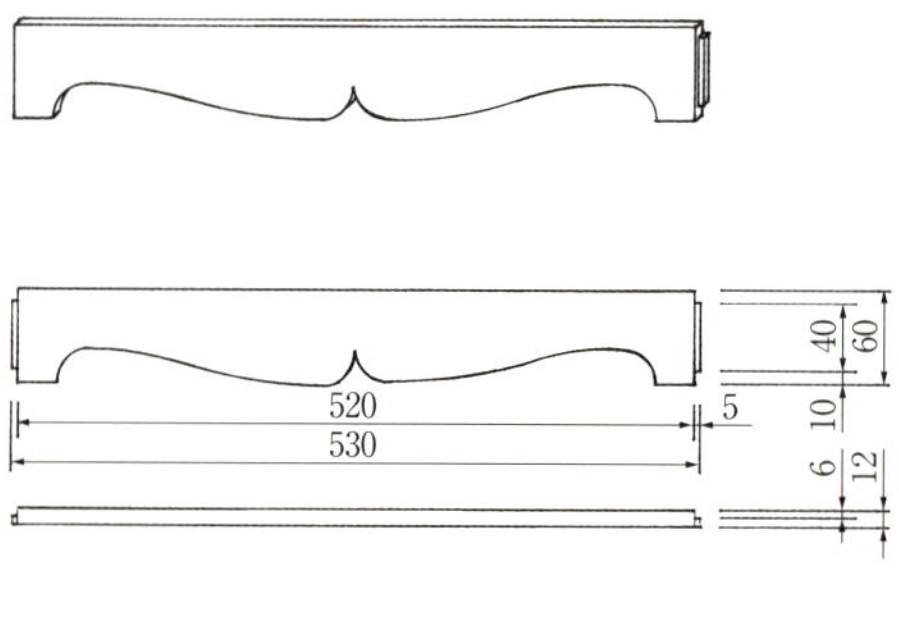

# パーツを作る

この吊り棚は板を組み合わせて作ります。側板に対して、棚板の木口を直角に組みますが、この部分は「肩付追い入れ接ぎ」という方法を使います。

この仕口はいろいろなところで活躍しますので、マスターすると重宝します。

### 肩付追い入れ接ぎ

板と板を直角に組む方法です。

板に溝を彫り、溝に合わせて組み込む板の木口を欠き取ります。欠き取った部分と溝を組んだときに、ガタつかず、スライドできる程度のきつさにします。接着し、外側よりビスや釘で補強します。

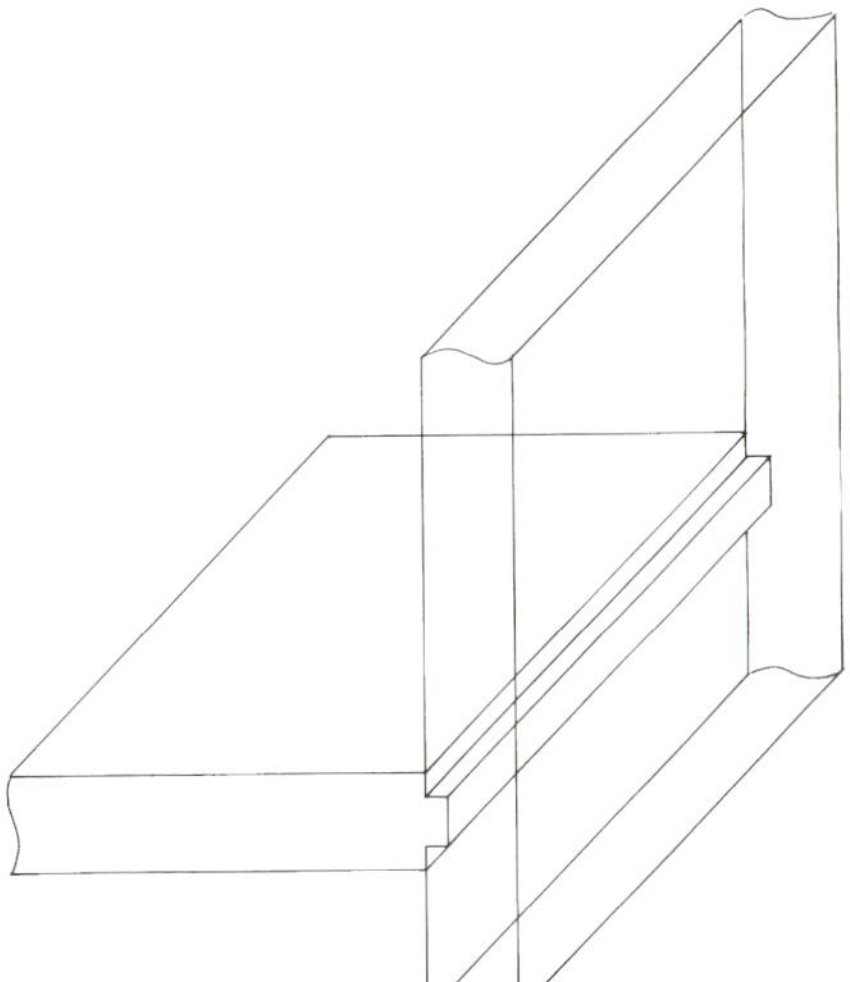

**【材料と道具】**

材料
- 赤松・イエローパイン・ホワイトパインなどの松材がおすすめです。

道具
- 平鉋・豆鉋・キワ鉋
- ノミ
- 鋸（胴付きノコ・縦挽きノコ）
- 錐・刳り小刀・切り出し小刀
- ゲンノウ・敷き棒・叩き棒
- ハタガネ・バイス
- カッターナイフ

電動工具
- トリマー（またはルーター）
- 溝切りカッター
- 糸ノコ
- ドリル（2～2.5㎜・9㎜）

その他
- ビス
- 丸棒
- サンドペーパー（220番）
- 水性木工用接着剤（水性ビニルウレタン系接着剤）
- オイル（自然塗料）
- 軍手・ウエス　など

**【材料の下準備】**

板の下ごしらえ（59～61頁参照）

## 1. 側板の加工

必要な材料を下ごしらえしたら、スミ入れをします。飾り部分の曲線は型紙を、ホゾの部分はケビキを使ってスミ入れをします。

側板には棚板の、天板には側板のホゾを入れる溝を掘りますが、側板・天板の正面側は、ホゾが見えないように、正面の端から10㎜のところで溝を止めます。

トリマーなどの電動工具を使って溝を掘る場合は、溝を止める位置がはっきりとわかるように印をつけておきましょう（写真1）。

（写真1）

また、溝のスミ線に沿ってカッターナイフで切り込みを入れておくと、縁がささくれずきれいに仕上がります（写真2）。

（写真2）

側板の背中側の溝の入り口には、ノミで切り込みを入れます（写真3）。

（写真3）

1 スミ入れが終わったら加工を始めましょう。まずは側板に、ホゾを入れる溝を掘っていきます。ここではトリマーを使いますが、もちろん、ノミや溝切りカッターなど、手作業で掘ることもできます。

棚板を直角に組むためには、左右の溝の位置がずれないようにしなければなりません。そのために、左右の側板を、背中側を中心に合わせて並べ、ハタガネでしっかり固定して、一度に掘ります。そうすれば、棚板の高さをピッタリ同じに揃えることができます。

**2** KAKIでは、トリマーのガイドに合わせて、溝の幅を一定に掘ることができるような治具を作って作業をしています。治具を使う場合は、側板に対して直角に、しっかりとクランプで固定してください。

**3** トリマーで溝を掘っていきます。トリマーの反動に注意して、しっかり押さえて作業しましょう。

**4** 溝の端はノミできれいにさらいます。深さはホゾより若干深くしておきます。

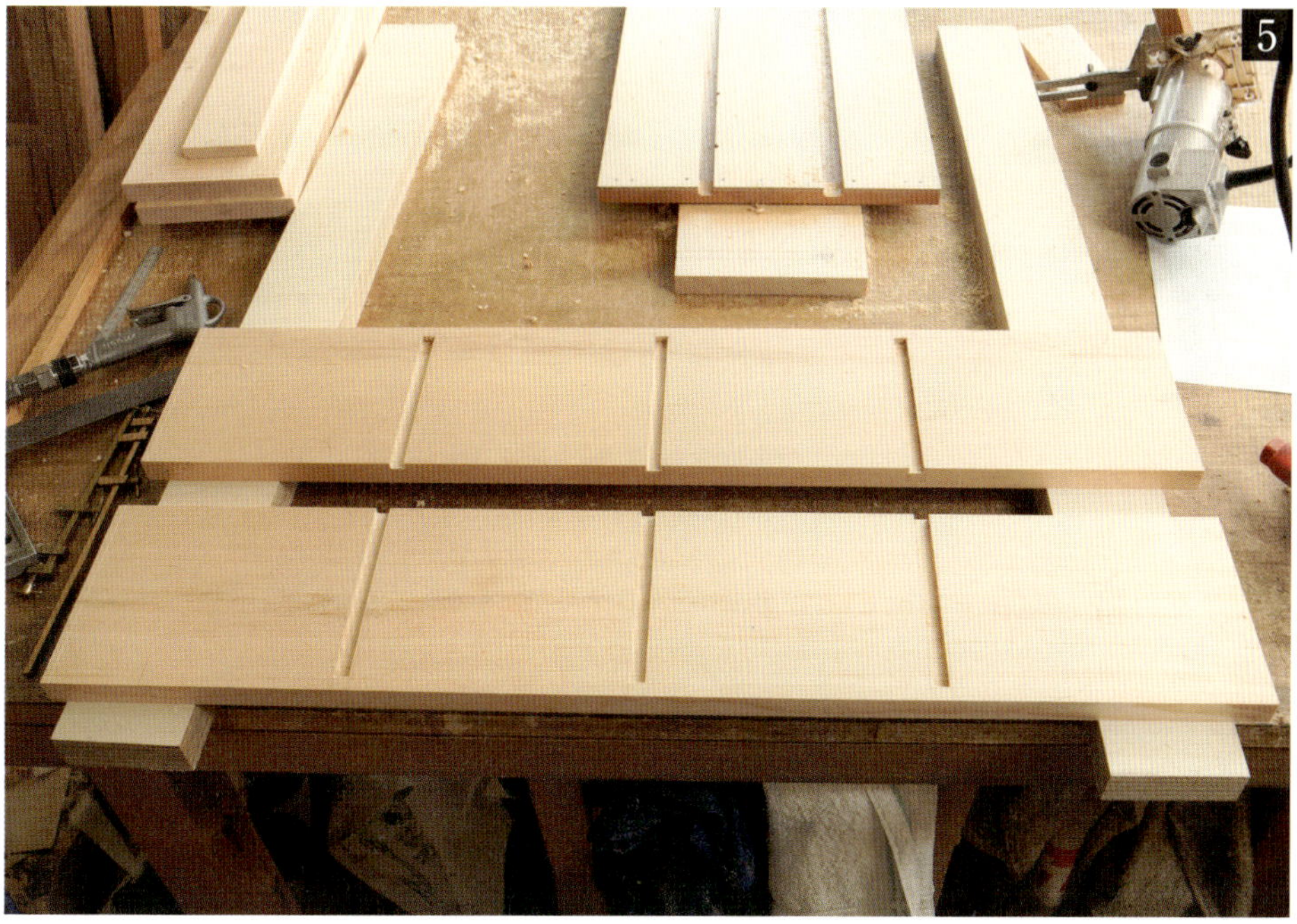


**5** 側板に、棚板を組む溝ができました。1〜4と同じ要領で、天板受けを組む溝も掘ります。天板には側板を組む溝を掘ります。

[6] 溝の反対側から、ドリルでビスを入れる穴を開けておきましょう。穴の位置は揃えるときれいです。

また、KAKIでは、ビスの頭が入る穴を径9㎜で開けています。ビスは縁から中に入り過ぎると板が反り、隙間ができてしまうことがあるので、15～20㎜程度の位置で止めることをおすすめします。

## 2. 側板上部・棚板・天板受けの加工

続いて、掘った溝に合わせて、側板上部・棚板・天板受けのホゾを作っていきます。

ホゾはガタつかず、はめたときに手でスライドさせることができる程度の固さを目指します。ホゾがきついと、組み立てるときに棚板と側板を揃えることが難しくなり、ねじれの原因になってしまいます。

棚板を用意するとき、棚板の余分な木っ端を取っておいて、テスト用のホゾ（写真1）を作り、ホゾのサイズ調整をしながら作業するとよいでしょう。

（写真1）

溝に棚板のホゾを入れているところ

1 トリマーで、ホゾ部分を残して削り取っていきます。

2 ためしに溝に入れてみて、固さを確認しながら作業をします。

3 溝の幅に合わせて余分なホゾを切り取ります。胴付きノコで切り取る部分に切り込みを入れます。

4 ノミで削り、ホゾの完成です。

## 3. 側板・天板の飾り部分の加工

組み手（溝・ホゾ）ができたら、側板・天板受けの飾りの曲線を切りましょう。曲線の加工は、ダイニングチェアー部分と同じです。

まず、糸ノコで、スミ線が消えないように、曲線の少し外側を切りましょう。

ノミ、剳り小刀でスミ線に合わせて削り、曲面を仕上げます。

それほど厚みはないので、側板を2枚揃えて同時に削ってもよいでしょう（写真1〜5）。

天板の縁の飾りも彫ります。

まず、角を溝切りカッターでしゃくり、豆鉋、キワ鉋を使って丸く削っていきます（写真6）。

(写真1)

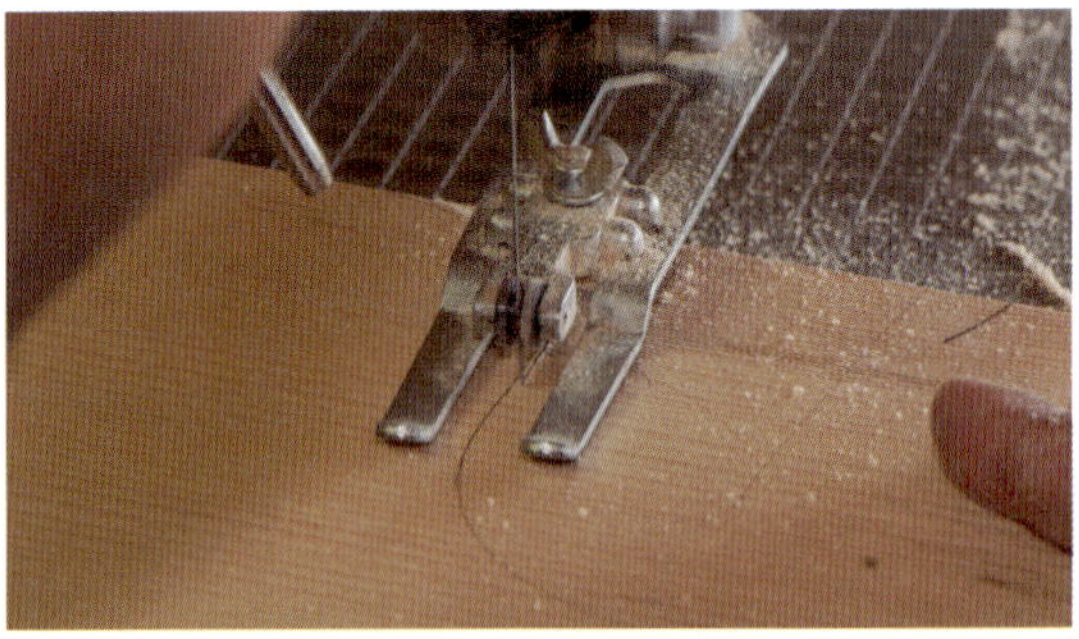

(写真2)

(写真3)

(写真4)

(写真5)

（写真6）

（写真7）

最後に、それぞれのパーツにカンナをかけて仕上げます（写真7）。側板の内側は必要以上に削ると、ホゾが溝に収まらなくなってしまうので注意してください。

曲面の刃物のあとが気になるならば、サンドペーパーでこすってなめらかに仕上げるとよいでしょう。内丸の部分は丸い棒にペーパーを巻いて当てると作業がしやすいです。

サンドペーパーの砂が材料に残るとカンナの刃を傷つけてしまうので、サンドペーパーをかける作業は、カンナがけが終わってから行うようにしてください。

これでパーツ作りが終わりました。

# 組み立て・完成

組み立て作業にかかりましょう。

側板と棚板がずれないように、よく気をつけてください。きれいに揃えて組まないと本体がねじれてしまい、きれいに組み上げることができません。

側板と棚板の直角もしっかり確認しましょう。

1 まず、側板の溝に接着剤を塗り、棚板を入れていきます。

棚板は、側板と前面を合わせて組みます。

2 天板受けを入れます。

3 棚と側の直角を確認しながら、側板の外からビスで棚板を締め付けます。

棚板を引き付けるビスは、繊維と平行に入っていきます。針葉樹の場合は、柔らかい夏目*に入っていくので、ある程度長いビスを打つようにします。ビスを打った穴には丸棒で埋め木をします。

*夏に育った部分のこと。年輪の色が薄く、柔らかい。

4 同じように天板を組み付けます。

5 サンドペーパーで角を削り、触っても痛くないように面取りします。

6 これで吊り棚の完成です。今回紹介した組み手「肩付追い入れ接ぎ」は、ホゾは緩過ぎず・きつ過ぎず、肩がしっかりと隙間なく当たっていることが重要です。しっかり締め付けられていないと、ぐらつきの原因となります。

きちんと加工できるようになれば、かなり大きなものにも活用できる仕口で、本棚やオーディオ棚、下駄箱などにも応用できます。

この後紹介するキャビネットの中でも活用されています。徐々に大きなものにトライしていってみてください。

# キャビネット

キャビネットは収納するだけでなく、それ自体が部屋の飾りとなる、存在感のある家具です。作り手にとっては、形やデザインなど、こだわる要素の多い、大変楽しい家具です。

たとえば食器を見せて収納したいならばガラスの扉やオープンの棚にしたり、部屋の広さに合わせて高さもデザインします。

飾りに少し曲線を入れて、優しい感じにするとよいでしょう。材料は、木目や色の濃淡などもよく見て、なるべく濃い色を下部に使うようにすると、見た目が安定した雰囲気に仕上がります。

また、パーツが多いので、それぞれに合った仕口を考えて作るのも楽しみの一つです。持っている技術がすべて試される家具といえるでしょう。それゆえに、上手に仕上がるとその喜びも格別です。

# パーツを作る1——下部

作っている間にほかの材料が乾燥して反ったり曲がったりしないように、下部・上部・引き出し・扉と、分けて製作します。本体を組み上げたら扉、引き出しを作り、引き出しができたら、その間に接着しておいた扉を取り付けるといった段取りで仕上げるとよいでしょう。

まずキャビネット下部の製作から入ります。

この家具は、側面の貫と前後の貫を同じ高さで脚に組むところがたくさんあります。これまでのような形のホゾだと、挿し込んだとき脚の中でぶつかり合って組むことができなくなってしまいます。そこで、それぞれの構造に合わせて、お互いのホゾを避けて組めるように、ホゾの形を加工します。

また、貫と脚にはパネル・底板・裏板を入れる溝やしゃくり（材の端を欠き取って接ぎ合わせる）を掘らなければなりません。

向きや位置を間違えると材料を無駄にしてしまいますので、加工する部分には印をつけるなどして、よく確認しましょう。

材料は各工程ごとに下ごしらえし、下ごしらえが済んだら、なるべく早く組むようにします。

**【材料の下準備】**

角材の下ごしらえ（55～58頁参照）

板の下ごしらえ（59～61頁参照）

**【材料と道具】**（全体）

材料
（本体）赤松・イエローパイン・ホワイトパインなどの松材がおすすめです。
（アリ桟）ナラやタモなどの堅木
（上部ガラス扉）五分面取りガラス

道具
平鉋（一枚刃・二枚刃）
反り鉋・面取り鉋
ノミ
胴付きノコ
切り出し小刀・刳り小刀
スコヤ・自在定規
ゲンノウ・敷き棒・叩き棒
クランプ・バイス
ドライバー・錐
カッターナイフ
クギシメ

電動工具
ベルトソー
電動角ノミ盤（または木工用錐）
トリマー（またはルーター）
溝切りカッター
電動ドリル

その他
釘・ビス・木ネジ
蝶番・マグネットキャッチ
サンドペーパー（１２０番・２２０番）
水性木工用接着剤（水性ビニルウレタン系接着剤）
オイル（自然塗料）
軍手・ウエス

# 図面・材料表

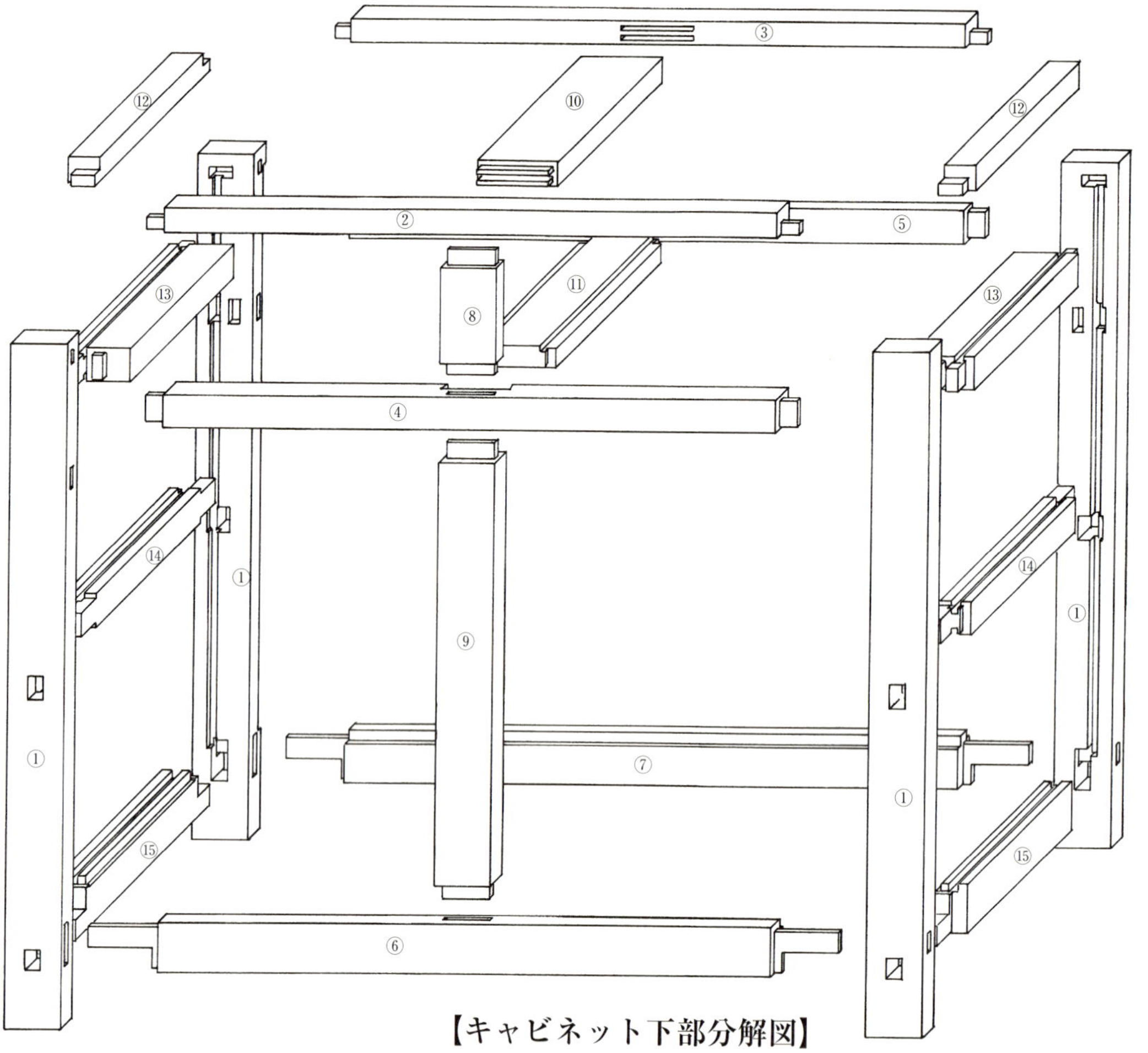


【キャビネット下部分解図】

## 【キャビネット下部材料表】

| 部品名 | 厚み × 幅 × 長さ (mm) | 数 |
|---|---|---|
| ① 脚 | 40× 70× 850 | 4 本 |
| ② 前貫・上<br>③ 後ろ貫・上<br>⑤ 後ろ貫・中 | 30× 40× 805 | 1 本<br>1 本<br>1 本 |
| ④ 前貫・中 | 40× 40× 805 | 1 本 |
| ⑥ 前貫・下<br>⑦ 後ろ貫・下 | 40× 60× 920 | 1 本<br>1 本 |
| ⑧ 引き出し仕切り | 25× 70× 150 | 1 本 |
| ⑨ 扉仕切り | 40× 70× 555 | 1 本 |
| ⑩ 引き出し押さえ<br>⑪ 引き出し受け | 30× 100× 390 | 1 本<br>1 本 |
| ⑫ 側貫・上 | 30× 40× 400 | 2 本 |
| ⑬ 側貫・引き出し受け | 40× 80× 410 | 2 本 |
| ⑭ 側貫・棚受け | 40× 40× 460 | 2 本 |
| ⑮ 側貫・下 | 40× 60× 460 | 2 本 |
| ⑯ 側パネル | 12× 380× 700<br>長さ上より 135・230・280 | 2 枚 |
| ⑰ 天板 | 25× 470× 960 | 1 本 |
| 裏板 (本ジャクリ) | 10× 770× 685 | 1 組 |
| 棚板 (本ジャクリ 3 枚) | 20× 360× 860 | 1 組 |
| 底板 (本ジャクリ) | 15× 780× 380 | 1 組 |
| 吸い付き桟 (堅木) | 27× 39.5× 415 | 2 本 |

※図面番号のないものは実寸をとるため、図面はなし。⑯の図面は 182 頁、⑰の図面は 188 頁。

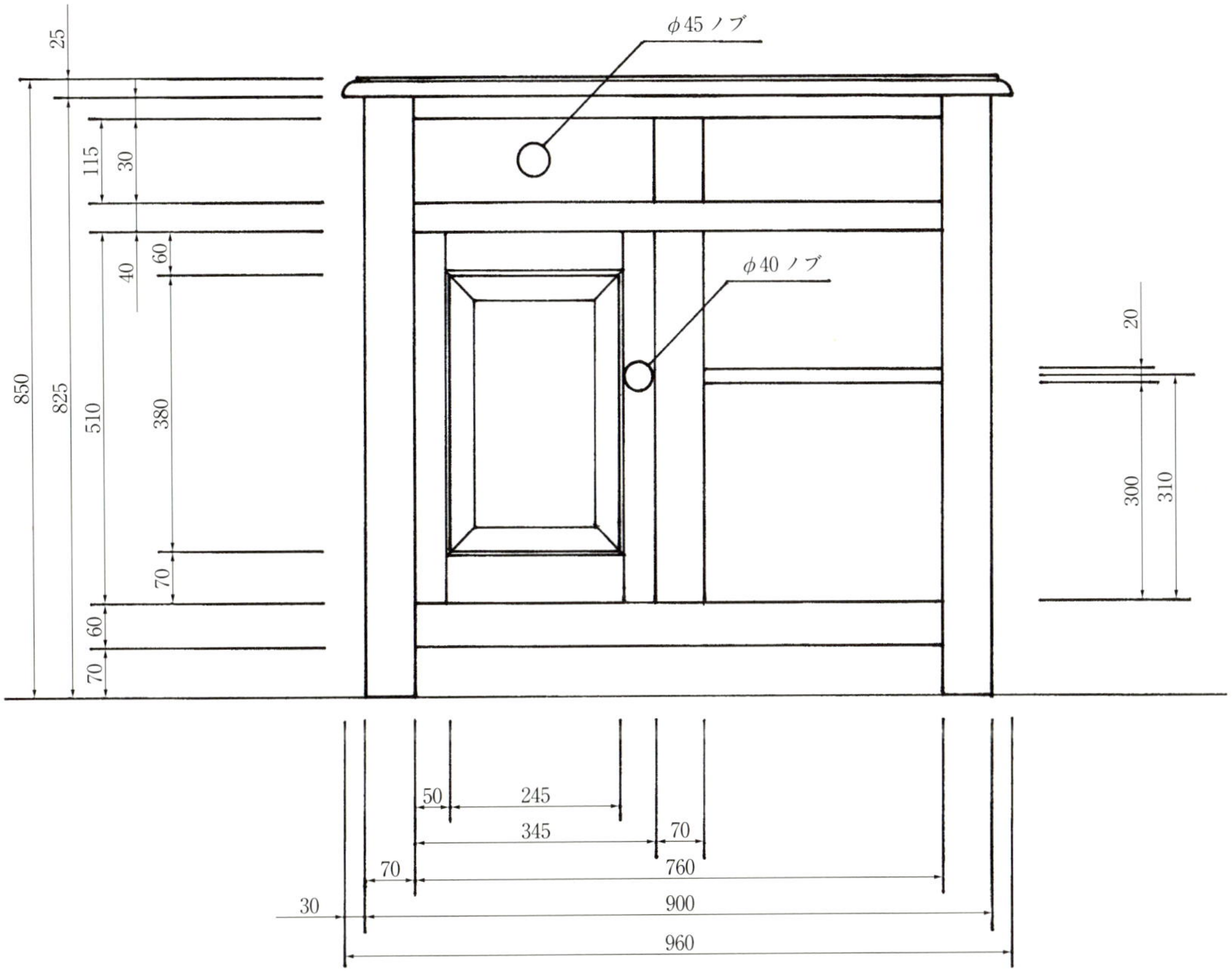


下部扉の分解図・図面・材料表は206頁
引き出しの分解図・図面・材料表は198〜199頁

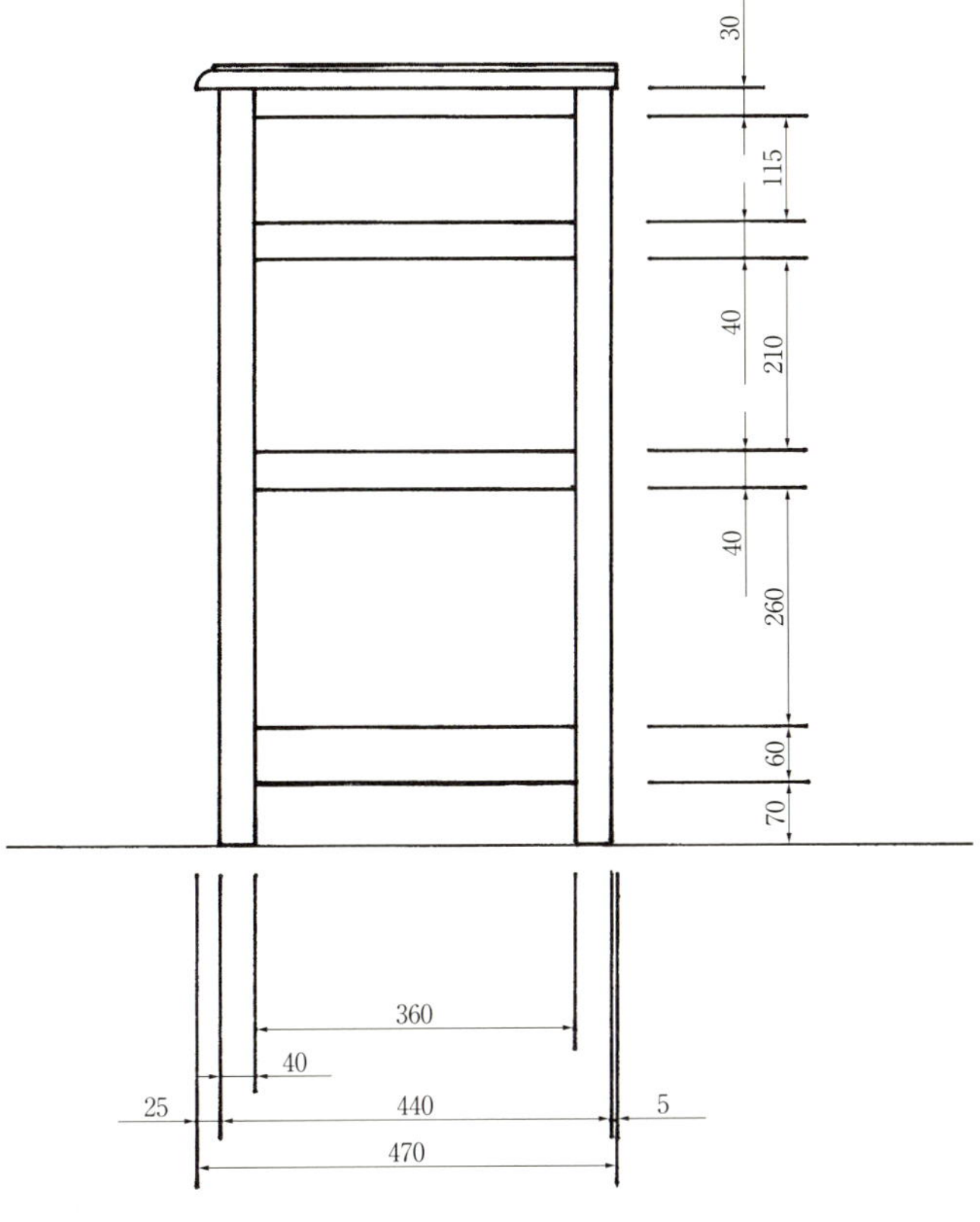

## 【キャビネット上部分解図】

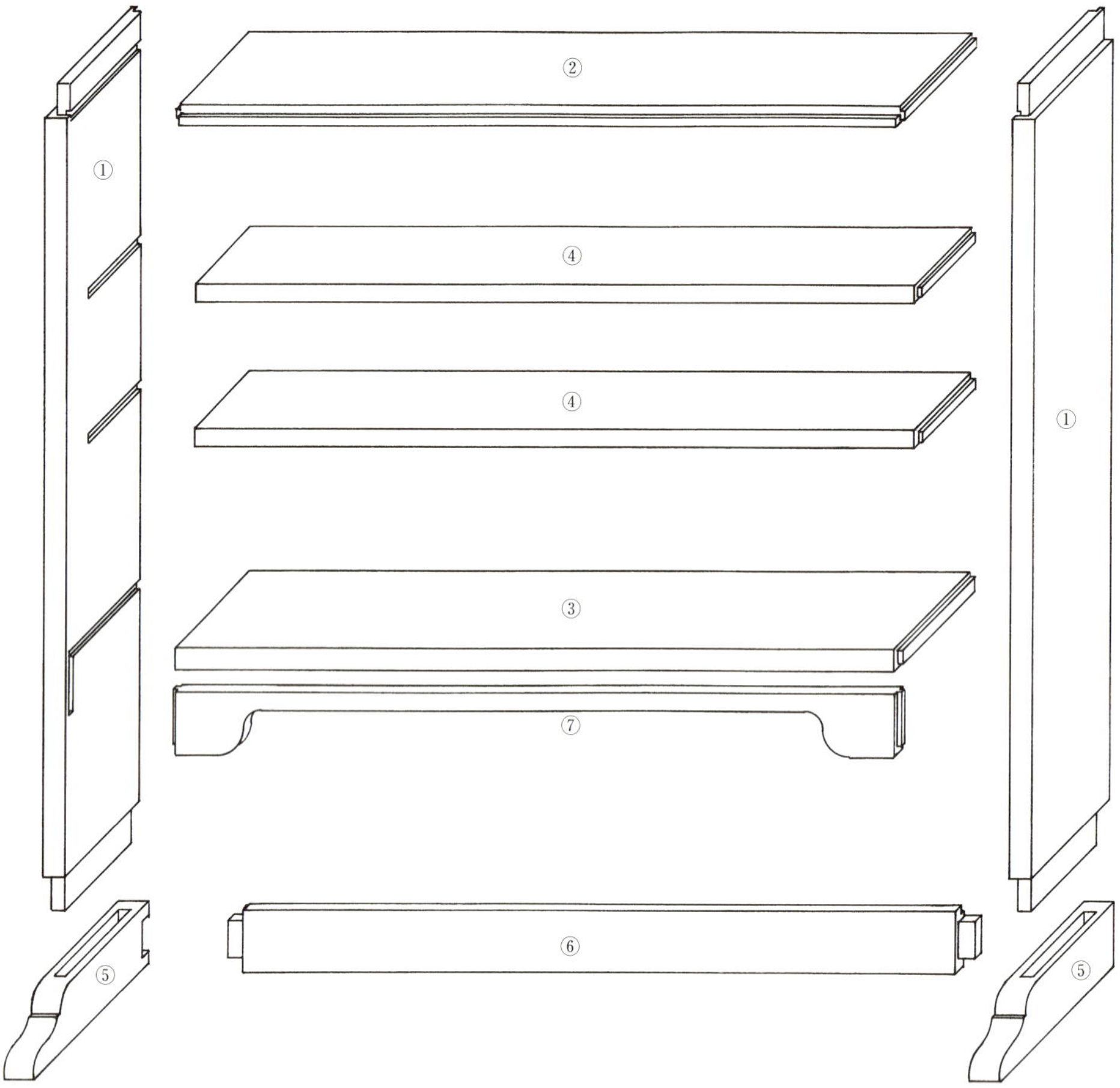


## 【キャビネット上部材料表】

| 部品名 | 厚み×幅×長さ(mm) | 数 |
|---|---|---|
| ①　側板 | 25× 250× 910 | 2枚 |
| ②　天板 | 25× 240× 830 | 1枚 |
| ③　棚板・下 | 25× 240× 830 | 1枚 |
| ④　棚板・中 | 25× 180× 830 | 2枚 |
| ⑤　脚 | 35× 70× 360 | 2本 |
| ⑥　脚・後部 | 27× 70× 850 | 1本 |
| ⑦　棚幕板 | 20× 70× 830 | 1枚 |
| ⑧　上部飾り・上 | 12× 50×1000 | 1本 |
| 上部飾り・上(短辺) | 12× 50× 320 | 2本 |
| ⑨　上部飾り・中 | 14× 39×1000 | 1本 |
| 上部飾り・中(短辺) | 14× 39× 320 | 2本 |
| ⑩　上部飾り・下 | 14× 25×1000 | 1本 |
| 上部飾り・下(短辺) | 14× 25× 320 | 2本 |
| 裏板 | 10× 830× 870 | 1組 |

※図面番号のないものは実寸をとるため、図面はなし。⑧⑨⑩の図面は、196～197頁。

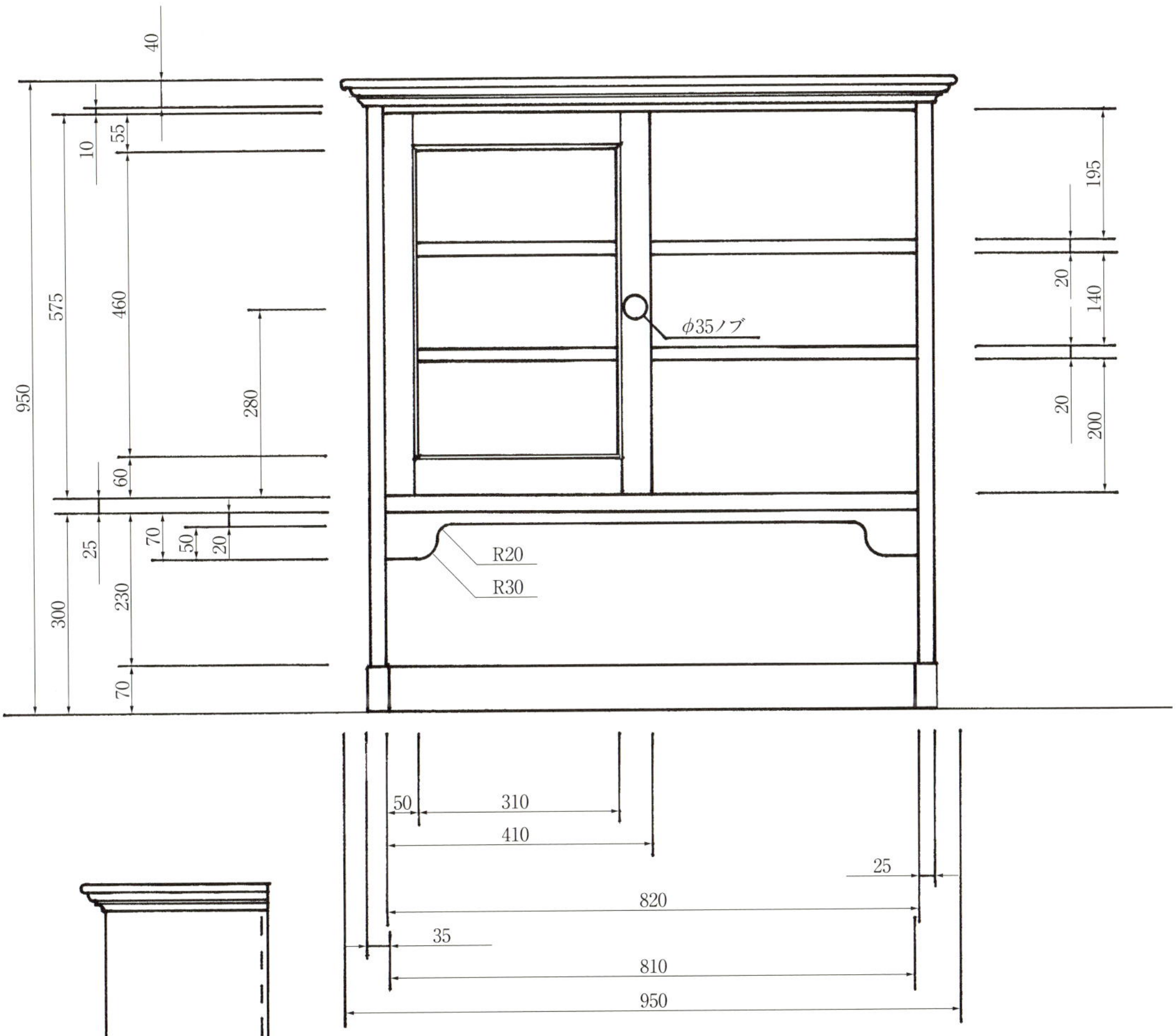


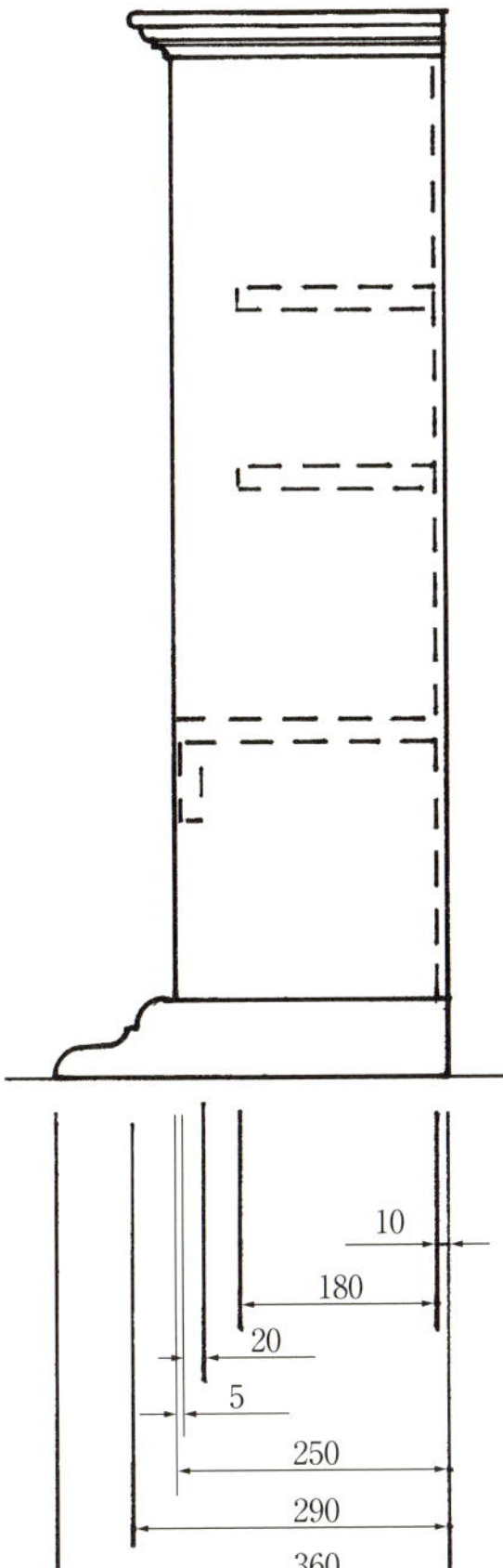


上部ガラス扉の分解図・図面・材料表は２０７頁

## 図面①脚（前後左右・各1本）

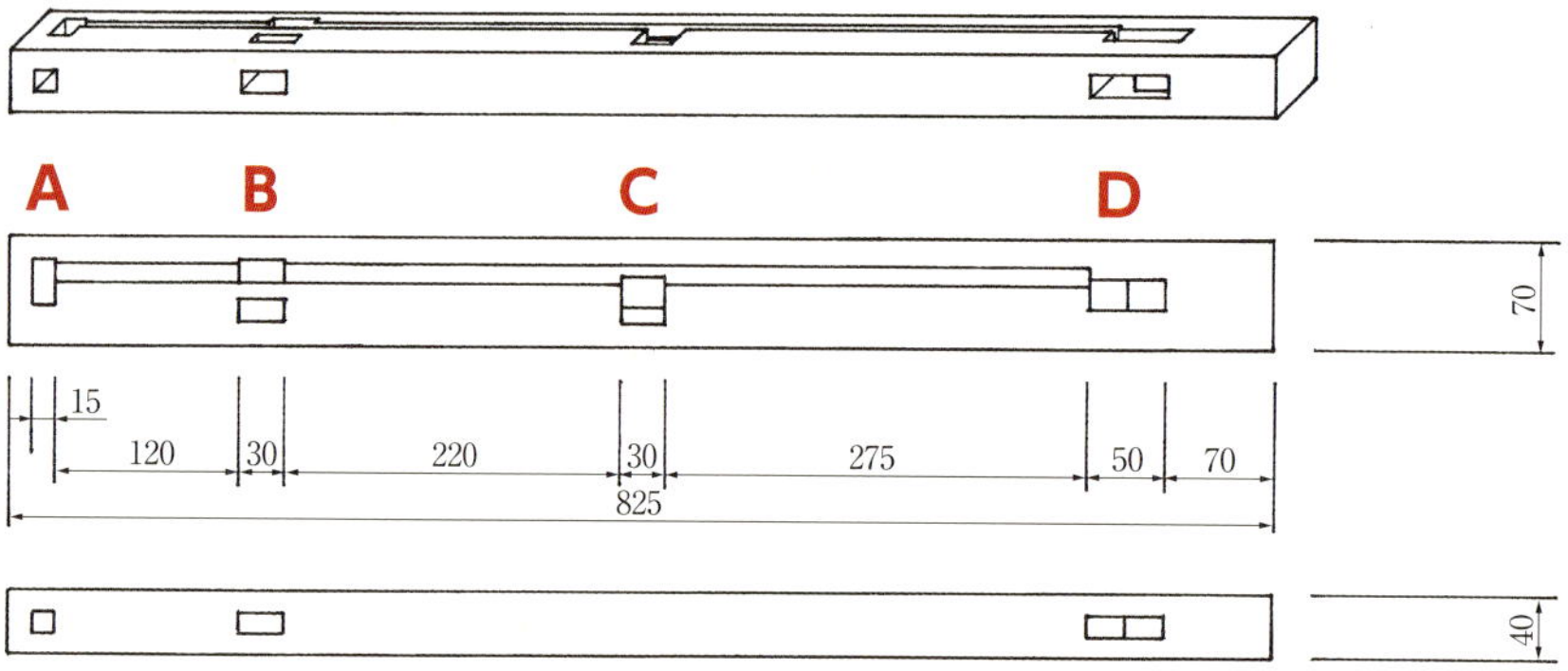


# 1. 脚・貫部分の加工

ホゾ穴・ホゾの作り方はこれまでと同じですが、前後の脚をつなぐ4本の側貫（⑫〜⑮）は、それぞれ異なる形のホゾを用います。ホゾの形は、写真で見ると大変複雑に見えますが、ホゾを作った後に溝を掘るとこのような形になるので、それほど難しく考える必要はありません。

図面をよく確認して作ってください。

脚・D部分のホゾ穴

## ホゾの構造

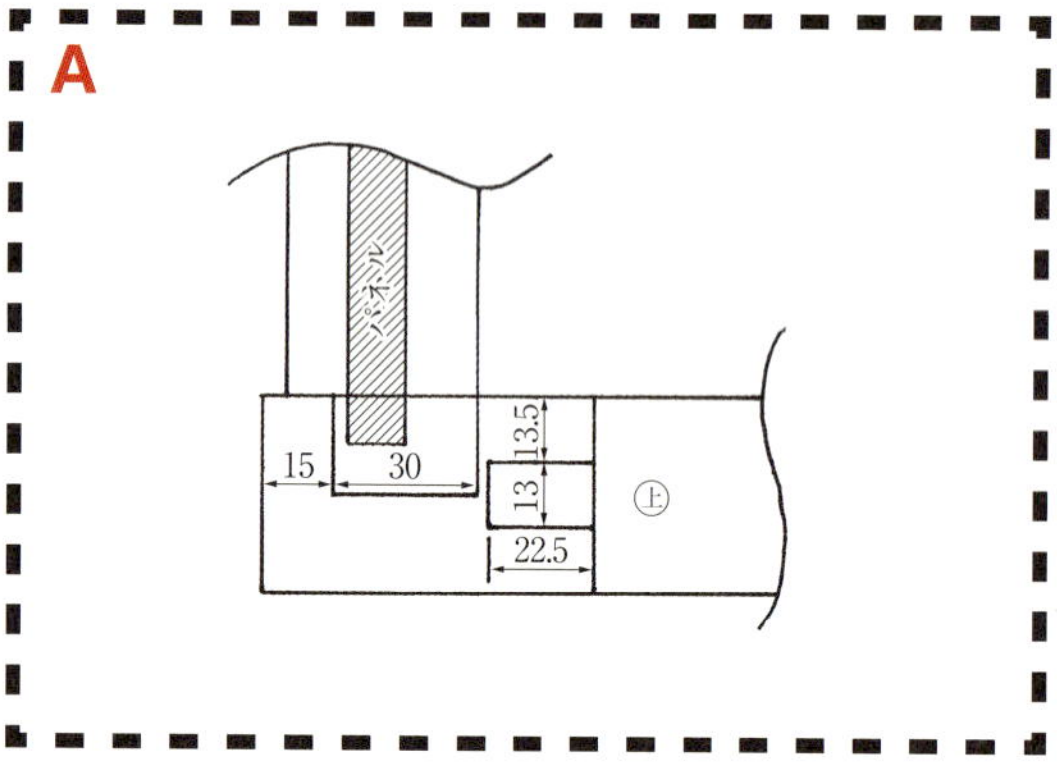


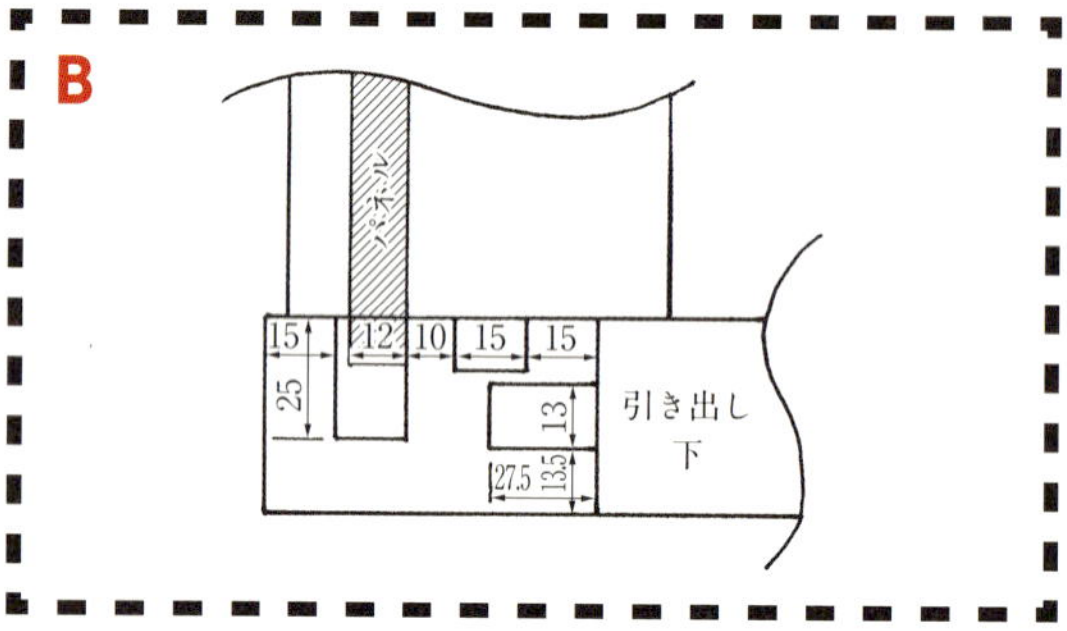


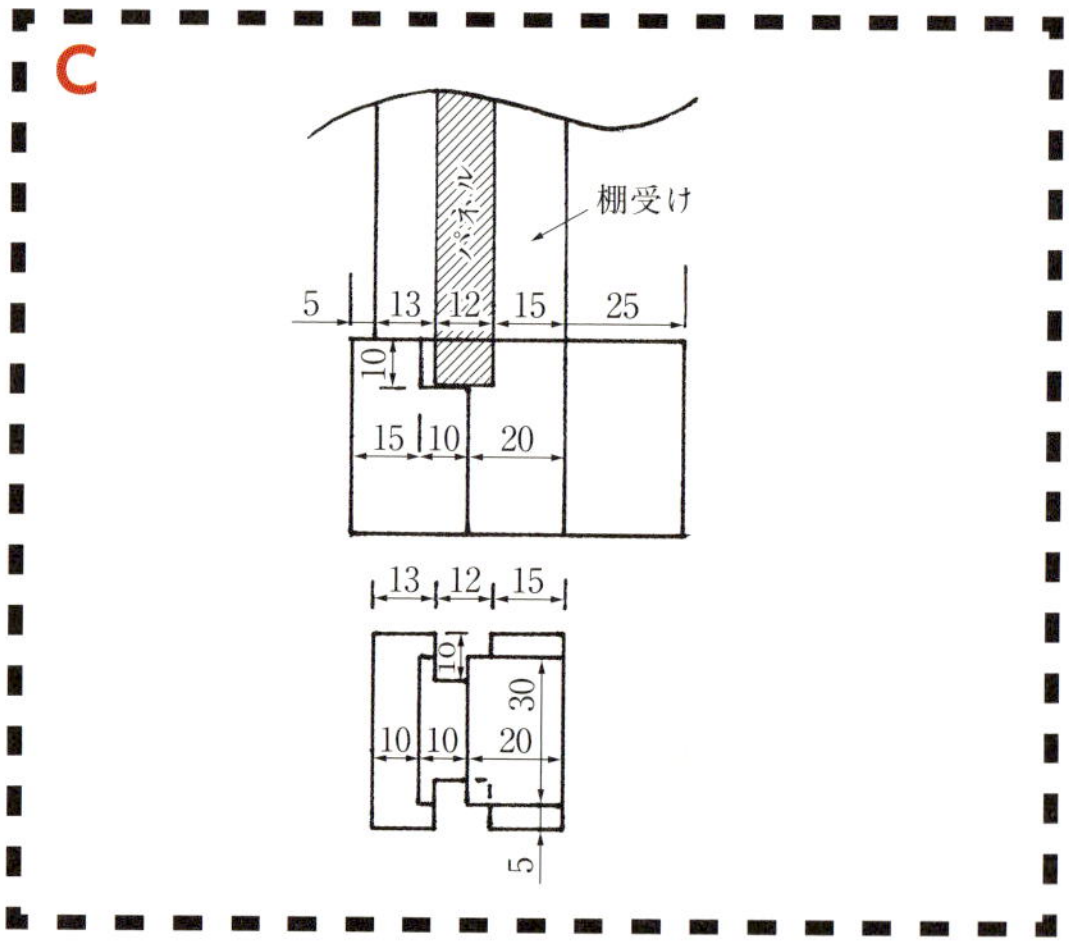


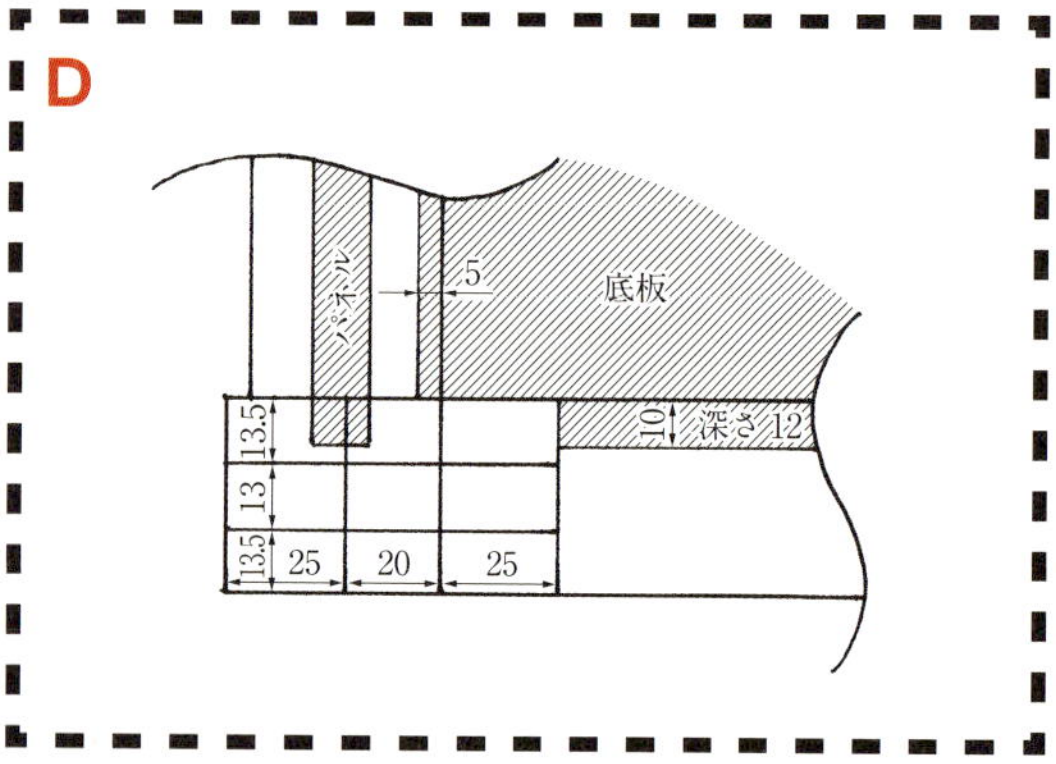

## 図面⑫側貫・上

この部分のホゾは、「三方胴付ホゾ」（97頁「いろいろなホゾの形」参照）になります。ホゾ穴が材料の端に近く、極力離して掘りたいときや、構造によってホゾを貫の端に寄せて作る方法です。

端から近いので、ホゾは途中で止めます。

図面⑫側貫・上（2本）

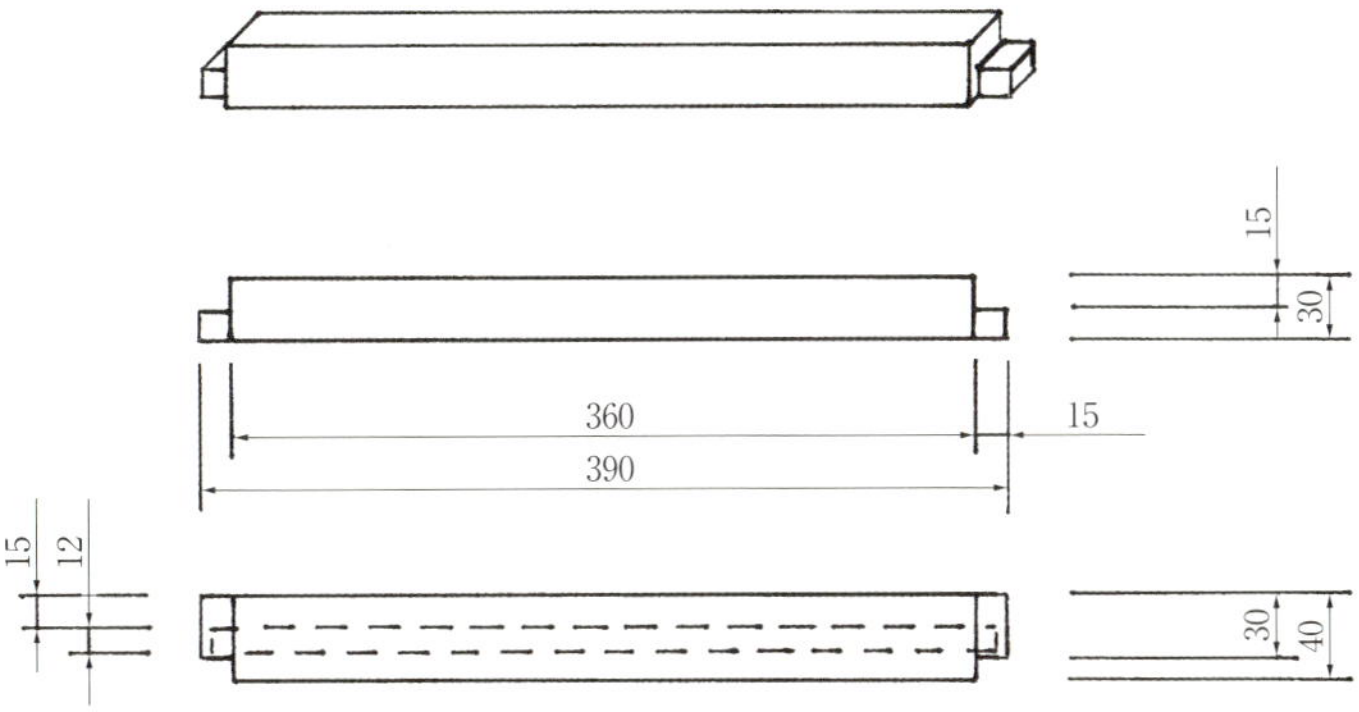

写真1　ホゾのかたち

写真2　ホゾとホゾ穴

写真3　組み合わせてパネルを入れた状態

## 図面⑬側貫・引き出し受け

この貫は、引き出し受けも兼ね、幅が広くなっています。引き出しを支えるため、ねじれに強くなるように二枚ホゾになっています。内側のホゾは、前後の貫のホゾが重なってくるので、ホゾ同士がぶつからないように、重なる部分を短く作ります。

パネルが入る溝のホゾにかかる部分は胴付面から10㎜で止めます。溝を止めないと、ホゾ全体が細くなり、強度が得られません。

図面⑬側貫・引き出し受け（左右各1本）

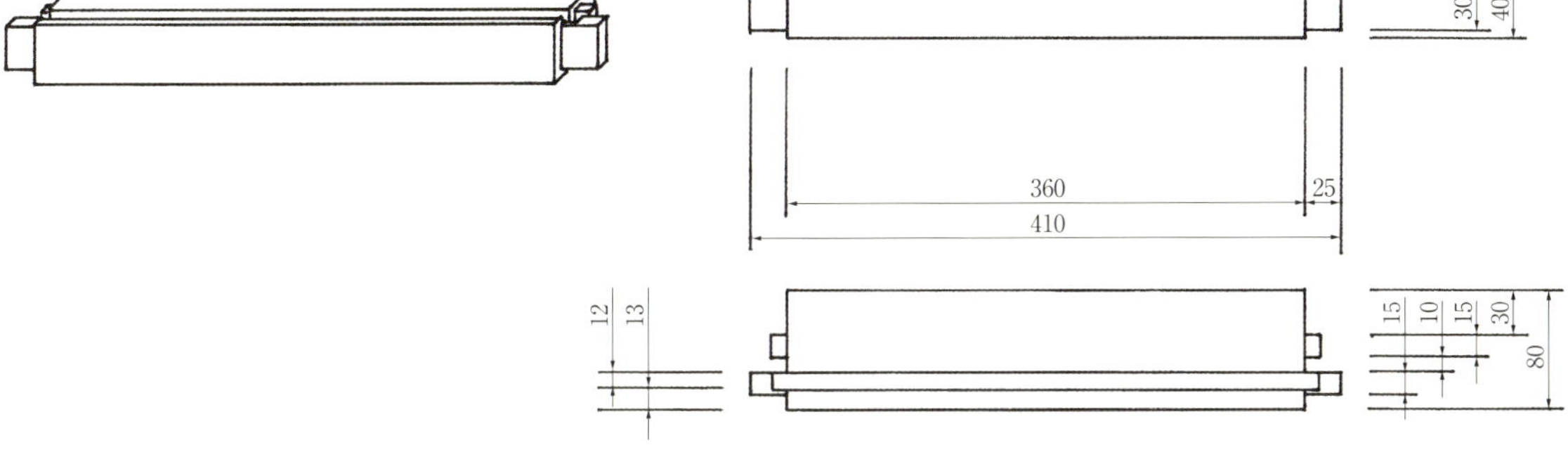

## 図面⑭側貫・棚受け

この貫は、棚板の受けとなります。

ここは交わるホゾがないので、ホゾは突き抜けています（通しホゾ）。また、内側のねじれに強くするために、ホゾの根元を内側だけ太くしてあります。

この貫の溝も、胴突面から10㎜で止めます。溝を通して掘ると、抜けたホゾを欠き取ってしまい、表に穴が見えてしまいますので、注意してください。

### 図面⑭側貫・棚受け（2本）

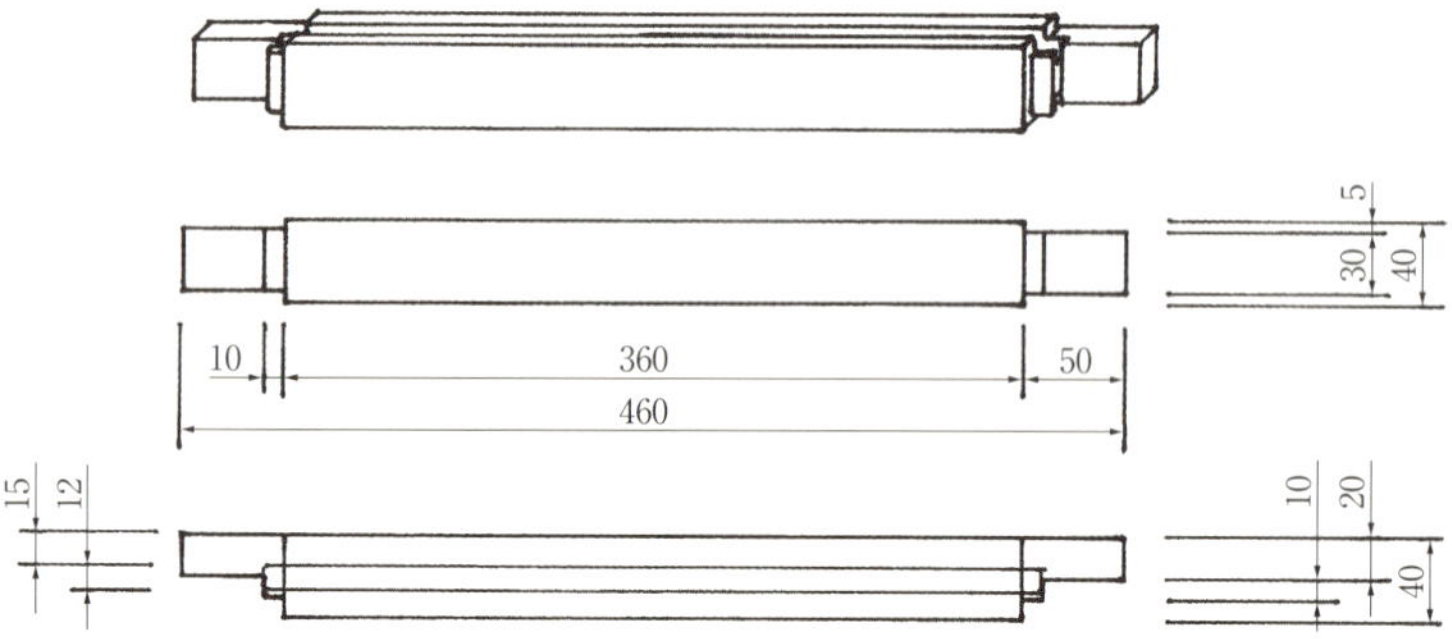


## 図面⑮側貫・下

幅（高さ）の広い貫の場合、その幅全部をホゾにしてしまうと、材が縮んだときにホゾが緩くなってしまいます。そこで、「小根付ホゾ」を用います（97頁「いろいろなホゾの形」参照）。

ホゾは細くしますが、小根を付けることで材料の反り、ねじれを押さえます。

ここは、前後の貫も同じ高さで組みます。両方の部材の高さがあるので、小根を上下逆に作り、両方のホゾが突き抜けるように作ります。

### 図面⑮側貫・下（左右各1本）

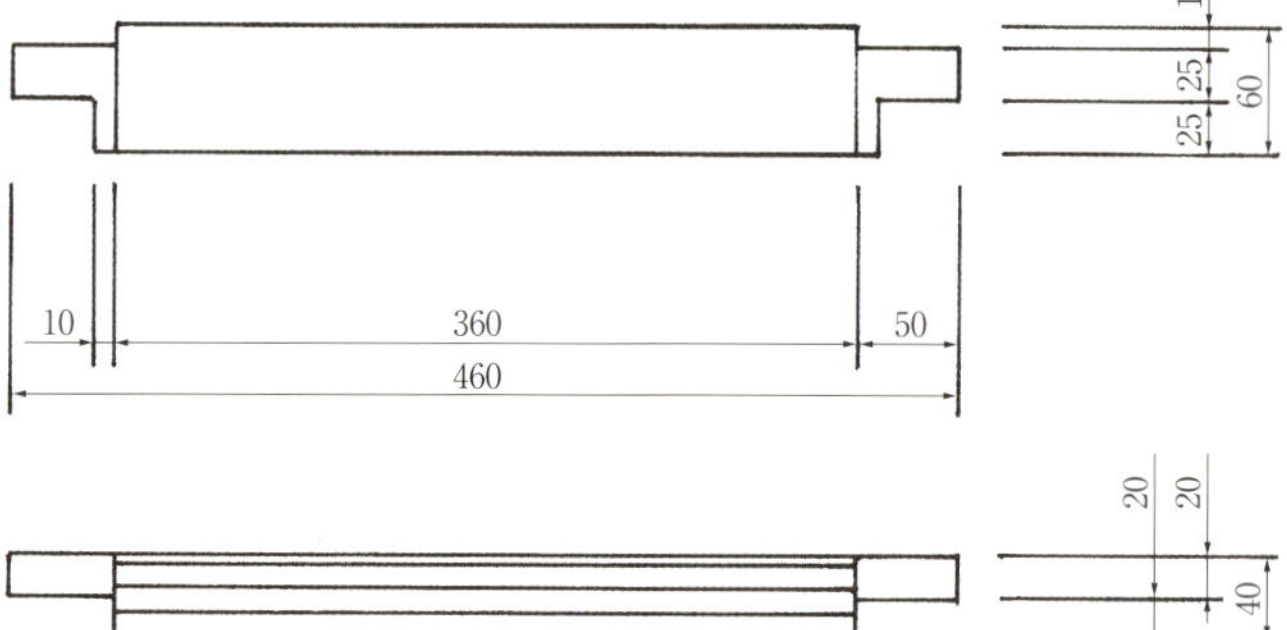


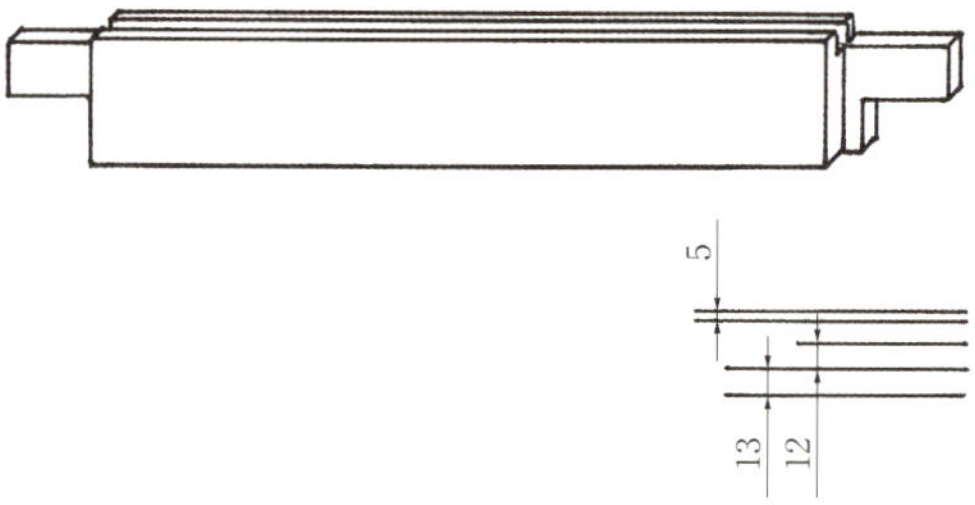

### 図面②前貫・上（1本）

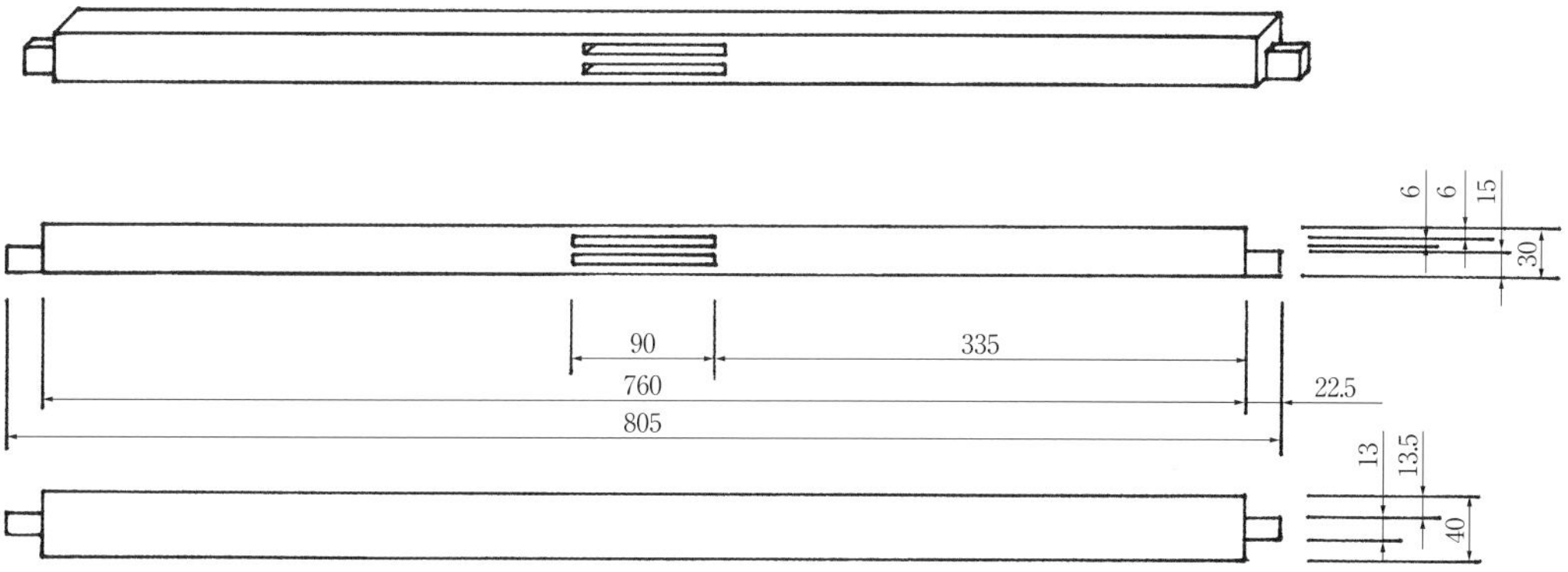


### 図面③後ろ貫・上（1本）

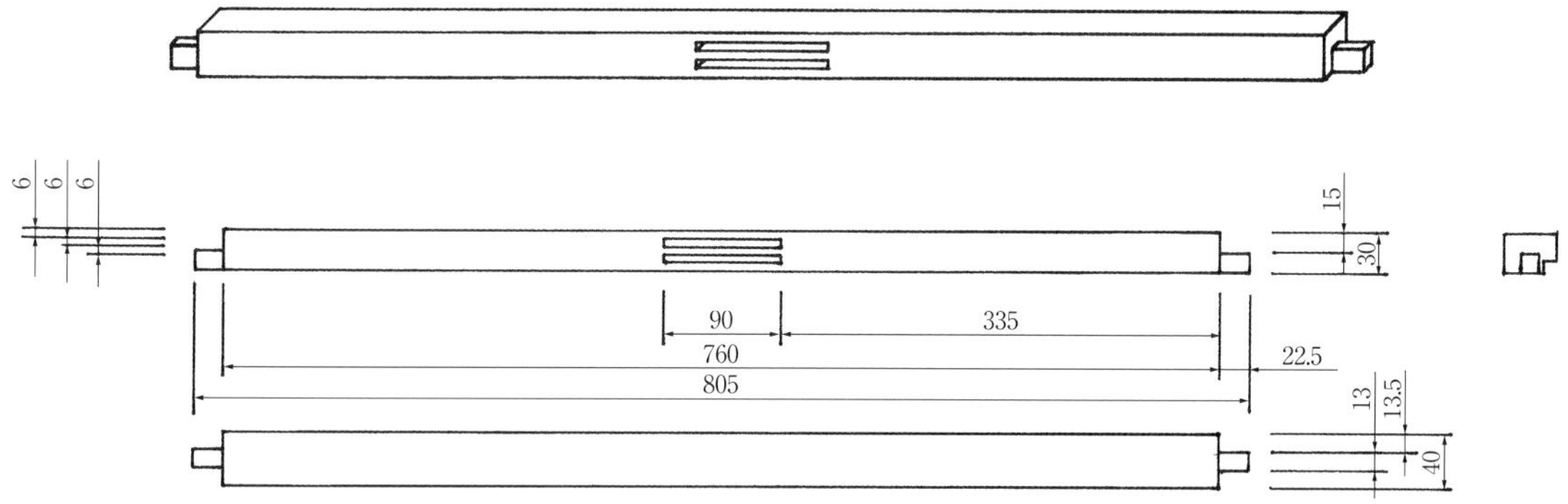


### 図面④前貫・中（引き出し受け、1本）

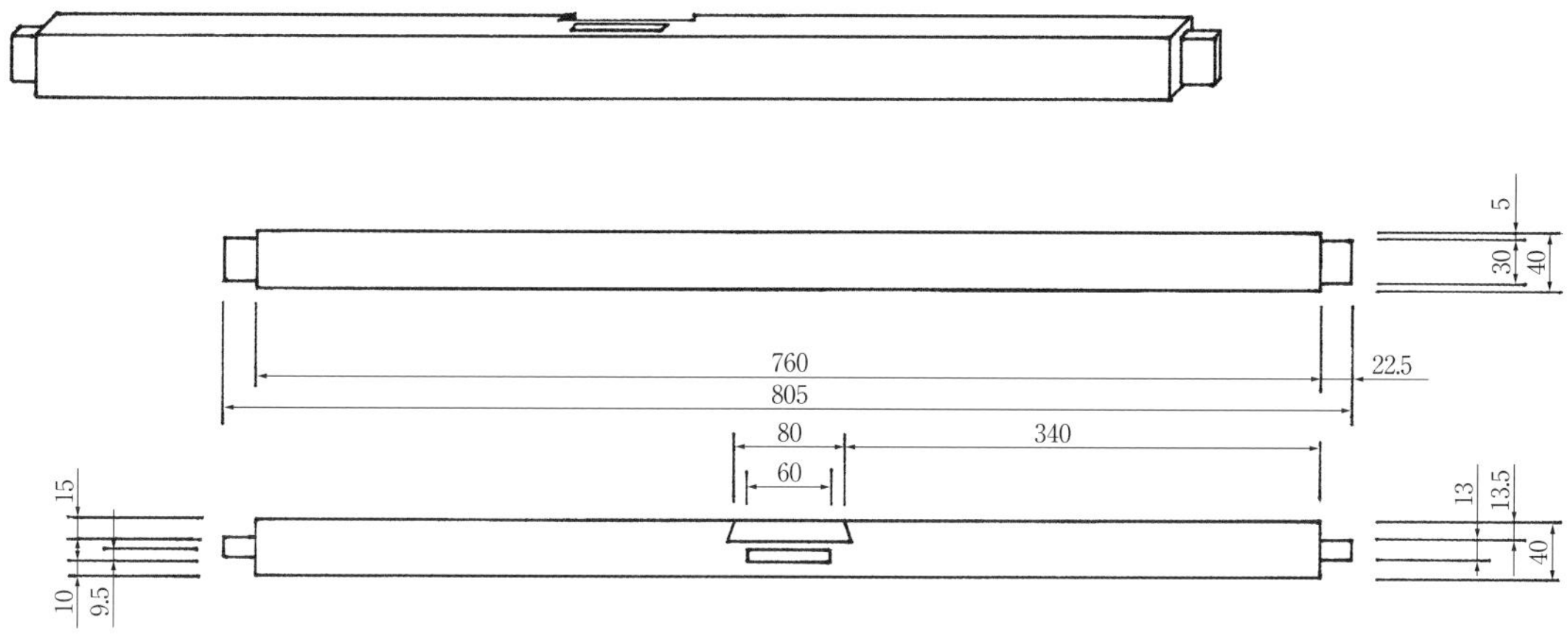

## 図面⑤後ろ貫・中（1本）

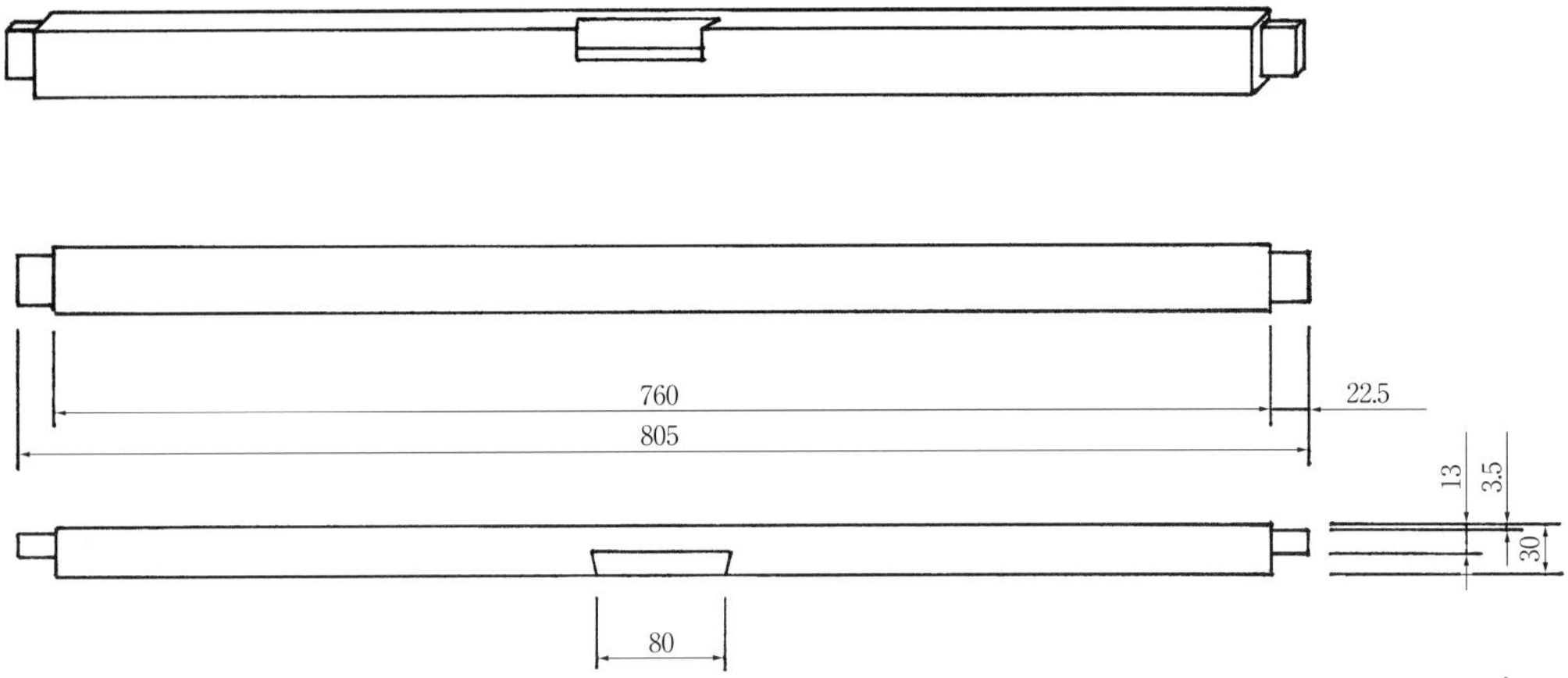


## 図面⑥前貫・下（1本）

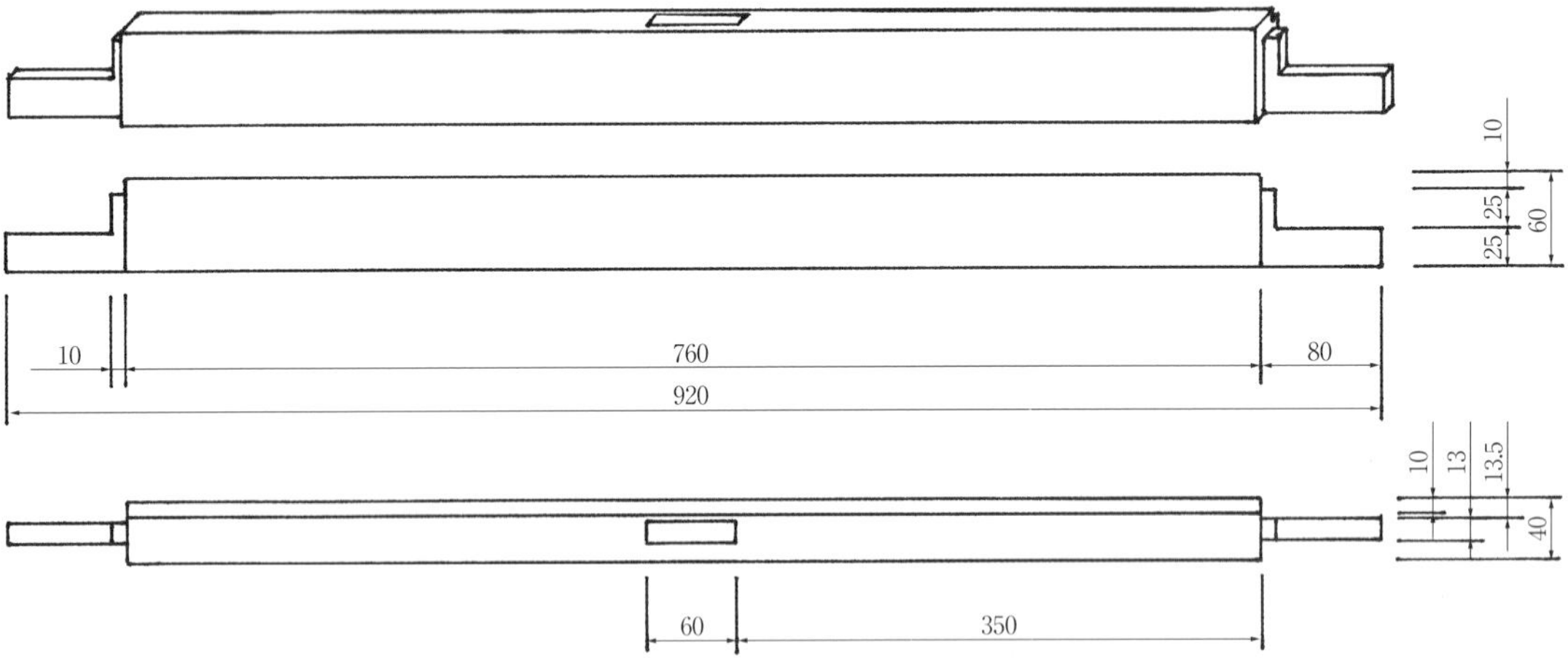


## 図面⑦後ろ貫・下（1本）

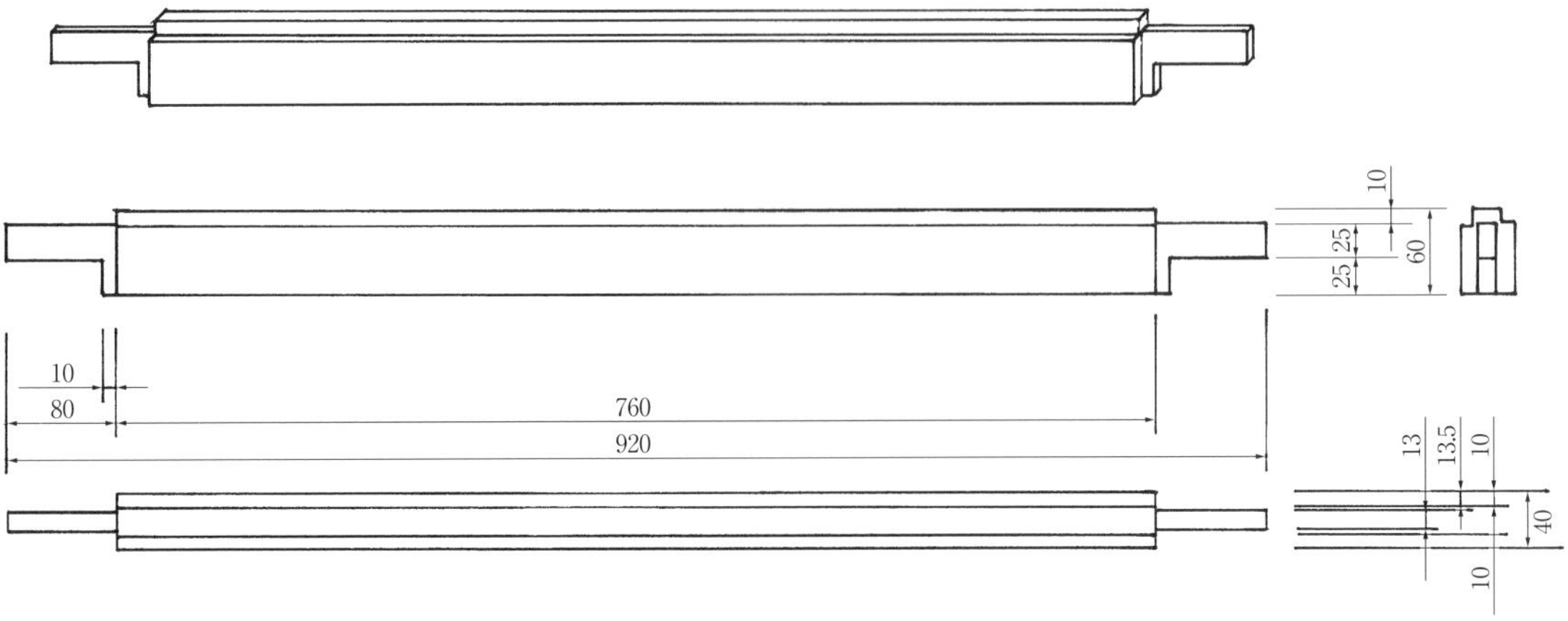

## 図面⑧引き出し仕切り（1 枚）

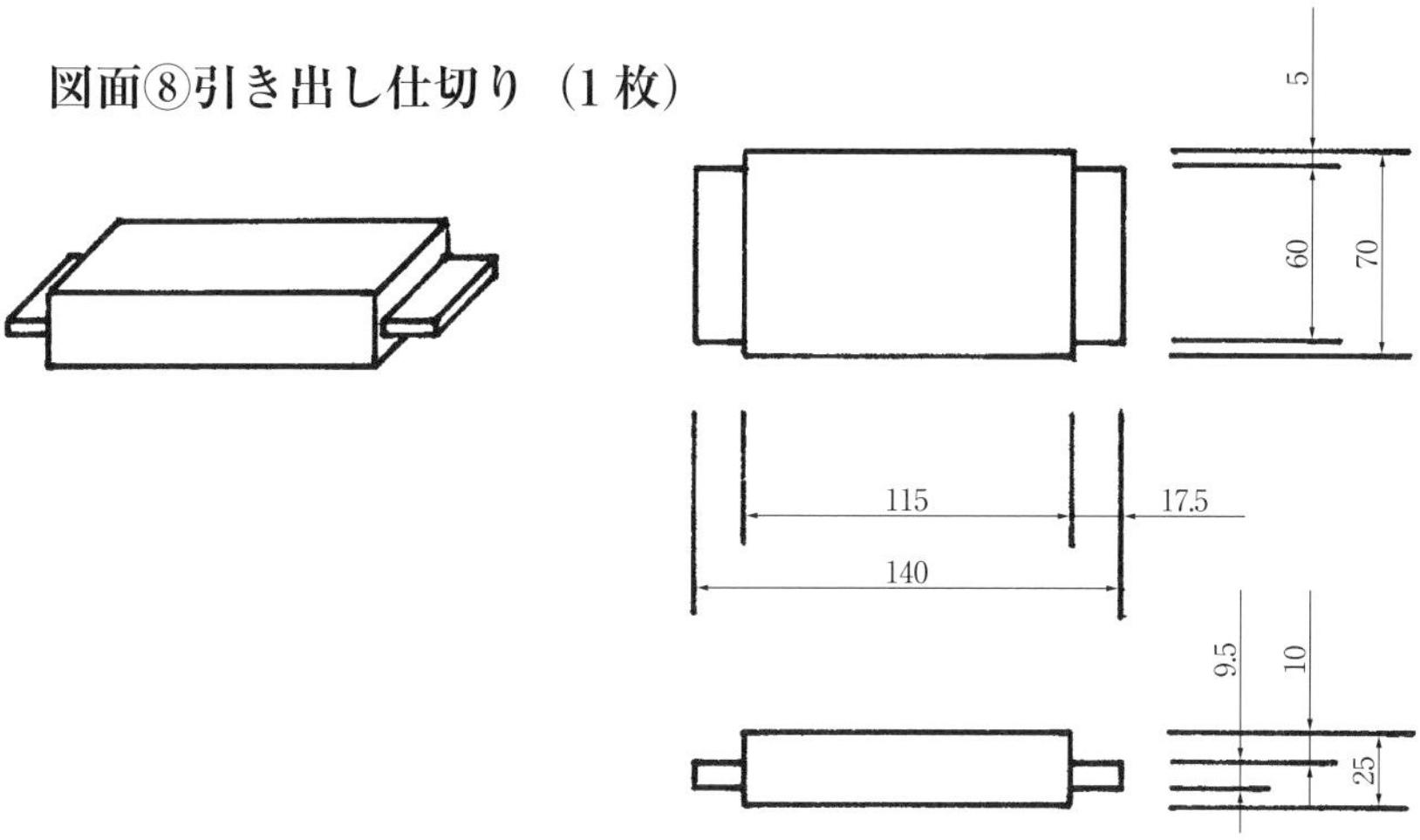


## 図面⑨扉仕切り（1 枚）

## 図面⑩引き出し押さえ（1 枚）

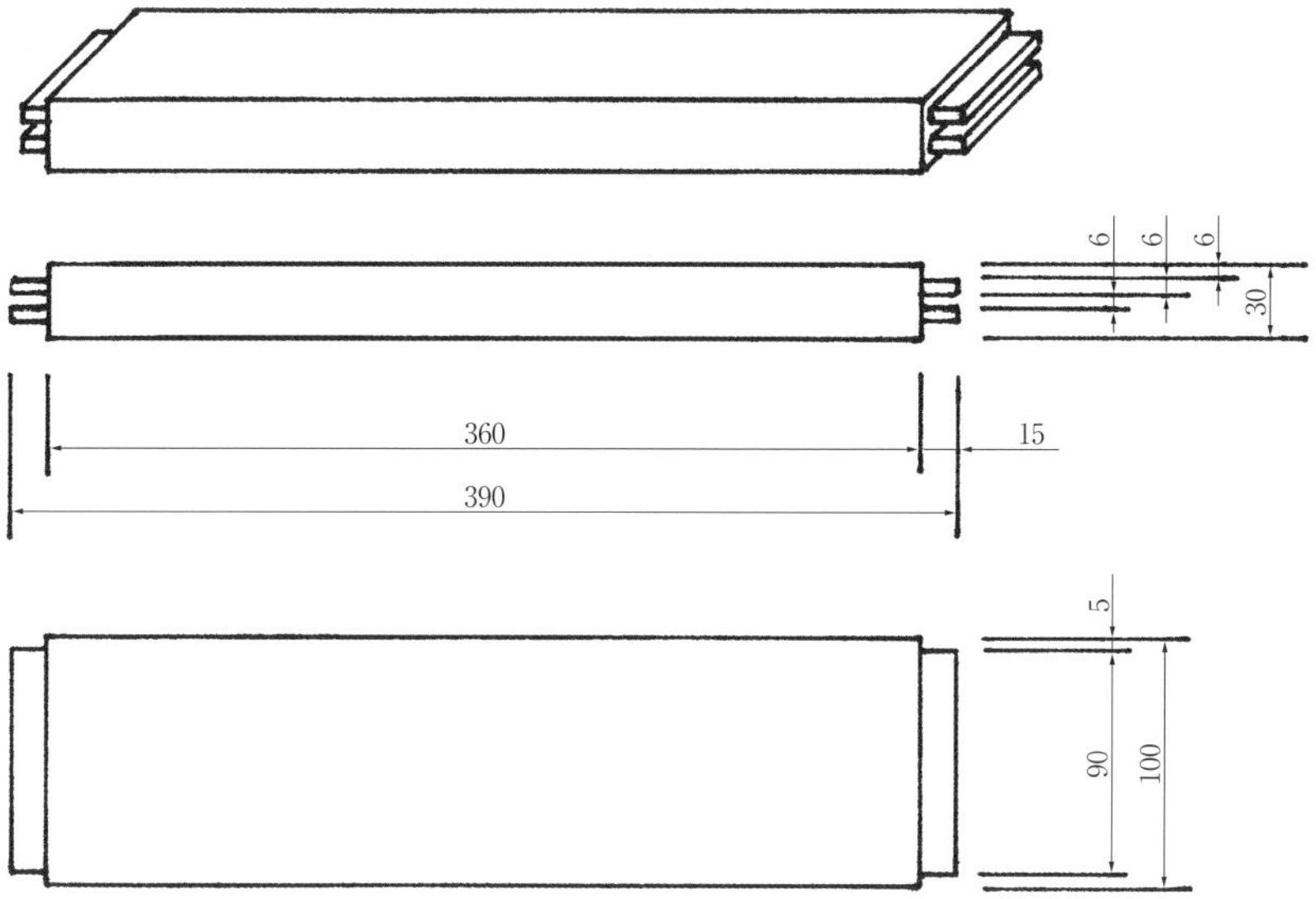


図面⑯は工程頁に掲載

## 2．引き出し受けの加工

**図面⑪**

この部分は、本体の主な部分を組み終わってから、次頁写真1～3のように、上から落とし込むように組み付けます。

引き出し受けは引き出しが乗り、常に上からの重みがかかるため、上方向に外れてくることはまずありません。前後の貫を引き付ける形でつなぐので、歪みを押さえる働きもあります。

**前貫と引き出し受けを組んだときの構造**

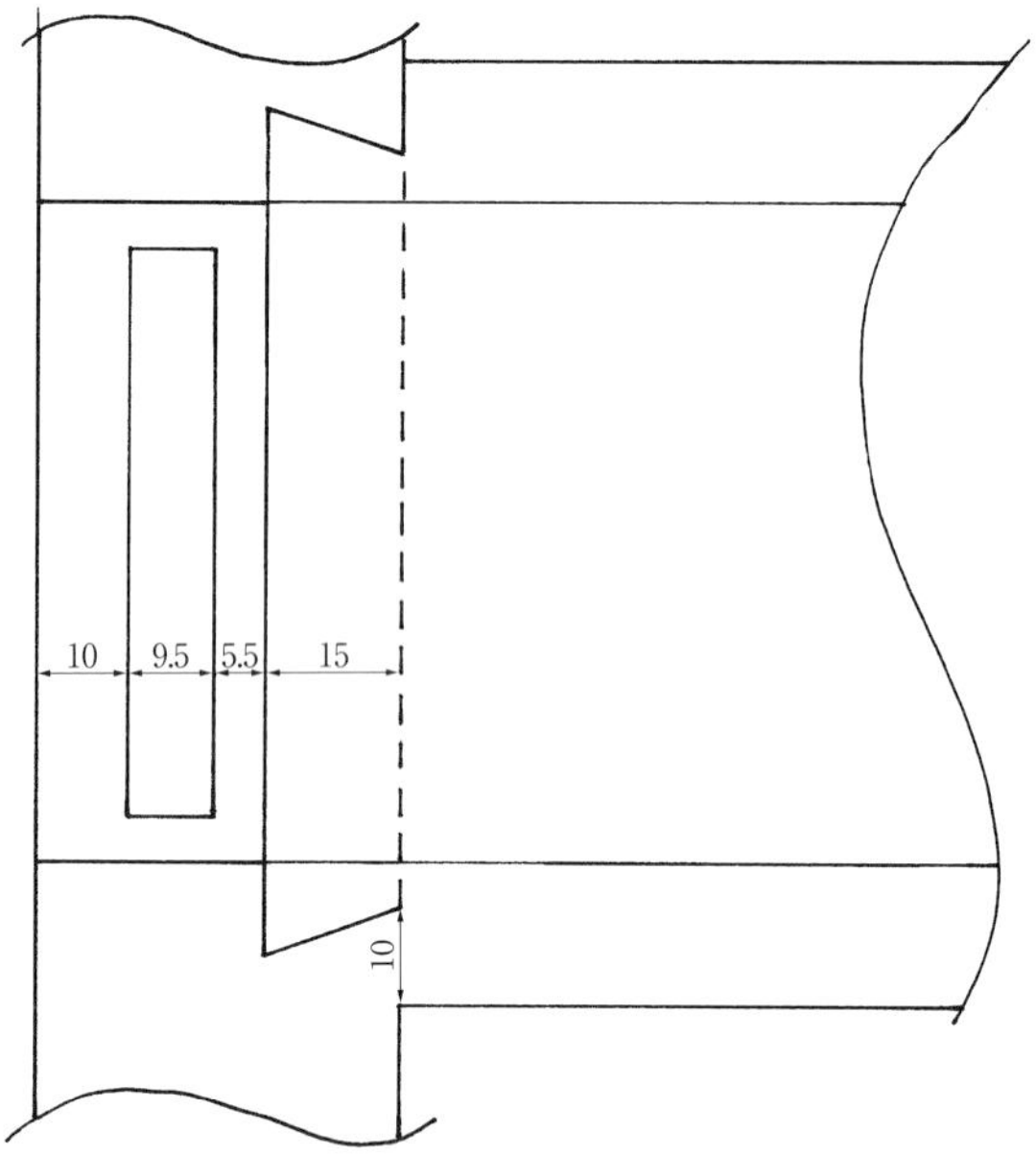


**図面⑪引き出し受け（1枚）**

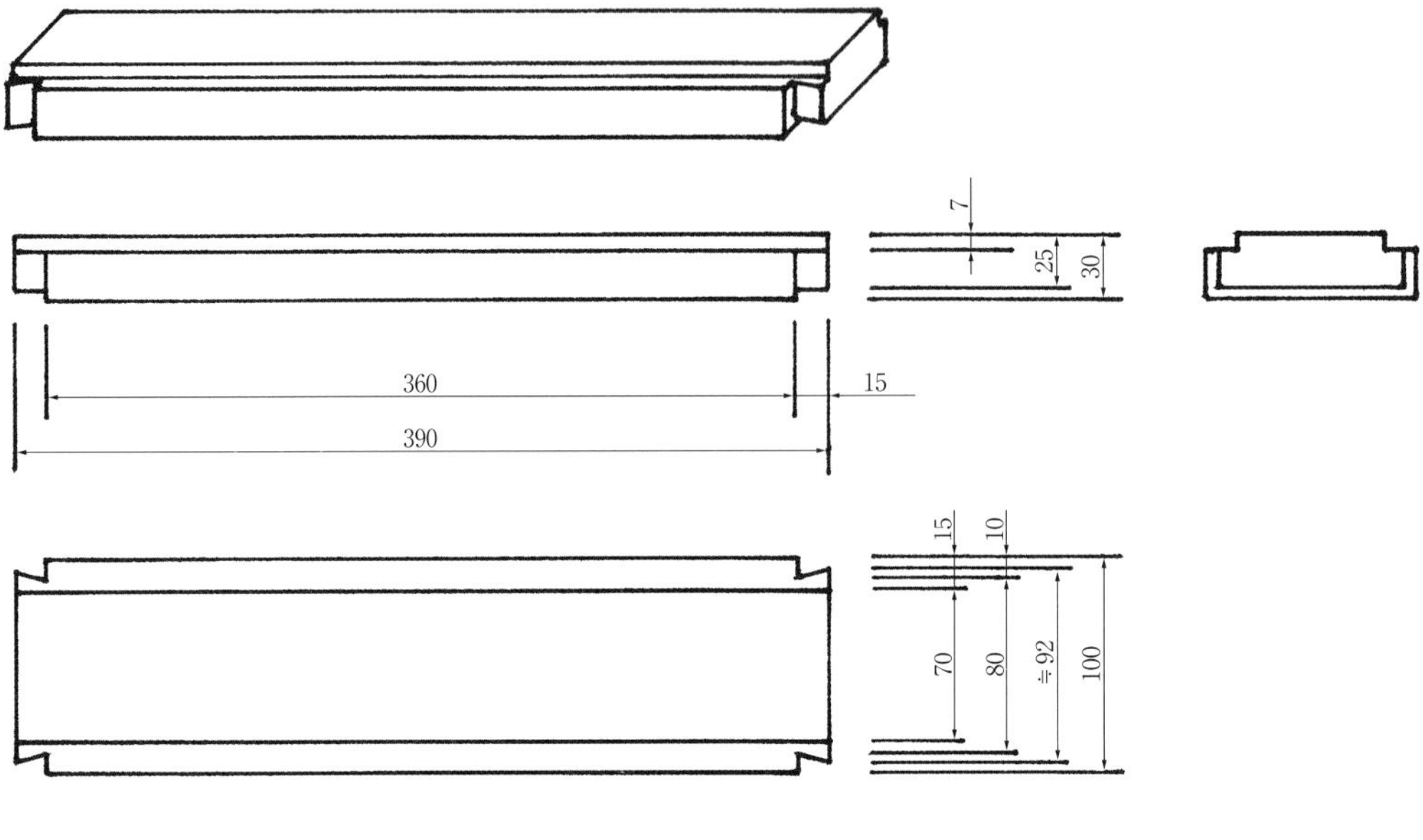

作り方は、ダイニングチェアーのアリホゾ作りと同じ要領です。自在定規を使って、アリ組み部分の雄木・雌木にスミ入れをし、アリ溝はノミまたはルーターで、アリホゾはノコギリとノミで加工します。ちょうどよい固さに作ってください。軽く叩けば入る程度がよいでしょう。

アリができたら、前の貫に合わせ、引き出しの下になる貫と、引き出し仕切りからはみ出る部分をしゃくり（削り）、引き出しの側面のガイドになるように調整します。

アリホゾを加工したもの

（写真1）

（写真2）

（写真3）

**前貫と引き出し仕切り・扉仕切りを組んだときの構造（断面）**

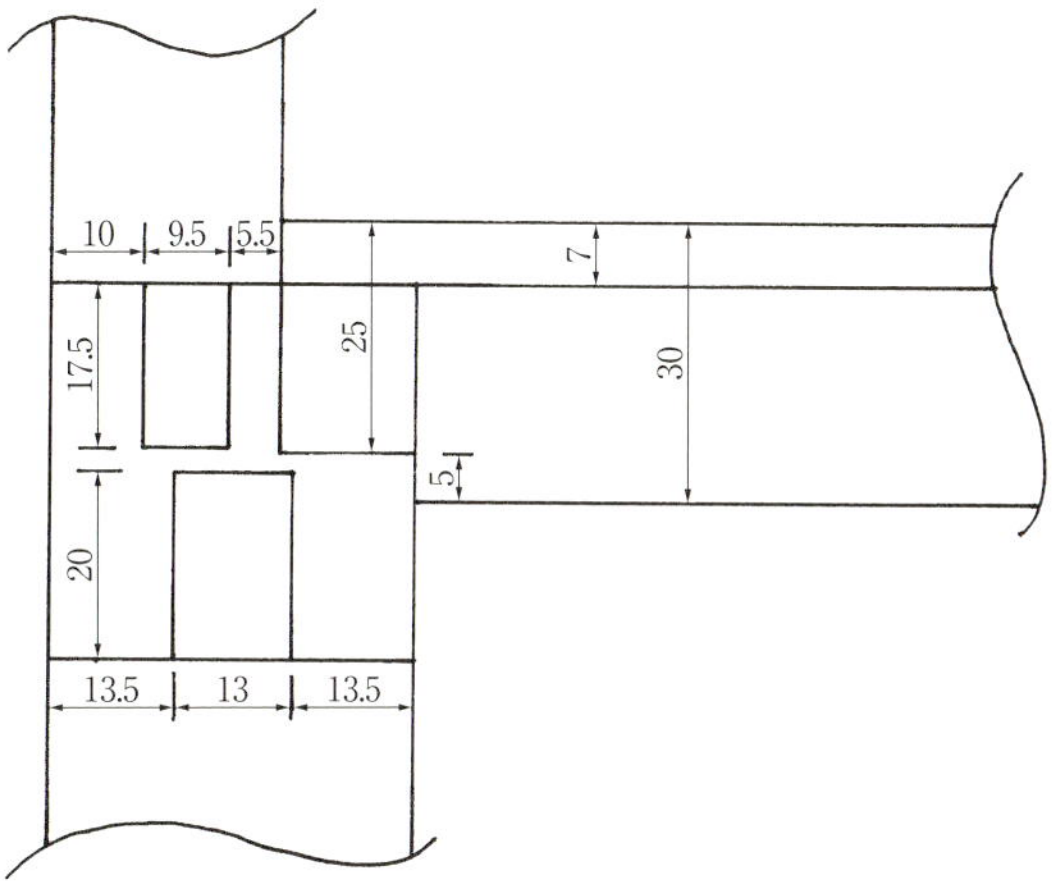

## 3. パネル・裏板・棚板の溝を掘る

パネル・裏板・棚板を入れる部分に、溝を掘ります。

溝部分にはケビキを使ってスミ入れをし、ノミ、あるいはトリマーや溝切りカッターを使って溝を掘ります。

KAKIでは、丸ノコ昇降盤を使い、溝の幅に合った刃を付けて作っています。

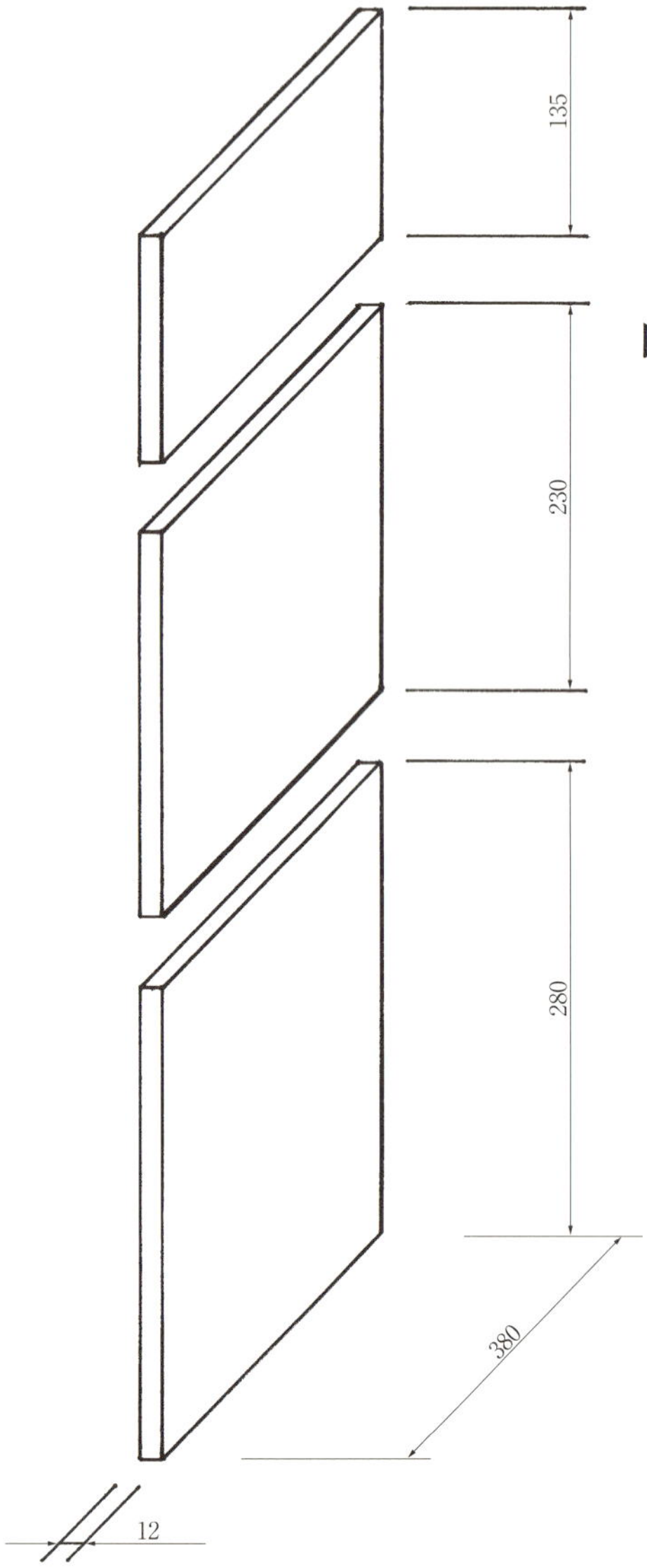


図面⑯側パネル

## 4. 側パネルを作る

側パネルは、溝に材料を当て、溝に合わせて板の厚みをカンナで削って揃えるようにします。パネルは上から3枚ありますが、木目が揃うように、1枚の板を厚み・幅を合わせてから3枚に切り分けると、美しく仕上がります。

上下の長さはあまり変わりませんから、ちょうどの大きさでよいのですが、幅は湿気で伸びますので、左右を各1㎜ほど狭く作るとよいでしょう。

組み立てるとき溝の角を壊さないように、面取りをしておきます。

# 下部を組み立てる

パーツが出来上がったら組み立てにかかりましょう。ここまで長い工程をかけて作ってきたパーツです。傷つけたり、間違えたりしないよう、部品の位置、向きを確認しながら組み立てるようにしましょう。また、脚にはいろいろなホゾが混在しています。均等に組み込むよう注意してホゾを入れてください。斜めに組み入れてしまうと、ホゾがホゾ穴を壊す場合があります。パーツが組み上がっていく過程で、こまめに直角に組まれていることを確認してください。

うまくホゾが入っていないなどの理由で直角が出ていないと、組み上がったときに傾き、ねじれの原因となり、ガタついたり、引き出しや扉がうまく収まらないなどの問題が出てきます。早く組み上がりを見たいところですが、慌てず慎重に。

1 両方の側パネルから組んでいきます。まず、脚と側貫を組み、パネルを入れて、しっかり組みます。

2 パネルを入れたら、もう片方の脚を挿し込み、叩き込みます。

3 続いて前後の部分を組みましょう。前貫・下に扉仕切りを挿し込み、前貫・中を挿し込みます。

4 続いて引き出し仕切りを組み、前貫・上を組みます。

5 引き出し押さえを組み、後ろ貫・上を組み合わせます。

6 組んでおいた側パネルに5で組んだ部分と、後ろ貫・下を組み付けます。

7 もう片方の側パネルを組み付けます。

8 前後の貫は通しホゾではない（止めホゾ）ので、クサビを打ち込む代わりに、ハタガネで締め、隙間ができないようにしっかり圧着します。（ただし、無理に締めると全体がねじれてしまうので、注意しましょう）。

9 圧着が終わったら、あちこちにスコヤを当ててみて、脚と貫の角度がすべて直角であることを確認します。もし直角が出ていない場合は、ハタガネを調整したり、傾きと反対方向に力をかけて直角に合わせてください。

10 土台が組み上がりました。

**11** 通しホゾの部分の、飛び出したホゾを切り取り、クサビを打ち込みます。

**12** **13** 引き出し受けの落としアリを入れましょう。接着剤を塗り、アリを落とし込みます。前後ともきれいに入りました（写真１・２）

写真１

写真２

**14** 前貫は細くて長いので、アリが少しきつい場合は、叩き込まずにクランプで締めて圧着するとよいでしょう。

15 16 最後に、左右の引き出し受けの貫に、前後の脚の内ノリに合わせ、10㎜程度の厚みの板（ガイド）を打ち付けます。

このガイドは、引き出しを出し入れするとき、引き出しが横にぶれてガタつくのを止める役目を果たします。

17 18 脚の上部の飛び出た部分は、貫の上面に合わせてスミを入れ、ノコギリで切り取ります。

このとき、決して線より下を切らないように気をつけてください。天板を置いたときに隙間ができてしまいます。

19 20 最後に、脚と貫の上部が揃うようにカンナで平らに削ります。

15

16

17

18

19

20

写真1

写真3

写真2

## 1. 吸い付き桟を作る

下部を組み立てたら、天板を脚部に取り付けるための「吸い付き桟」を作ります。

この吸い付き桟は、少し堅い木を使用すると、細くても割れないので、ナラやタモなどの堅木を用いるとよいでしょう。吸い付き桟は天板の反りを防ぐだけでなく、取りつき部分がアリ溝になっているので、板の伸び・縮みに対応し、割れも防ぎますから、長年使い続ける家具にはよい構造です。

写真1のようなアリ桟を作ります。アリ桟は、1本の角材にアリホゾ加工をしたものです。アリは10㎜程度の厚みにし、本体に取り付ける部分は、前後の貫より0.5㎜程度狭くなるように加工します。アリはなるべく長さが欲しいので、前後の貫にかかる長さで作り、貫と交わる部分を欠き取ります（写真2）。アリ溝に入る部分は面取りをします（写真3）。

図面⑰天板

## 2. 天板の加工・取り付け

次に、天板を図面の通りに加工します（縁の飾りの加工は取り付けたあと）。カンナで平らに削り、厚み・幅・長さを図面の寸法通りに揃えたら、アリ桟を取り付ける位置に合わせてアリ溝を掘りましょう（前頁写真1）。アリ溝の掘り方は、ダイニングチェアーのアリ溝掘りと同じです（90〜93頁参照）。ルーターかトリマーを使えば、早く正確に仕上げることができます。

1 溝を掘ったら、カンナで仕上げます。天板は木裏を表に出すようにしましょう。

2 天板の加工が終わったら、吸い付き桟を挿し込み、当て木を当てて叩き込みます。

3 吸い付き桟が入ったら、ずれを防ぐために、1か所だけビスを打ちます。

4 天板を本体に乗せ、内側から木ネジで止めます。このとき、木ネジを斜め下方向に向かって入れると、吸い付き桟が下方向に引っ張られるので、天板と脚部をピッタリと隙間なく取り付けることができます。

5 天板にカンナをかけて仕上げます。上部の棚を置くので、しっかり平らに仕上げましょう。

6 天板の取り付け完了です。

## 3. 天板の縁に飾りを彫る

天板を取り付けたら、縁に飾りを彫りましょう。

1 まず、縁に飾り部分のスミ入れをします。丸く削る部分は型紙を使い、しゃくる部分はケビキを使ってスミ入れをします。

2 縁の部分を、溝切りカッターで20㎜幅・3㎜の深さにしゃくり（削り）ます。トリマーでもよいでしょう。

3 縁を削ったところ。

4 次にカーブの部分を加工します。まず、電気カンナなどで、角を落とします。

5 角を粗取りしたところ。

6～10 ノミとカンナを使って、丸く削っていきます。

最後にサンドペーパーで丸く美しく仕上げます。砂で刃物を傷つけないよう、天板を仕上げカンナで仕上げた後に作業しましょう。

2

3

4

5

6

7

8

9

10

## 4. 棚板・底板を張る

最後に底板・棚板を張ります。底板は6枚の板を「相ジャクリ」で、より強度を要する棚板は3枚の板を「本ジャクリ」を用いて貼ります。

棚板・底板は図面を使わず、下部が組み上がってから実寸をとって加工します。

底板は、木が湿気でふくらむと外れてしまうので、全部組んだとき、左右に1㎜ずつ隙間ができるように加工します。加工の段階で狭めにするか、または最後の1枚を貼るときにカンナで削って調整してもよいでしょう。

1 底板を張っていきます。板を受けるところに接着剤を塗ってはめ込んでいき、釘で固定します。釘を打つ部分にはあらかじめ、錐で下穴を開けておきましょう。

2 収納するときに食器が釘に触れないように、釘の頭はクギシメで打ち込んでしまいます。

3 棚板も同じ要領で貼りましょう。

1

2

3

### 相ジャクリ

板の両端を、板の厚みの半分10㎜程度、裏表交互に削り、欠き取り部分を交互に組み合わせていきます。

重なる部分の上側の板に釘を打てば、隣の板も同時に固定することができます。

この組み方は、板の伸び縮みをさまたげずに押さえつけることができ、板が縮んでも重なりの部分があることで、隙間ができません（写真1）。

### 本ジャクリ

板の片側を、板の厚みの3分の1ずつ削り、雄木を作ります。反対側は、雄木に合わせて、厚みの3分の1の溝を掘ります（雌木）。板の厚みにもよりますが、ここでは、溝の深さは10～15㎜程度にします。

雄木の根元に釘を打つと、釘が外から見えません。雌木側は雄木にはめ込んでしまうので、板が浮き上がってきません。

板の伸び縮みをさまたげず、はがれなくなります。打ちつけてしまうとはめ込めないような部分や、釘が見えてもよい部分は、板の上から釘を打ちます。

板同士がしっかりと組み合うので、相ジャクリよりも強い面ができます（写真2）。

写真1

写真2

# パーツを作る2——上部

続いて上部の制作にとりかかりましょう。

この部分は、吊り棚（156〜167頁）と同じです。同じように、材料を図面通りに加工して、正確に作りましょう。

幕板のほかに、頭と脚部分にも飾りがつきますが、脚の飾りは材料に厚みがあるので少し大変です。いずれも、よく研いだノミ、切り出し小刀や剞り小刀、サンドペーパーなどを使ってきれいに仕上げてください。

※棚板・幕板の加工は、吊り棚159〜163頁、組み立ては166頁を参照してください。

**【材料の下準備】**

板の下ごしらえ（59〜61頁参照）

図面①側板（2枚）

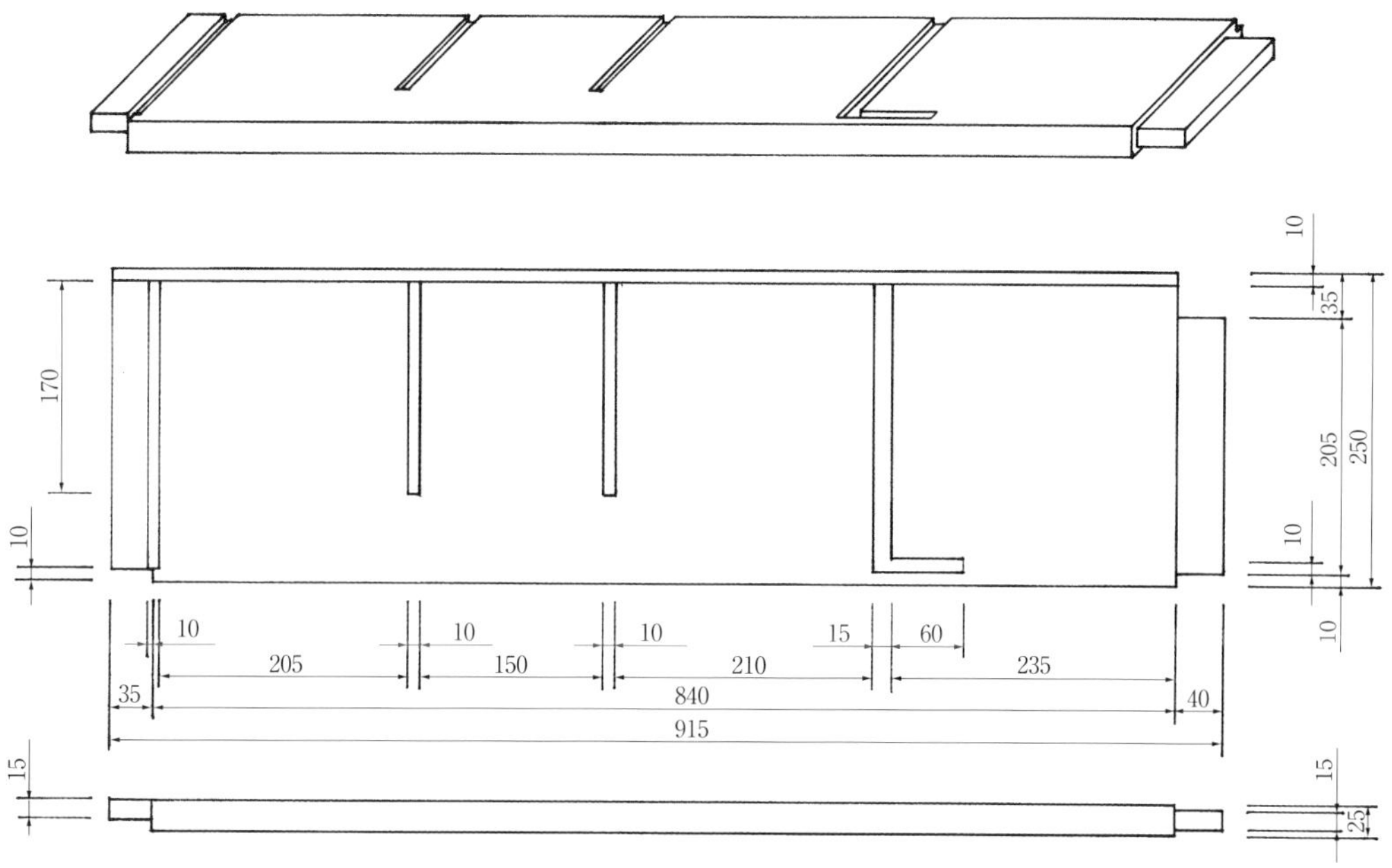


図面②天板（1枚）

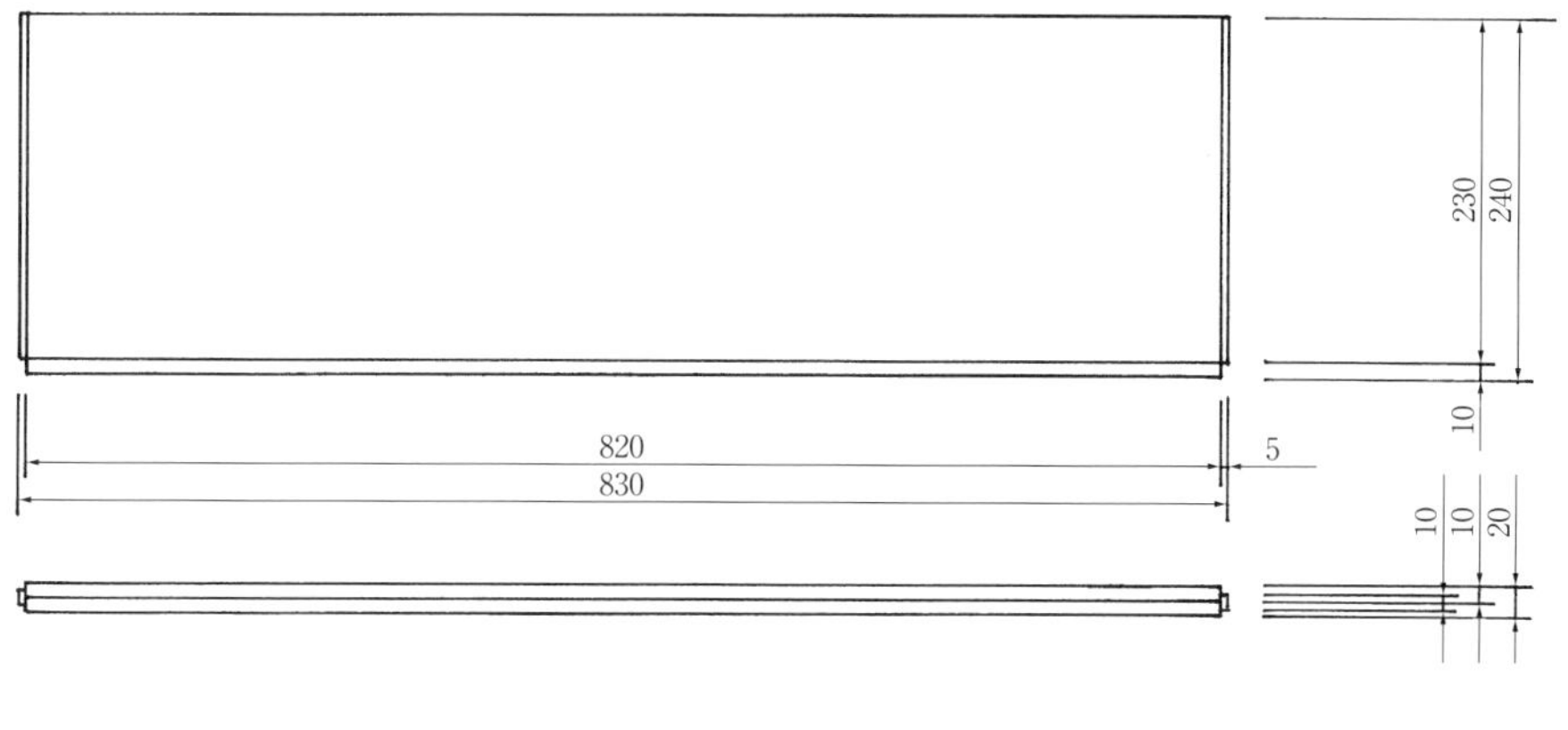

## 図面③棚板・下（1枚）

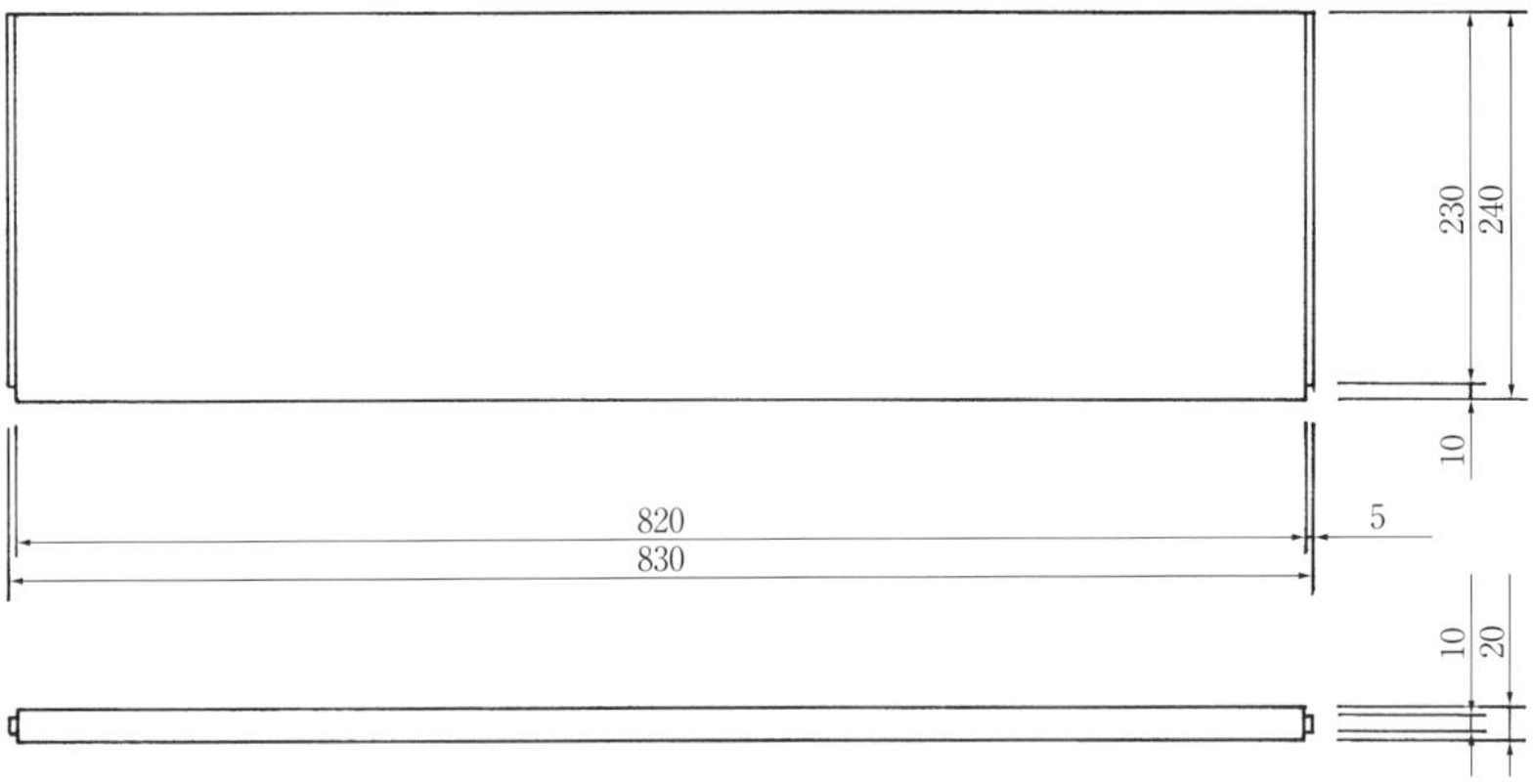


## 図面④棚板・中（2枚）

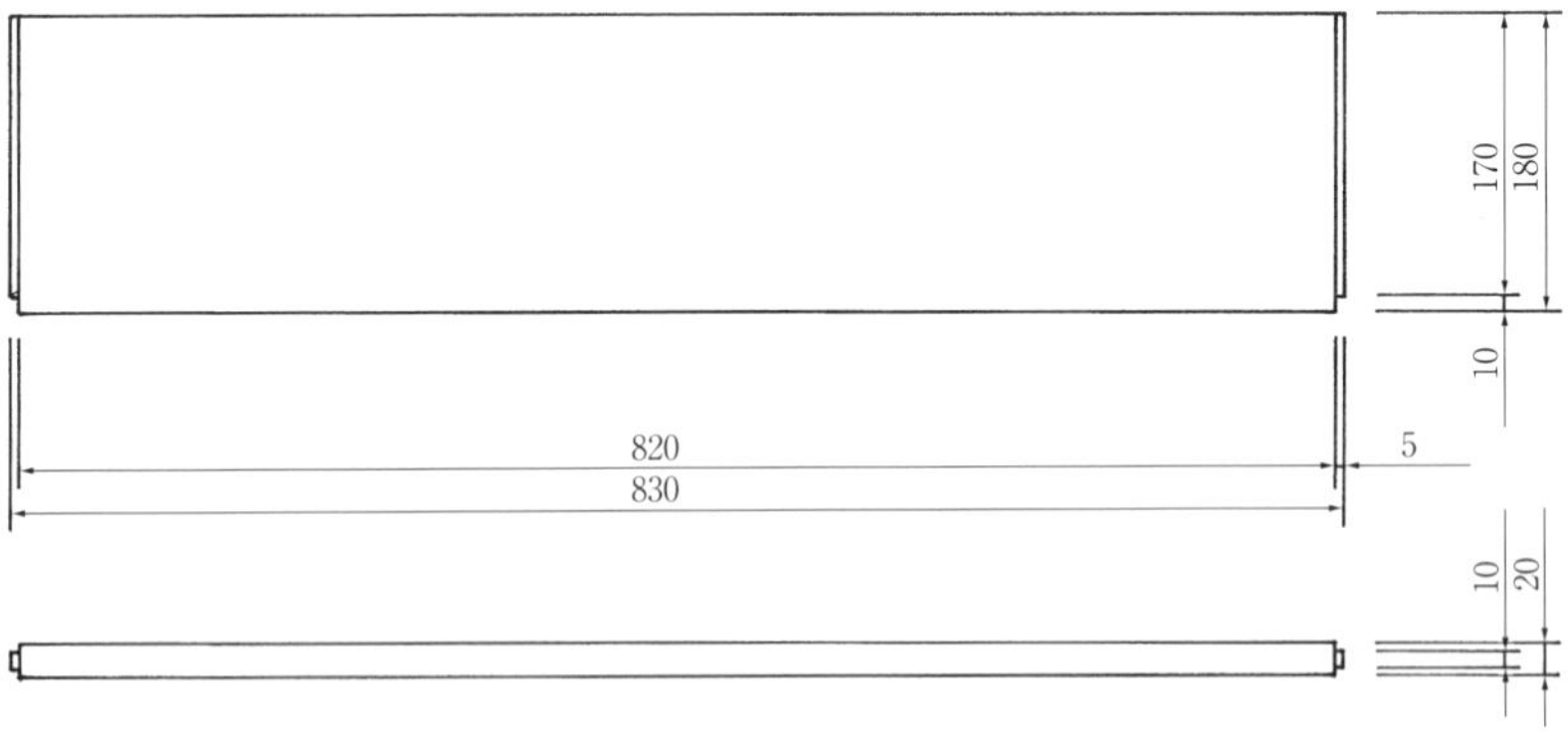


## 図面⑦棚幕板（1枚）

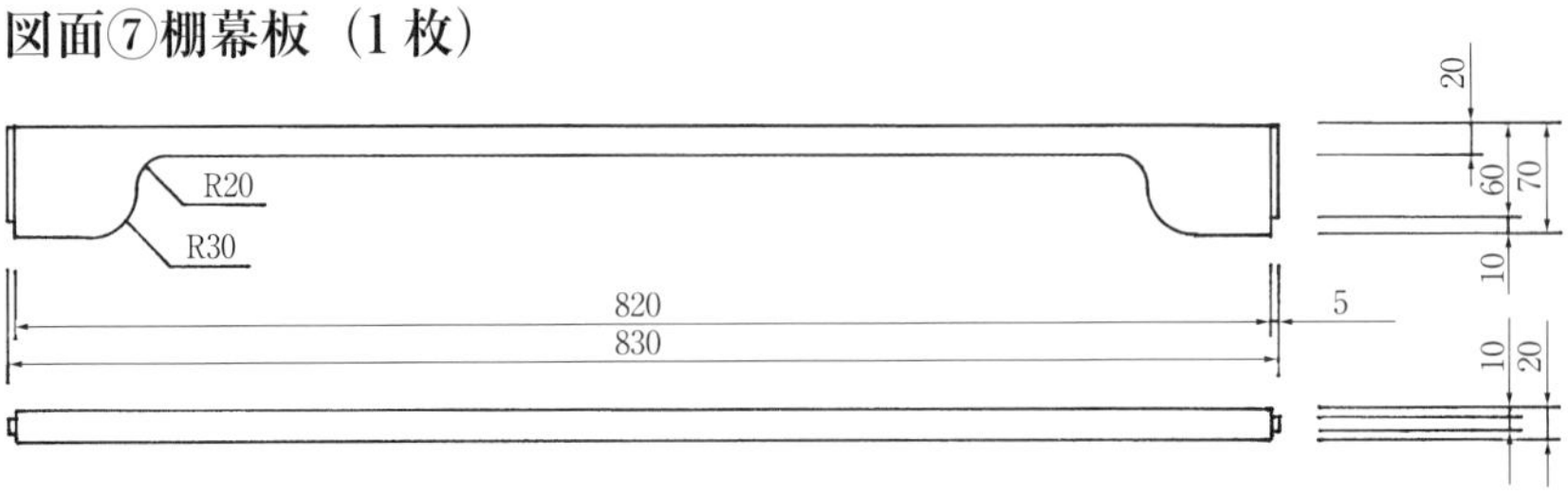

図面⑥脚・後部（1本）

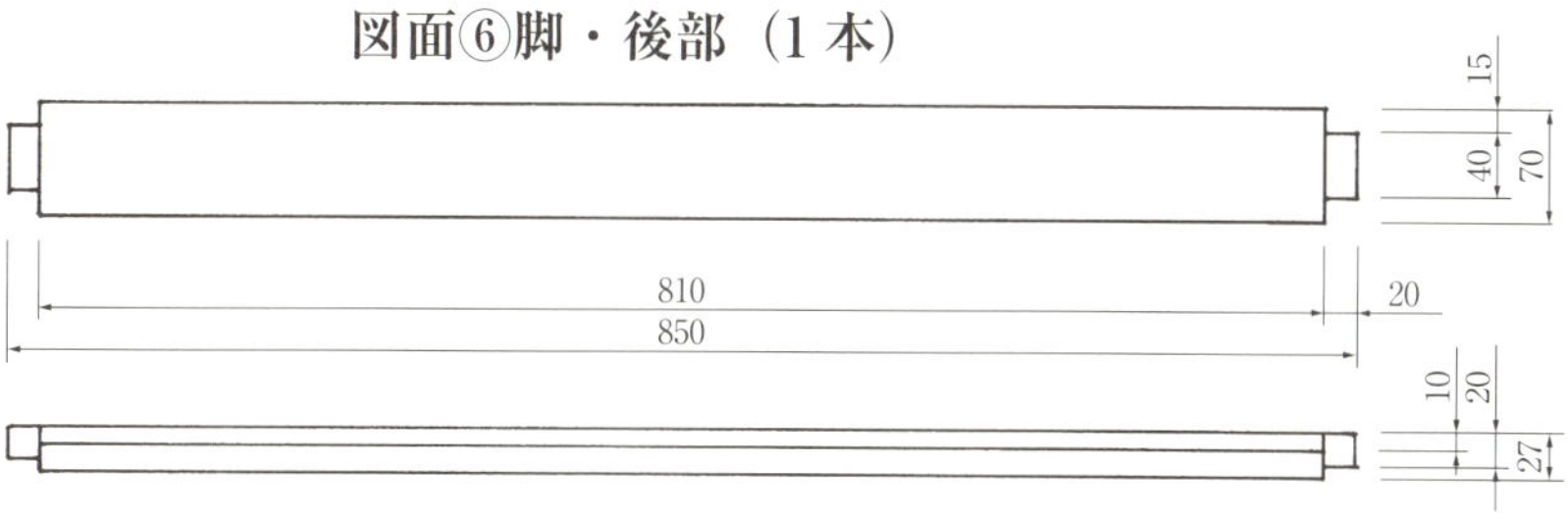


図面⑤脚（2本）

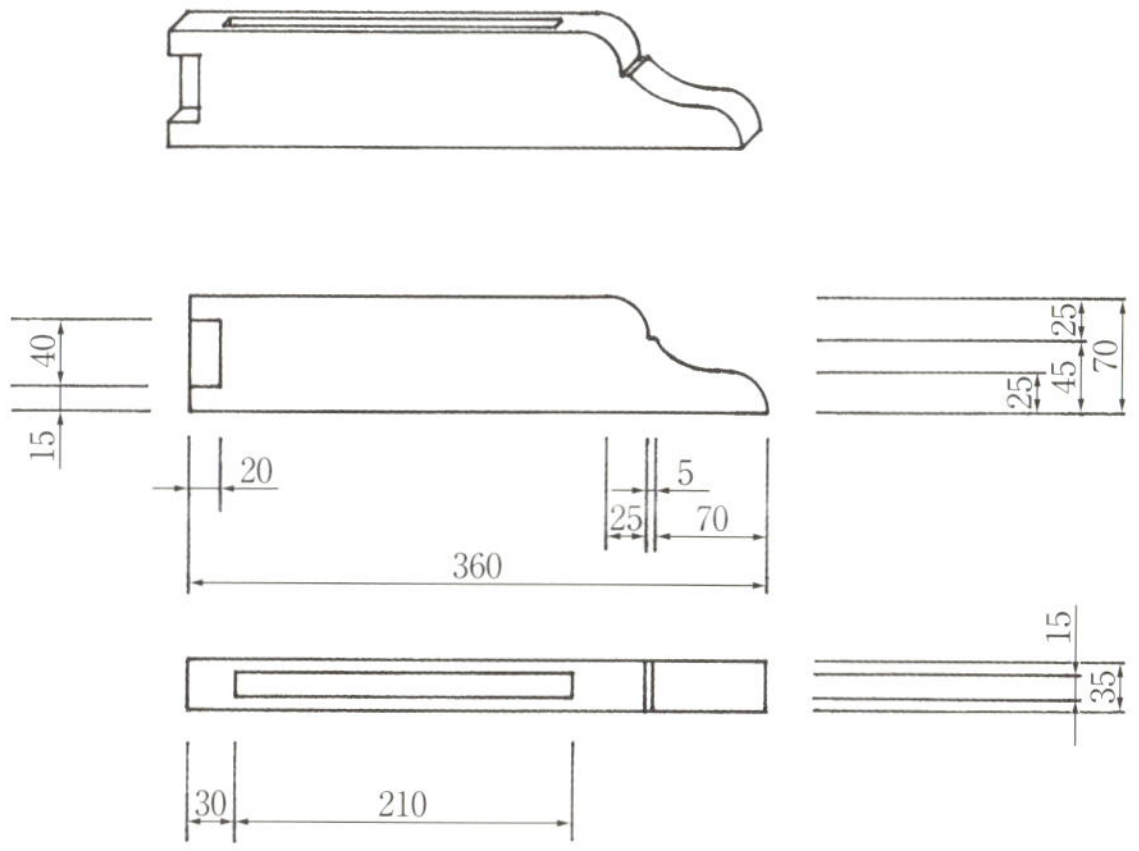


## 図面⑤脚、⑥脚・後部

飾りの加工は、ダイニングチェアーの背もたれの加工と要領は同じです。

材料をバイスでしっかり固定して、写真1～6の手順で行います。

| | | |
|---|---|---|
| 写真3 | 写真2 | 写真1 |
| 写真6 | 写真5 | 写真4 |

## 1. 棚・脚部分の加工・組み立て

棚部分は166頁の要領で組み立ててください。組み立てたら、脚を取り付けます。

脚は、9㎜径の下穴を深さ15㎜ほど開け、接着剤は使わずに取り付けます。木目方向の関係で、縮む量が異なりますから、接着してしまうと割れなどの問題が起きるからです。

1 脚を二つ揃えてスミ入れをし、ドリルで9㎜径の下穴を深さ15㎜ほど開けます。

2 左右の脚を挿し込んでから、後ろ脚を組み付けます。

3 上部が組み上がりました。ビス穴は丸棒で埋めます。

上部飾り前側・内ノリ約850mm（実寸）

上部飾り横側・内ノリ約250mm（2本）

## 2. 頭に飾りを付ける

続いて、頭に飾りを付けましょう。

飾りの材料は、図面⑧⑨⑩のそれぞれのパーツを図面のような形に加工してから、端を45度の角度で切ります。

飾りの加工はトリマーを使うと簡単にできます。サンドペーパーでなめらかに仕上げてください。

## 図面⑧⑨⑩カーブの寸法

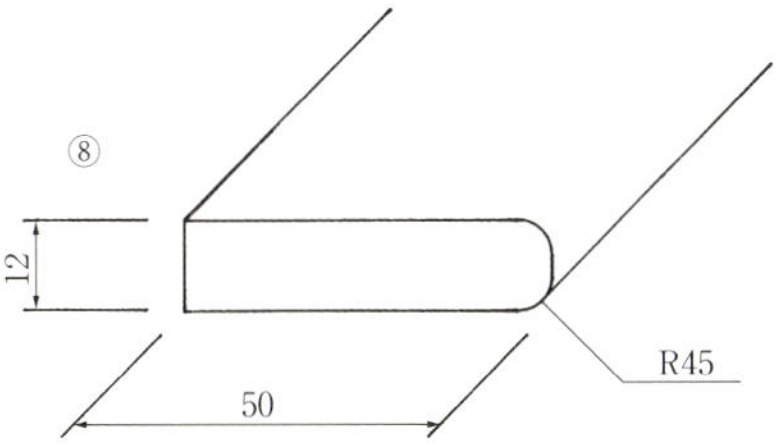


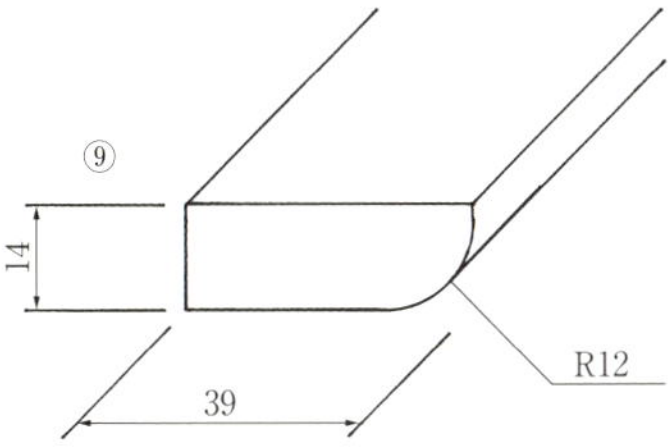


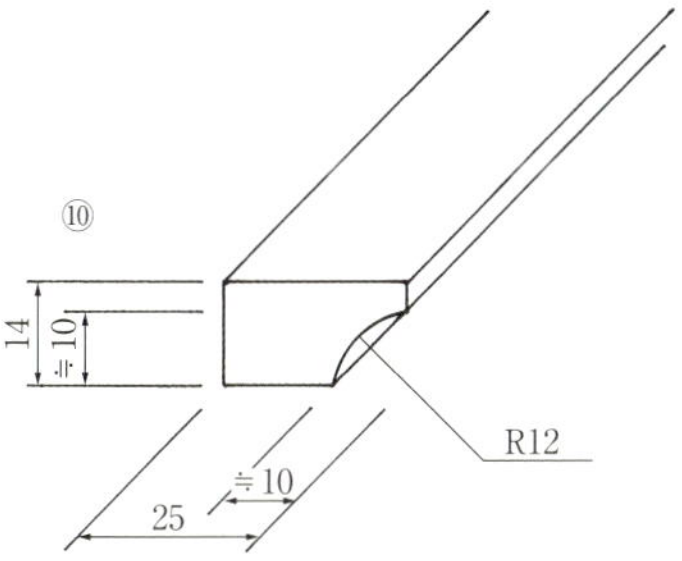


## 図面⑧⑨⑩上部飾りの断面図

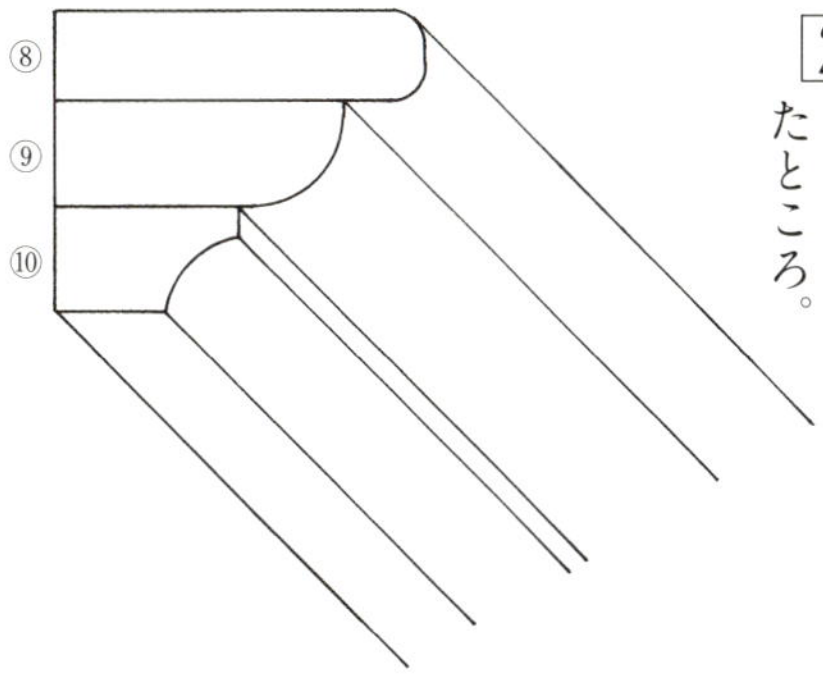


1 各パーツを図面のような形に加工したら、長辺と短辺が合わさる角の部分を45度の角度で切ります。角度を合わせたとき、ピッタリと隙間なく90度になるようにしてください。

2 一番下の、上部飾りを本体に合わせたところ。

3 本体に取り付けていきます。まず、上部飾り⑩を、接着剤と木ネジで本体に付けます。その上に、上部飾り⑨を同様に取り付け、飾りの間に隙間が開かず、外れないようにします。ここまでは少し多めに木ネジを使いますが、一番上の上部飾り⑧は、木ネジがうるさくならないように、接着剤だけで取り付けると、見た目が美しく仕上がります。そのとき、木工用瞬間接着剤を使うと、仕上がりがきれいです。

4 余分な部分を切り取り、切り口を一枚刃のカンナで削って仕上げます。

5 飾りが美しく仕上がりました。これで上部棚部分の完成です。

1

2

3

4

5

# パーツを作る3 図面・材料表

## ——引き出し

引き出しは、高い精度が求められるものの一つです。

まず引き出しが入る本体側が、ねじれなくきれいに組まれていること。そしてその本体にスムーズに出入りするように作らなくてはいけません。引き出しがきつければ動きにくく、緩ければガタつきが出て、これも動きを悪くします。また、きれいに組まれていなければうまく収まりません。工程の中では、うまく収まるように、カンナで少しずつ削って調整する部分が出てきます。削り過ぎて緩くなってしまわないように、慌てずこまめに確認しながら作業を進めましょう。長く動かし続ける部分ですので、きれいに、しっかり組まなくてはいけません。

また、表に見える面が大きく、その家具の顔にもなる部分です。引き出しにはきれいな材を選ぶとよいでしょう。

【引き出し分解図】

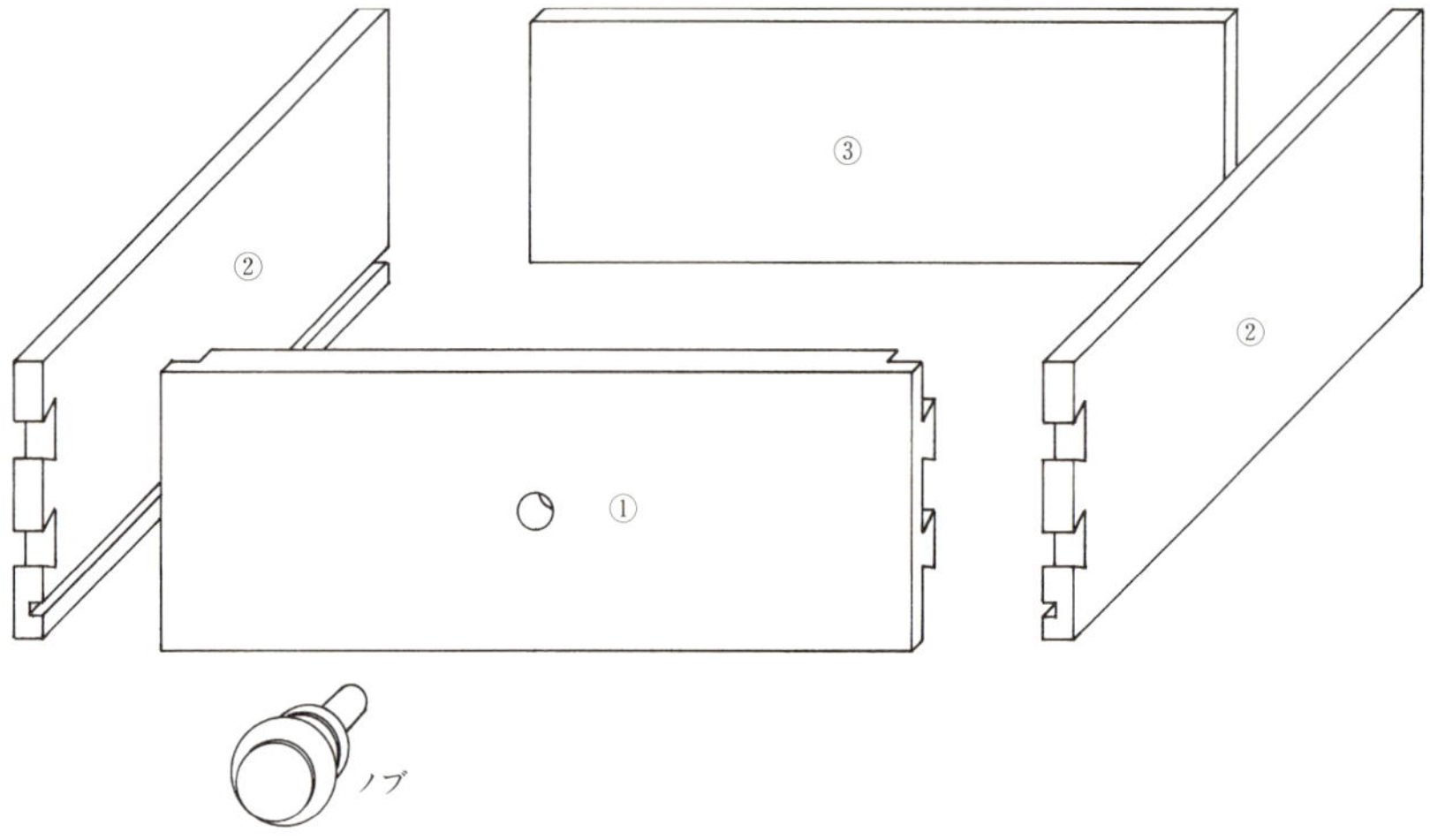


### 包みアリ組み接ぎ

引き出しの前板と側板を組むときに用いる方法です。

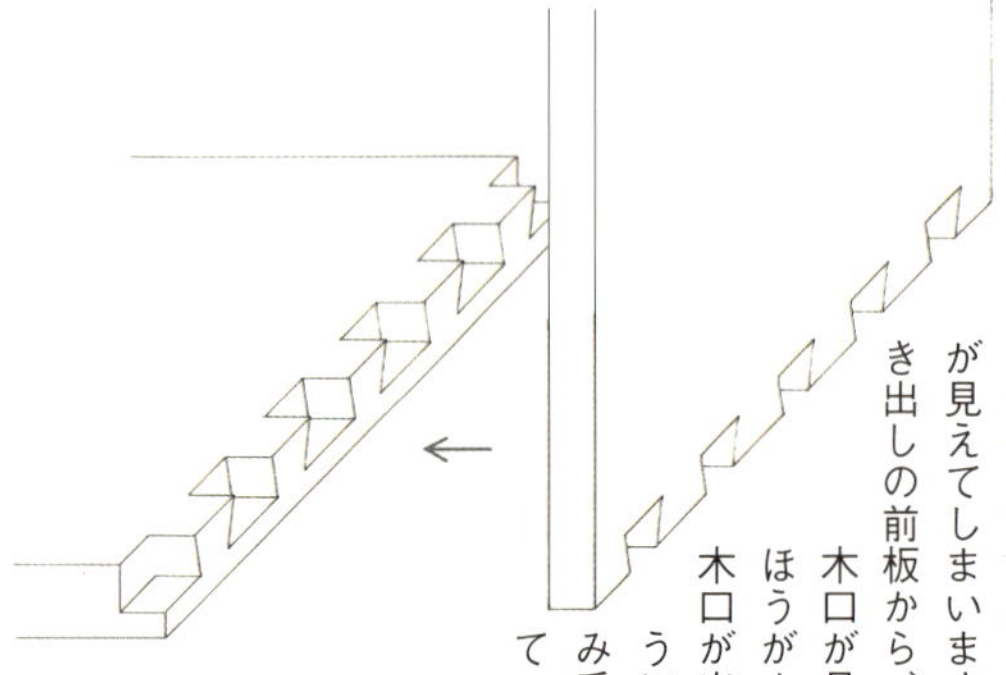

普通のアリ組みだと木口が見えてしまいますが、引き出しの前板から、側板の木口が見えないほうがよいので、木口が出ないようにこの組み手を使っています。

## 1．引き出しの加工

1 まず、前板を本体に合わせます。上下の木口は一枚刃のカンナで削り、少し余裕を持たせますが、左右はピッタリ入るように合わせます。板の直角には気をつけてください。

左右の前板は1枚の木から切り出し、木目を揃えます。これも表側に木裏を持ってくると、木が反ってきても上下が前方に出てくることはありません。よく乾燥した木を使用しましょう。

## 図面①前板（左右各１枚）

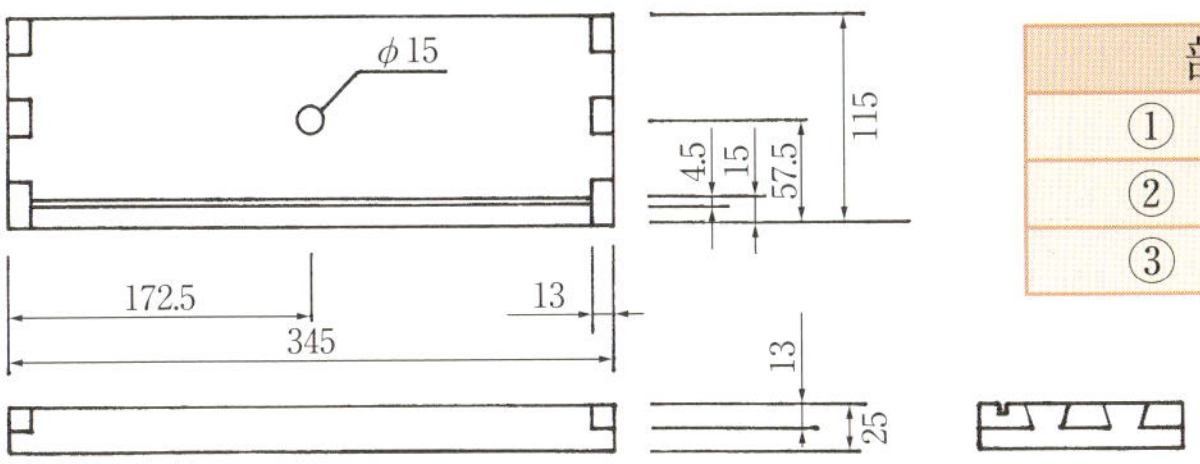


## 【引き出し材料表】

| 部品名 | 厚み × 幅 × 長さ (mm) | 数 |
|---|---|---|
| ① 前板 | 26× 115× 720 | 1枚 |
| ② 側板 | 13.5× 115× 415 | 4枚 |
| ③ 向板 | 13.5× 100× 318 | 2枚 |

※前板は、1枚の板を2枚に切り分けます。

## 図面②側板（左右各２枚）

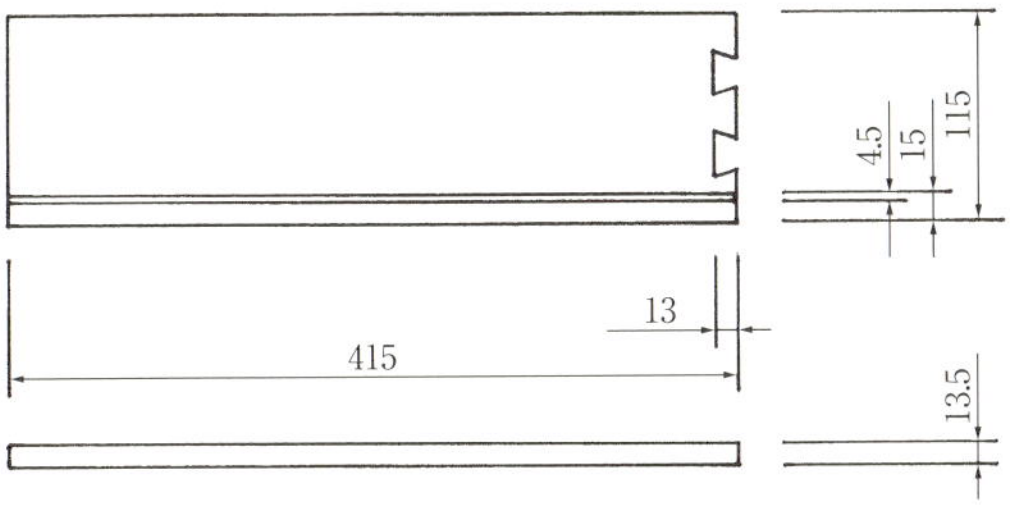


## 図面③向板（左右各１枚）

組み立て後に実寸を取って加工

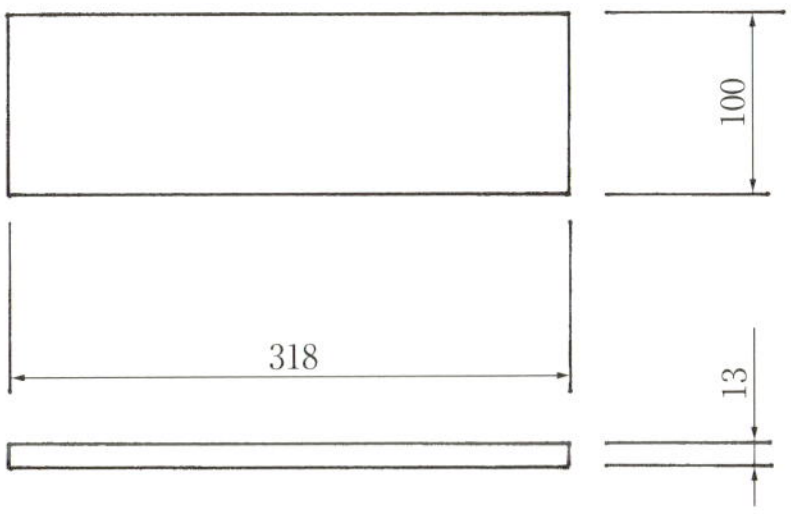


写真3

写真2

写真1

2 前板と側板に包みアリ組み接ぎのアリ部分のスミ入れをします。この仕口は強くて反りにも対応するので、引き出しのスムーズな動きをいつまでも保ってくれます。

まず、本体にピッタリ合わせた前板に、内面の寸法をスコヤでスミ入れし、そこから自在定規を使ってアリの角度（10~15度）をスミ入れします（写真1）。側板にも図のようにスミ入れをしてください（写真2）。ケビキで側板の厚さより少し浅くなるようにケ書きをします（写真3）。これでスミ入れができました。

3 削り取る部分を、ドリルやトリマーで粗取りします。ノミで仕上げますので、スミ線の内側を削ります。

4 ノミでていねいに掘り、写真のように仕上げます。角の部分は、断面が三角のとがったかたちのノミ（KAKIではアリノミと呼んでいます）を使うと、きっちりと仕上がります。

5 側板のホゾを加工していきます。まず縦の線の少し外側（こちら側に木裏を使用）を、胴付きノコで切ります。

材料はバイスなどでワークベンチにしっかり固定して仕事をすると、きれいに切れます。

6 7 切り終わったら、少しずつノミで落としていきます。前板と側板がピッタリと合うように仕上げてください。

8 次に、底板を入れる溝を作ります。底板には4㎜厚のシナベニヤを入れますので、溝の幅は4・5㎜にします。深さは6㎜ほどがよいでしょう。

溝切りカンナや、溝切りカッター、トリマーなどを使うことをおすすめします。

9 前板の中心に、ノブを取り付ける穴を開けます。まずスコヤで中心線を引き、ケビキで上下の中心を出したら、四つ目の錐で表と裏から穴を開けます（その穴がつながって貫通するようにします）。

10 その穴をガイドとして、木工用ドリルで直径15㎜の穴を開けます。

11 最後に、前板、側板の内側に仕上げカンナをかけます。前板の下の部分は多めに落としておきましょう。長年引き出しの開け閉めをして側板の下の部分がすり減ってきても、前板がスムーズに入るようにするためです。

これでパーツの完成です。

## 2. 引き出しを組み立てる

接着剤を付け、さっそく組み立てていきましょう。

[1] 前板と側板を組みます。

[2] [3] きれいに組めました。スコヤを当てて、直角になっているか確認しましょう。

[4] 釘を打ち込む部分にドリルで下穴を開け、頭を叩いて平らにつぶした釘を打ち込みます。

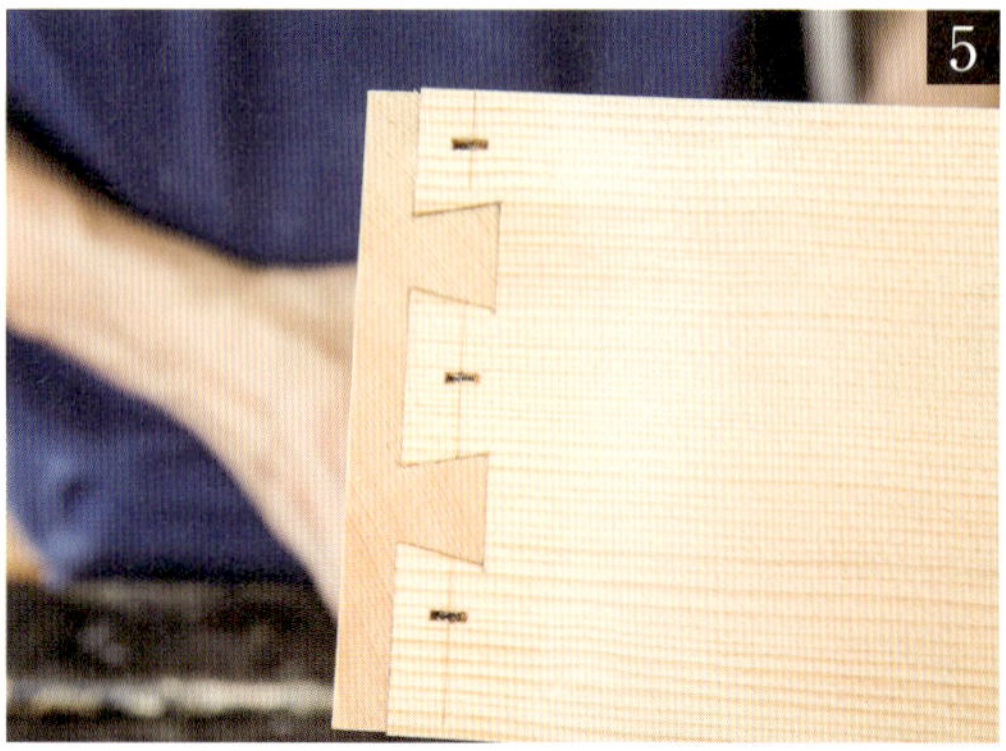


[5] 頭が出ている状態で止め、ペンチなどを使って、飛び出した釘の頭の向きを、側板の木目の向きに揃えます。揃えたら最後まで打ち込み、クギシメでさらに奥まで打ち込みます。

[6] 側板の前板よりやや出っ張った部分をカンナで削り、本体にスムーズに入るようにします。本体にじっさいに入れて、調整しながら仕上げましょう。

7　底板を入れます。底板と向板は、前板と側板を組んでから、実寸をとって加工するようにします。

底板は少し幅を狭めに切り、向板は前板の内ノリと同じ寸法になるように切り、カンナで仕上げます。

8　底板を溝に挿し込み、向板を組んだら、同じ要領で、頭をつぶした釘で側板に止めます。

9　底板は、裏から真鍮の釘で止めます。

10　ノブを取り付けます。ノブが緩まないよう、ホゾは太く作ってあるので、まず穴に入るところまでねじ込んでは抜いて、ノミで少しずつホゾを削って入れていきます。

11　ノブの底の部分が前板にピッタリ付いたら、穴に接着剤を入れ、はめ込みます。内側に飛び出たホゾを切り取り、クサビを打ち込んで仕上げます。

## ノブ

45㎜の角材を用意します。穴に挿し込むホゾの部分は、角材に16㎜の角ホゾを加工し、そのホゾを四角柱から八角柱、十六角柱と、同じ幅の面取りをしながら16㎜径の円柱に仕上げます。

残りの部分は、木工旋盤でノブの形に加工します（飾り彫りの要領で、ノミで彫って作ることもできます）。

12 釘を打ったところは、穴埋めと同じ要領で、小さな木で埋めて仕上げます。角をサンドペーパーで少し丸め、手ざわりをよくします。

13 美しい引き出しができました。

14 最後に、前貫の、引き出しの前板の下が当たる位置に、ストッパーとなる薄い板を打ち付けます。

ストッパーは0.5㎜程度奥に取り付け、引き出しを閉めたときに前面が本体よりわずかに奥に入るようにします。

最後に、角に触れても痛くない程度に、サンドペーパーで仕上げます。

これで、引き出しの出来上がりです。

# パーツを作る4——下部扉・上部ガラス扉

上下の棚の扉を作りましょう。パーツは少ないですが、框のホゾ接ぎは、「被せ面二枚ホゾ接ぎ」という、新たな仕口が出てきます。框は一枚ホゾでもよいのですが、2枚のほうが接着面が多いぶん強度もあり、ねじれも防ぎます。
　また、端まで通るホゾだと、ホゾ穴を開けると、木口が割れることがあります。そのため二枚ホゾで通る部分は細くなっています。
　こう作れば蝶番で吊っても、長時間たってもノブ側が落ちて変形し、開きづらくなることがありません。

# 図面・材料表

【下部扉分解図】

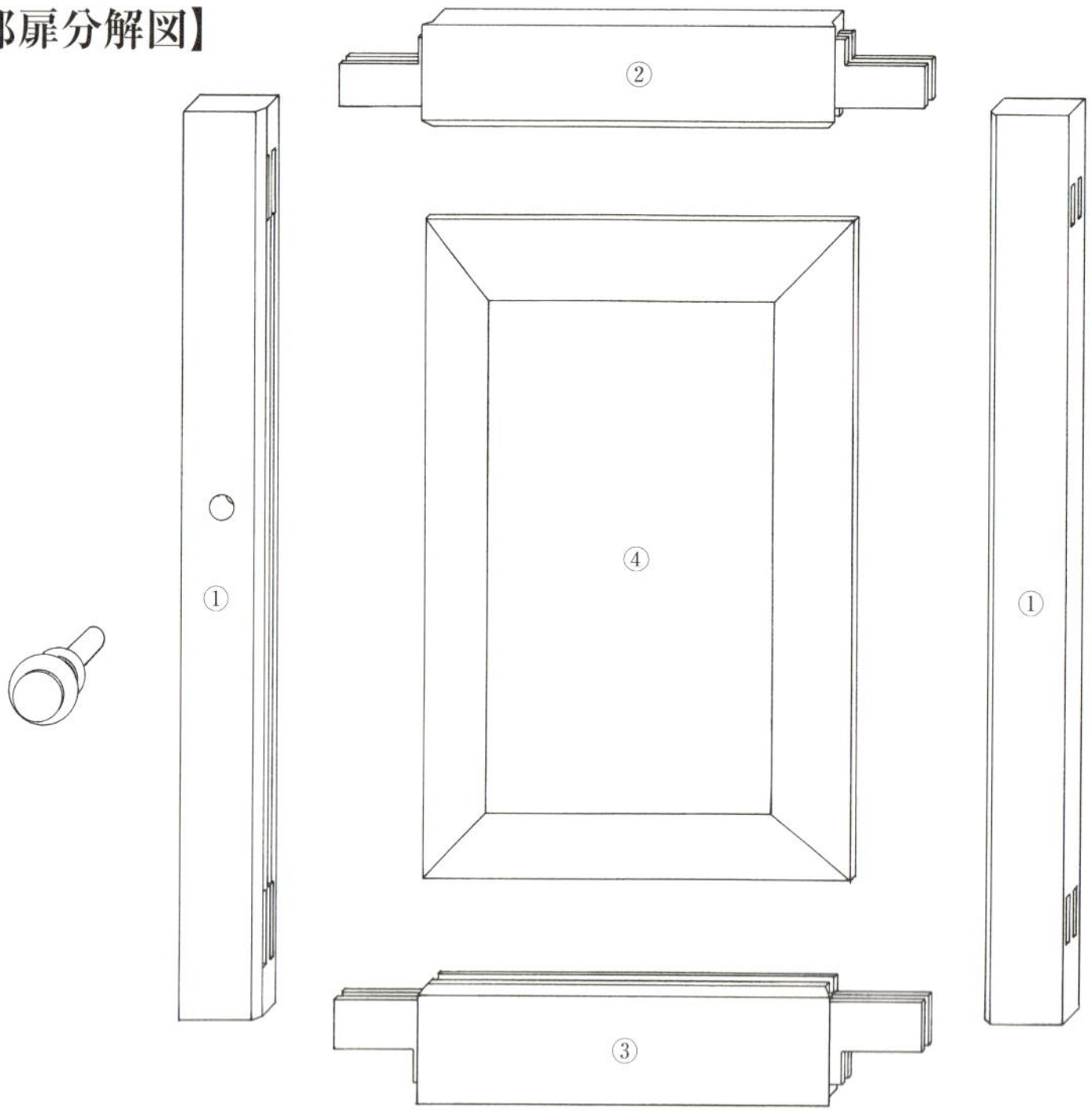


【下扉材料表】

| 部品名 | 厚み × 幅 × 長さ (mm) | 数 |
|---|---|---|
| ① 縦框 | 27× 50× 550 | 4 本 |
| ② 横框・上 | 27× 60× 750 | 1 本 |
| ③ 横框・下 | 27× 70× 750 | 1 本 |
| ④ パネル | 18× 265× 400 | 2 枚 |

※横框・上下は、1 枚の板を 2 枚に切り分けます。

図面①縦框（左右各 2 本）

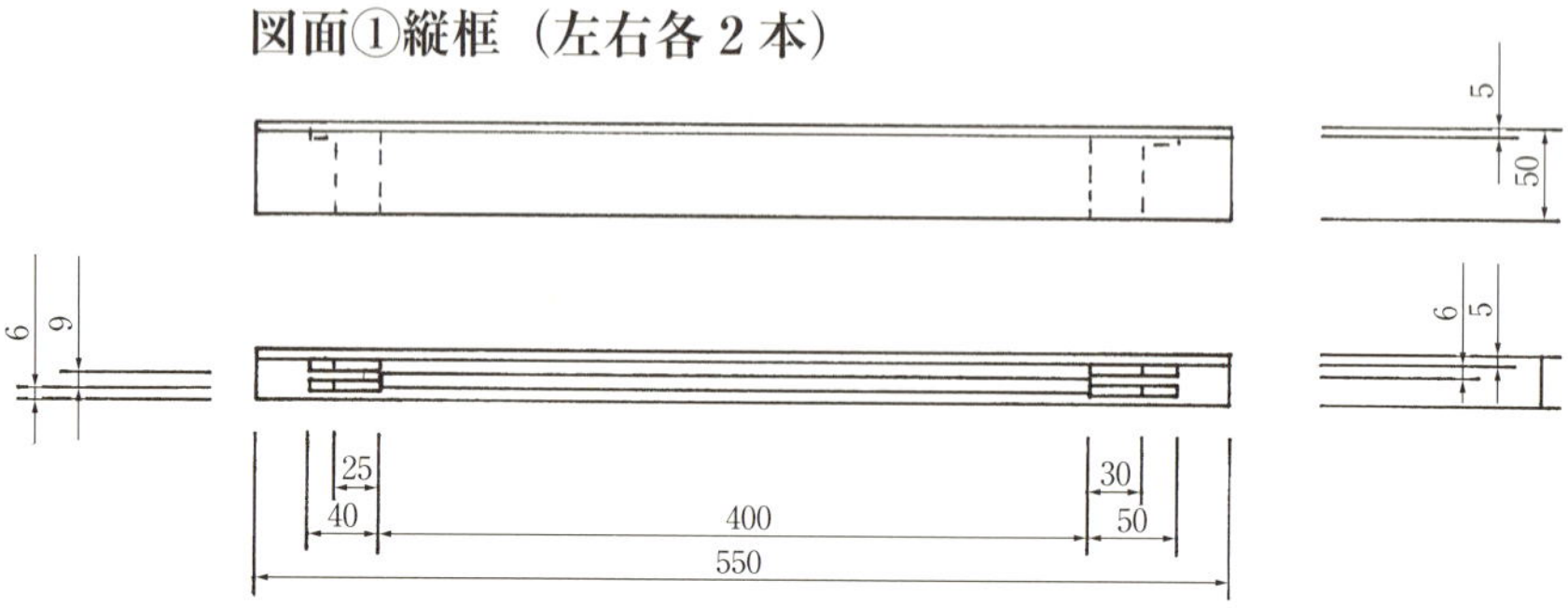


図面②横框・上（左右各 1 本）

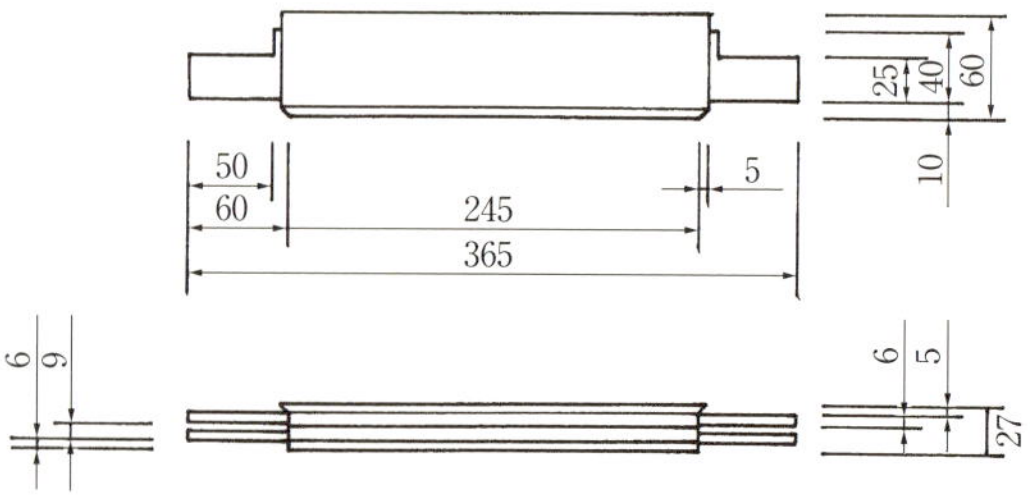


図面③横框・下（左右各 1 本）

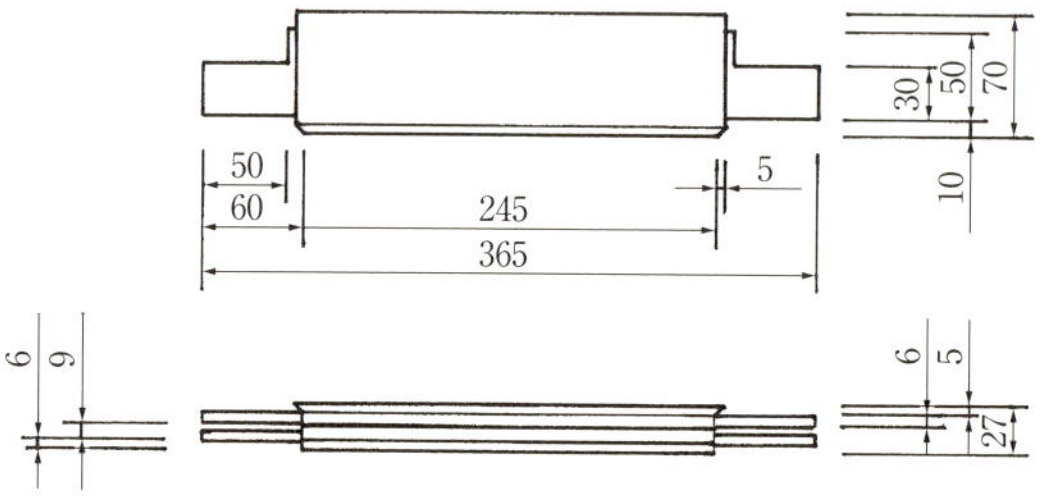

## 【上部ガラス扉分解図】

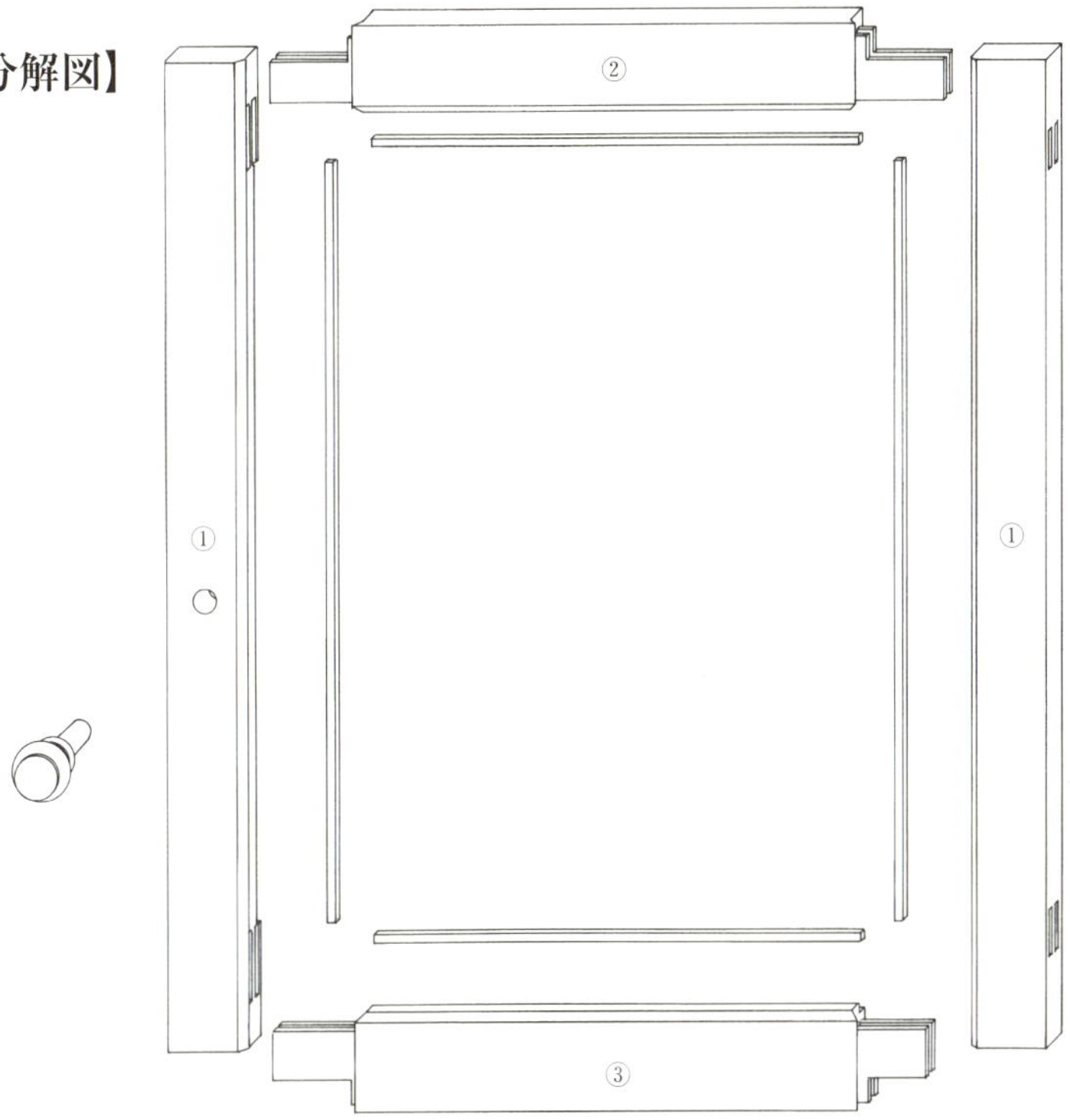


## 【ガラス扉材料表】

| 部品名 | 厚み×幅×長さ（mm） | 数 |
|---|---|---|
| ① 縦框 | 27× 50× 615 | 4本 |
| ② 横框・上 | 27× 55× 890 | 1本 |
| ③ 横框・下 | 27× 60× 890 | 1本 |
| ④ 五分面取りガラス | 5× 320× 470 | 2枚 |

※横框・上下は、1枚の板を2枚に切り分けます。

### 図面①縦框（左右各2本）

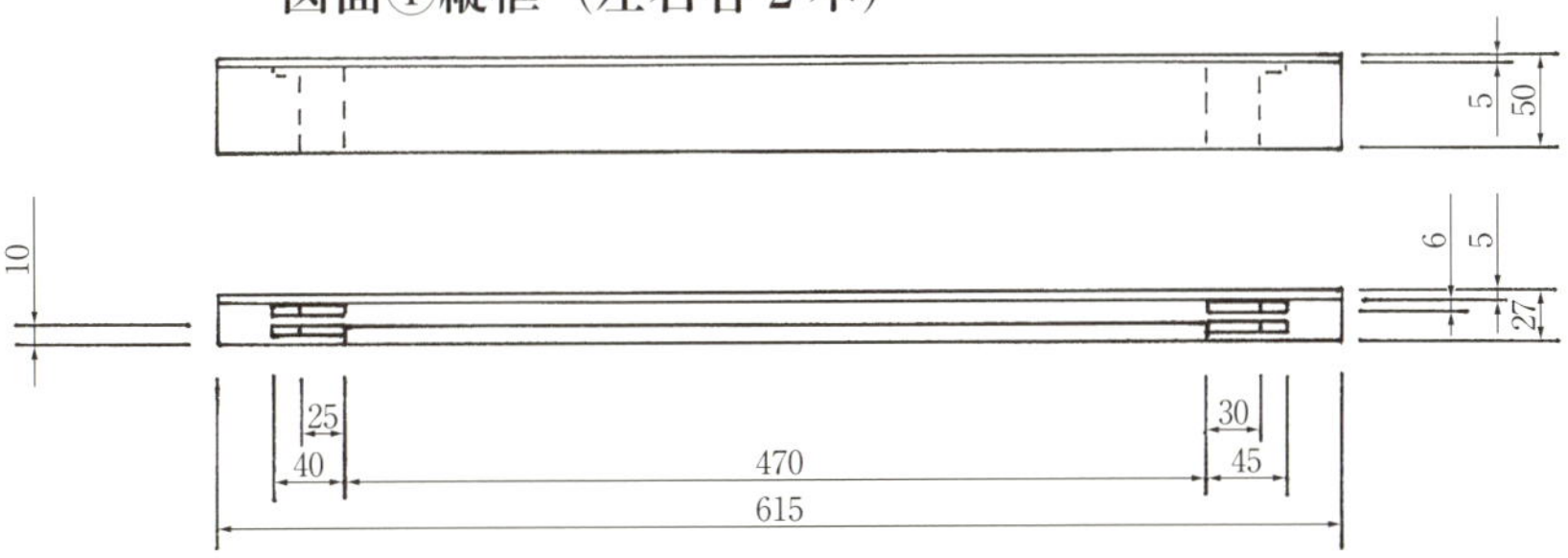


### 図面③横框・下（左右各1本）

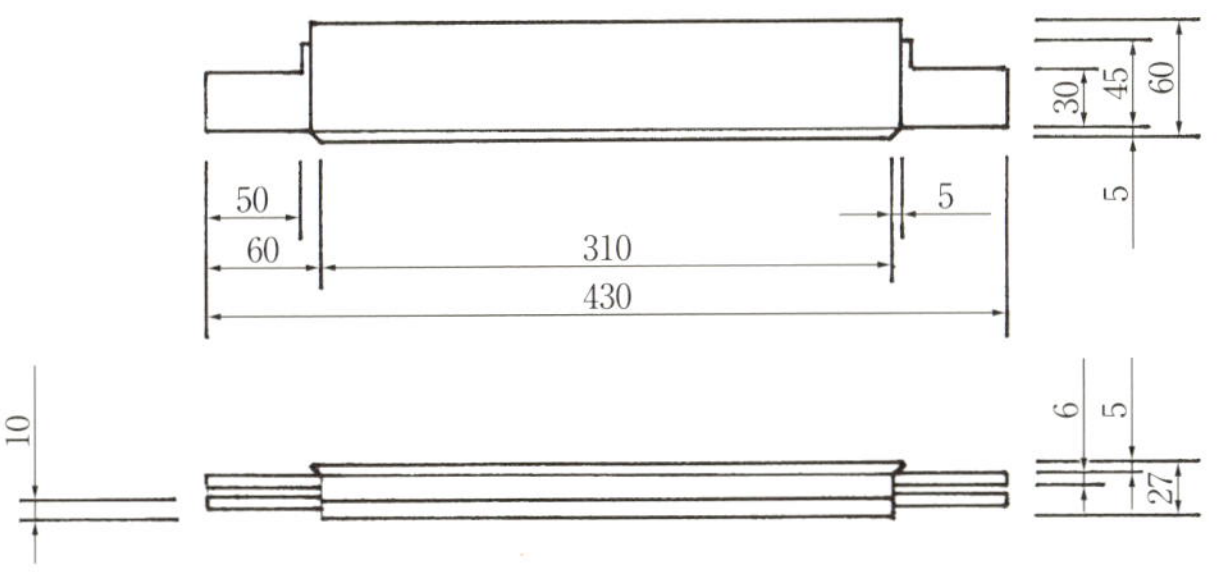


### 図面②横框・上（左右各1本）

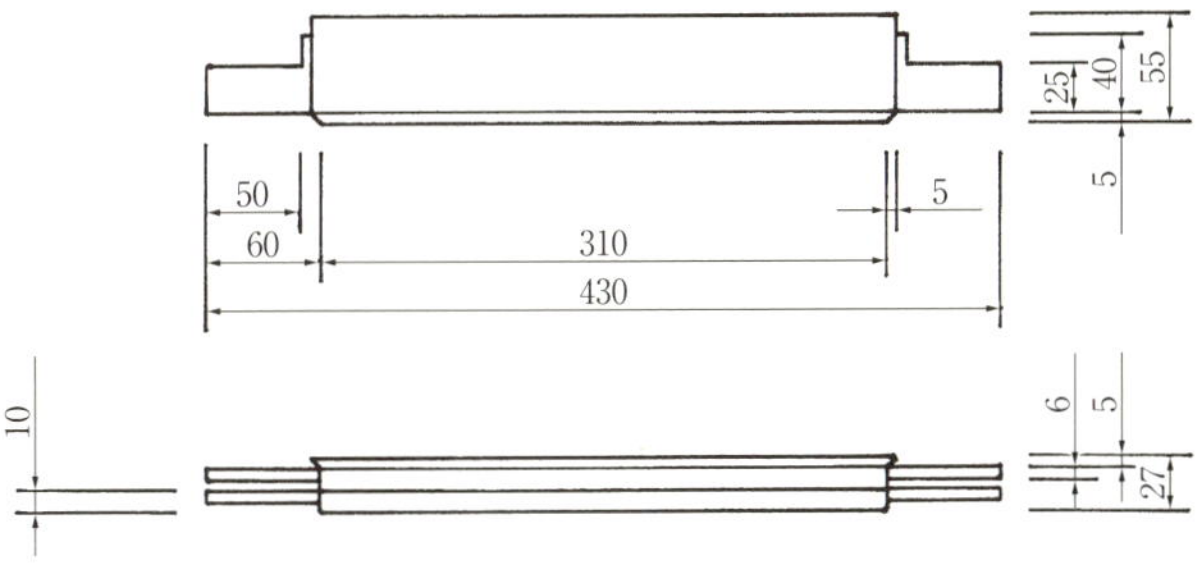

# 1．框を作る—被せ面二枚ホゾ接ぎの加工

下部扉・ガラス扉の框を作りましょう。

[1] ホゾを作ります。スミ入れをし（写真1）、まず、被せ面（図面A）を作るため、45度の角度で胴付きノコを入れます。確実に45度の角度を入れるために、45度の角度をつけたノコギリ用ガイド（写真2）を作るとよいでしょう。

ガイドをスミ線に合わせて固定し、ゆっくりノコギリを入れます。切り過ぎには注意してください。

[2] 胴付面にもノコギリを入れます。

写真1

写真2

図面 A

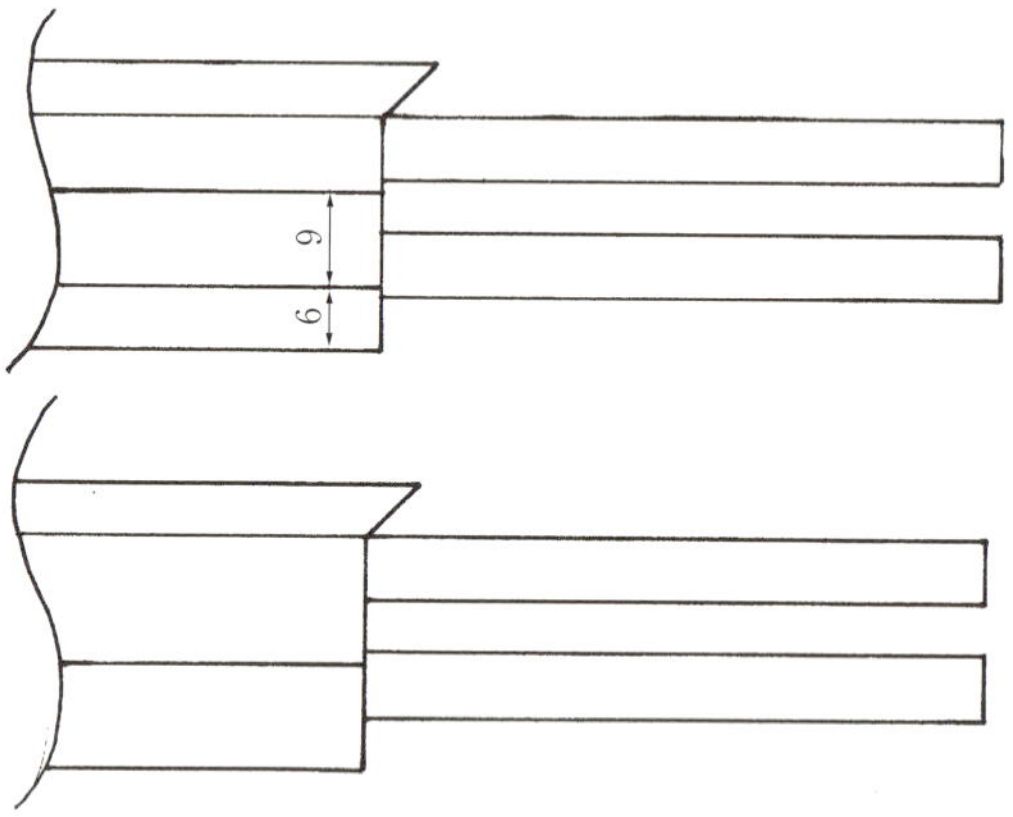


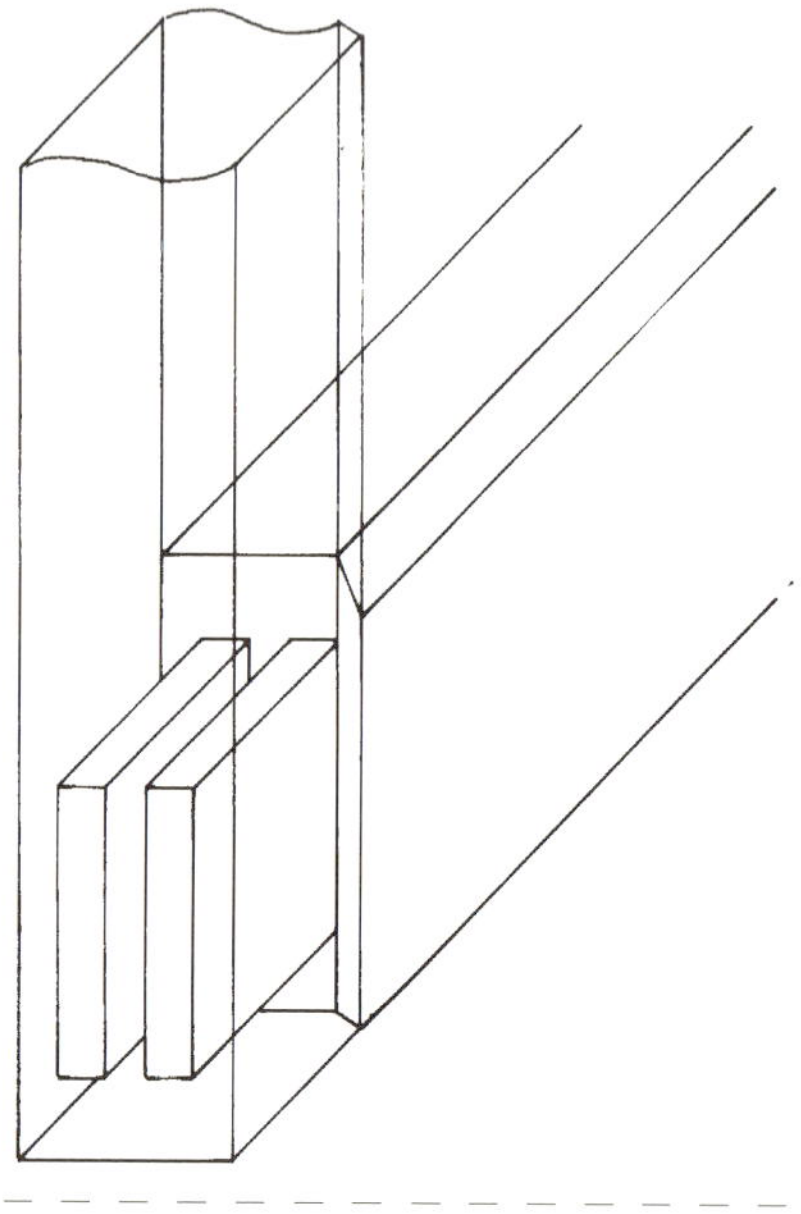

### 被せ面二枚ホゾ接ぎ

主に建具に用います。縦框を大きく面取りし、その面取りに合わせて横框に被せを作ります。面取りに被せが合わさることにより、材のねじれを押さえることができます。

3 4 ノコギリで入れた線に合わせて二枚ホゾに加工し、上下の胴付面をノミで落とします。

5 二枚ホゾの内側は細いノミでさらいます。

6 ホゾの形ができました。

7 縦框にホゾ穴を開けます。ホゾ穴は、他の家具と同様に、幅は少し緩め、縦は少しきつめに掘ります。KAKIでは角ノミ盤という機械を使っています。

ホゾを通さない部分の深さは、短い腰の部分に合うよう、掘り過ぎないよう注意しましょう。

8 ホゾができたら、面取り鉋などを使って、框の縁を被せに合わせて面取りします（図面B）。

**図面B・框の構造断面**

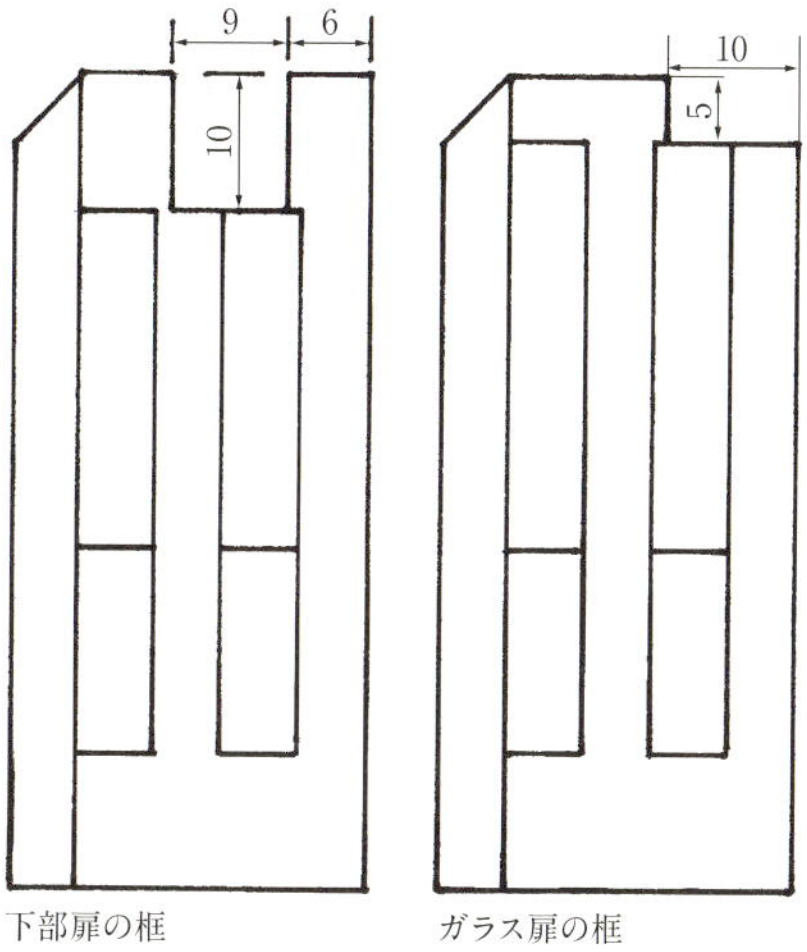


下部扉の框　　ガラス扉の框

9

10

1

2

9 ホゾ・ホゾ穴の加工が終わったら、パネルを入れるための、幅9㎜、深さ10㎜の溝を掘ります（209頁・図面B）。

溝を掘る作業は、下部の貫のときと同じ要領です。注意して掘りましょう。框を組むと、写真のようなかたちになります。

10 ガラス扉は、裏側から面取りガラスを入れ、5㎜角の桟を入れて押さえるので、溝ではなく裏側の10㎜から5・5㎜欠き取ります（209頁・図面B）。

## 2．下部扉の面取りパネルを作る

長さ400㎜で揃えてから、裏面をカンナで仕上げ、面取り部分のスミ入れをします。

1 まず、表面に端から45㎜の線を引きます。

2 横幅に合わせて、裏から9㎜のところにケビキで印をつけます。端から9・5㎜にも印をつけます。（幅を1㎜小さく作ったぶん、10㎜より0・5㎜小さくする）。そして、その交わったところへ、45㎜で描いた線と結んだ線の木端に交わったところの幅で木口・木端にケビキを引き回します。

次に、木口側に45㎜の線とケビキで引いたところと結んで線を描けば、面を取るスミ入れの出来上がりです。

## 図面C・パネルと框の構造断面

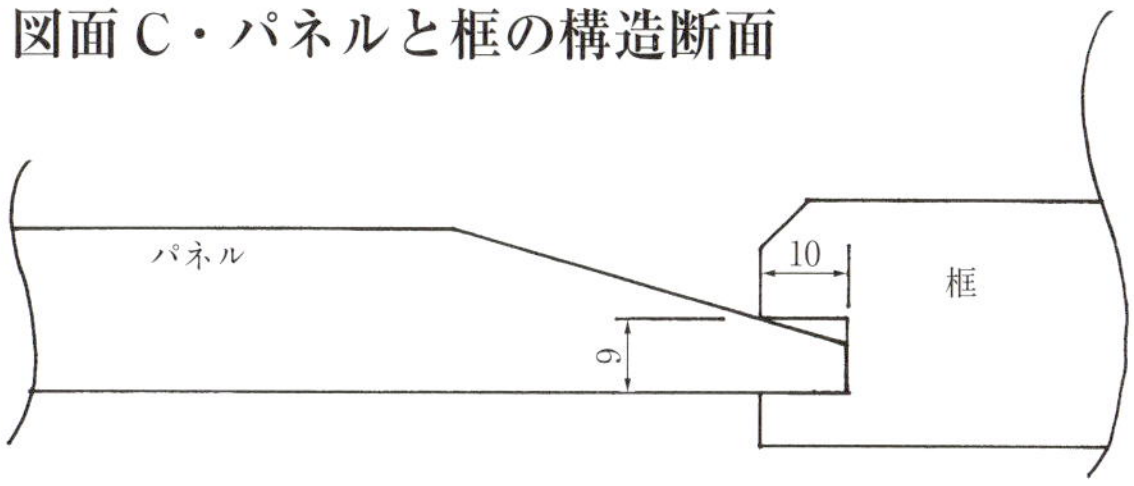


## 図面④パネル

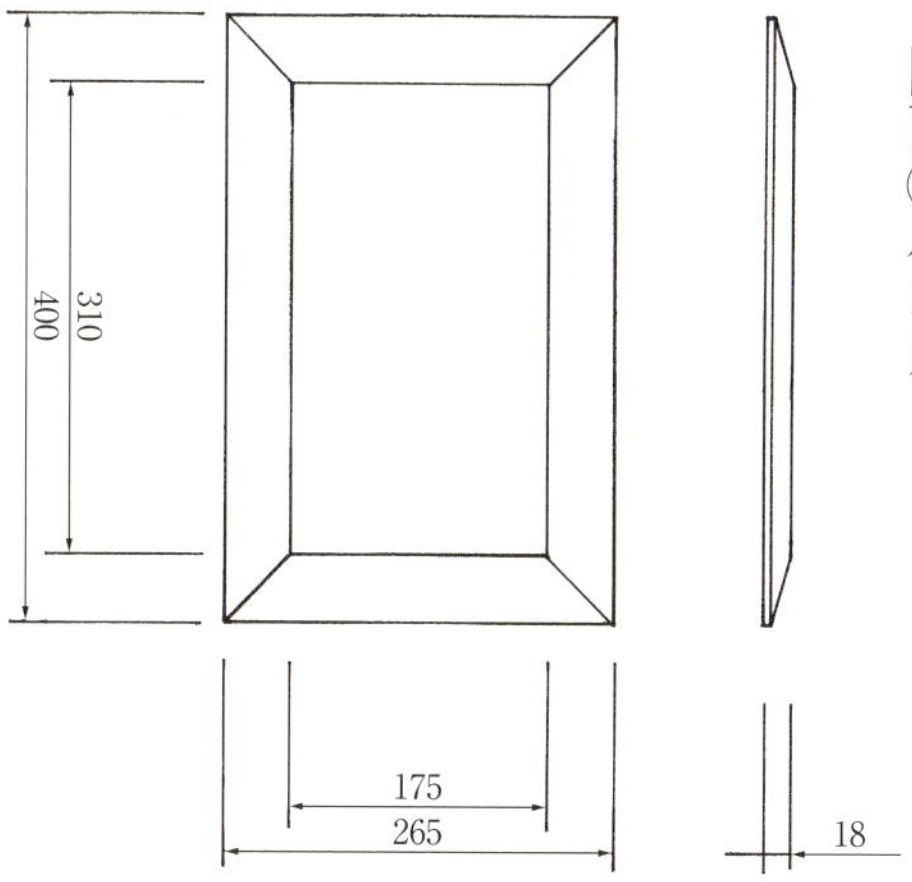

3 パネルをワークベンチに固定して、まず木端側から削りましょう。

4 削ったところ。電気カンナで粗取りしてから作業をすると早いですが、もちろん手ガンナで最初から削ってもできます。仕上げは二枚刃のよく切れるカンナで削ってください。

5 続いて木口側を仕上げます。こちらは、最後は一枚刃のカンナを使ったほうが美しく仕上がります。

6 溝に合わせながら、削り過ぎないよう、注意してカンナをかけます。

最後は前面を二枚刃のカンナで仕上げて、パネルの完成です。

## 3. 扉（上部・下部）を組み立てる

扉の組み立ては、框の上下などを間違えないように注意しましょう。

1 縦框のホゾ穴に接着剤を入れ、横框を挿し込んでから、パネルを入れ、もう片方の縦框をかぶせてしっかり組み上げていきます。

2 下扉が組み上がりました。飛び出したホゾや、框の余分な部分はノコギリで切り取ります。

3 4 扉を本体に入れてみて、入り具合を確かめながら、扉の上下に2～3㎜余裕ができるようにカンナで削ります。横幅は、本体に取り付けてから調整します。

平らなテーブルの上などに置き、ねじれなどがないか確かめて、接着剤の乾燥を待ちましょう。これで下扉は完成です。

ガラス扉の框も同じ要領で組みましょう。ガラスは本体に取り付けるときに入れます。

1

2

3

4

# 組み立て・完成

扉ができたら、ついに全体の組み立てです。扉は、本体に対してねじれないように取り付けなくてはいけません。また、カンナで削って本体に合わせるときに、削り過ぎて隙間が大きくならないようにくれぐれも注意しましょう。

扉が付けばいよいよ完成です。最後の工程です。気がはやり、慌ててしまいそうになるところですが、ていねいに仕上げましょう。

## 1. 扉に蝶番を取り付ける

蝶番は、ホゾにかからないところに付けます。ＫＡＫＩでは、本体と扉両方に平蝶番を使いますが、蝶番を取り付けるための欠き取りを掘っています。

欠き取りの深さは、蝶番の厚みＡから１㎜引いた寸法の半分、扉の奥行きは蝶番の幅Ｂより０・５㎜小さく、Ｃは同寸でスミ入れをします（図１）。

この寸法で欠き取って蝶番を付けると、扉は表面からわずかに（０・５㎜）内側に入ります。

図１

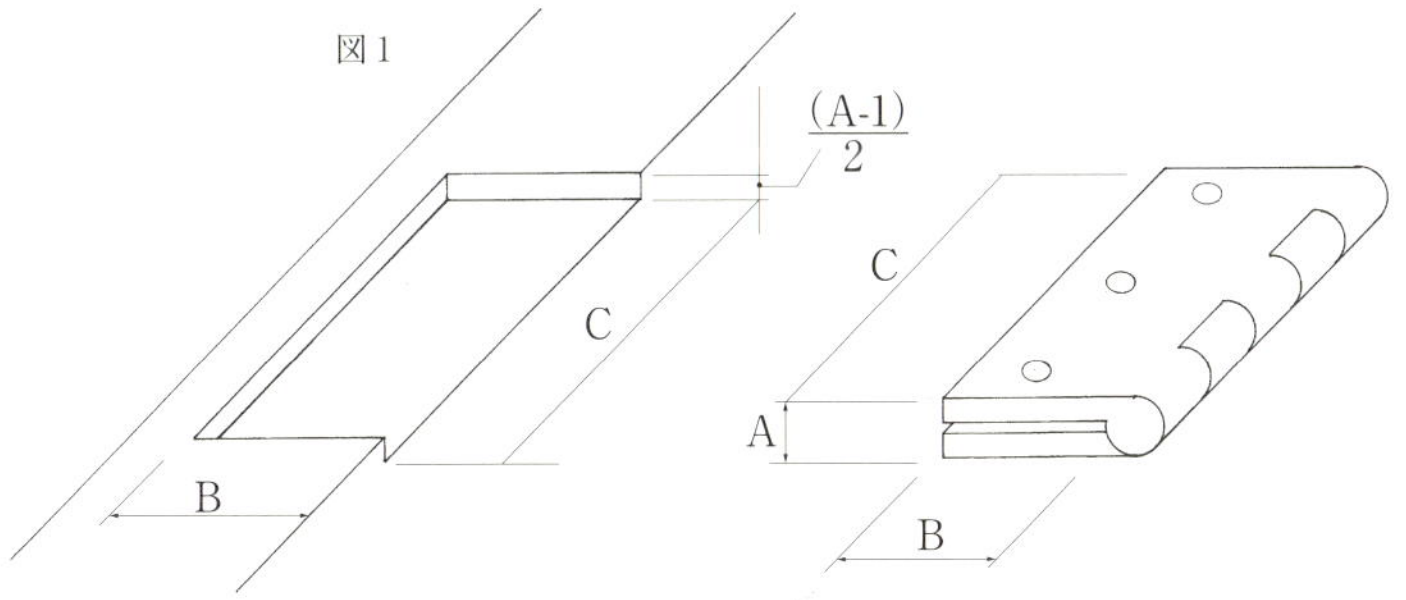

真鍮の蝶番

1 図のように、スミ入れをします。

2 欠き取り部分にノミを入れます。ノミを垂直に入れて、繊維を細かく切っていきます（写真１）。深く入り過ぎないように注意してください。

写真１

3 次に、幅の広いノミで慎重に欠き取っていきます。力を入れ過ぎると、勢い余って刃が突き進み、残す部分ばかりか、指まで切ってしまうこともありますので、力加減にはくれぐれも気をつけてください。

4 欠き取ったところ。同じ要領で、下部・上部本体の蝶番を取り付ける部分も欠き取ります。

5 蝶番を付けます。この段階では、ネジはまだ全部留めません。本体に扉を取り付けて、調整が済んだら全部付けます。

蝶番を付けたら、ノブも取り付けます。ノブの穴は、ガラス扉は中心、下部扉は上から200㎜のところに15㎜径の穴を開け、引き出しと同じ要領で取り付けましょう。

6 開閉時に扉がこすれないように、扉の仕切りと接する部分の縦框に、裏側からカンナで削って角度をつけておきます（写真2）。

小さく削り過ぎて隙間ができないよう注意してください。

写真2

写真３

7 扉を取り付けていきましょう。

8 扉を取り付けたあと、角度をつけた部分をカンナで削り、スムーズに開閉できるように仕上げます（写真３）。

9 下部扉がきれいに入りました。

## 2．上部扉にガラスを入れる・取り付け

ガラス扉の框にガラスを入れます。ガラスは背面から入れ、細い桟を入れて固定します。

1 組み上げた框に、ガラスを入れます。

**2** 長めに作った5㎜角の桟を、框の内ノリに合わせて実寸を取ります。

この細い桟は、角材の下ごしらえと同じ要領で作ります。水平直角を出した5㎜厚の板を幅6㎜ほどにノコギリで切り分け、切り口をカンナで削って3面を仕上げたら、残りの面をカンナで削って5㎜角の角材に仕上げます。

**3** 桟を切り、4本の桟を合わせます。

**4** 桟をピッタリ合わせたら、釘で桟を止めます。ガラスが割れたとき、桟を取り外して交換できるように、接着剤はつけずに固定します。

**5** ガラス扉も美しく仕上がりました。下部扉と同じ要領で取り付けていきましょう。木口部分はカンナで削って調整します。

6 7 扉をすべて取り付けたら、最後にマグネットキャッチを取り付けます。

8 これで扉の取り付けの完了です。すべて完成まで、あともう一息です。

## 3. 裏板を貼る

最後に裏板を「本ジャクリ」（191頁参照）で張ります。

裏板の枚数や幅はとくに決まりはありません。裏を覆うことができるだけの板を加工して使います。

上部の裏板はガラス扉ごしに見えますので、木目にはとくに美しいものを使いましょう。

1 それぞれの裏板に本ジャクリの加工をし、板を接ぎ合わせた状態で、釘を打つ部分に錐で下穴を開けていきます。

2 本体の裏側の、裏板と接する面に接着剤を塗り、裏板を張っていきます。

3 下部の裏板を張りました

4 同じように、上部の棚の裏板も張ります。

5 釘の打ち方は、引き出しと同じです。頭をつぶした釘を使い、ペンチで頭の向きを木目の方向に揃えてから、最後まで打ち込みます。穴埋めはしません。上部の棚も同じ要領で張ります。

裏板を張ったら、本体の角を、触れても痛くない程度にサンドペーパーで面取りして仕上げましょう。

6 ついに、キャビネットの完成です。

他の作品と異なり、部材の数がたくさんあります。ひとつひとつを正確に作っていかないと、全体がねじれたり、傾いたりします。それぞれの部材を、注意して作ってください。とくに、引き出しや扉がぴたりと収まるためには、本体が正確にできていなくてはなりません。スミ入れの段階から注意して製作しましょう。

やはり大物を作り上げると、今でもホッとします。

**カッティングボード**
使ったあとは、普通に洗剤で洗い、立てて乾かしてやるとよいでしょう。使い込むうちに板の真ん中がくぼんでくるので、切りにくくなったらカンナをかけて平らにしてやると、また使えるようになります。

# 端材で作る小物

テーブルや椅子などの家具を自分で作り、それを使って生活することはとても楽しいことです。

それと同じように、自分の生活の中で使うちょっとしたものを作り、使うことも、とても楽しいものです。

端材を手に何か作れないかと考えることがまた、物作りの楽しさを教えてくれます。

ペン立てであったり、キッチンの小物だったり、自分で作ったものは、それがどんなに小さなものでも、日々の生活のなにげないところに、彩りを添えてくれることでしょう。

家具を作るとき、大きな材料から部材を切り分けますが、たいてい少し材料が余ってきます。家具には使えないそれらの小さな材料は、決して捨てたりせずに取っておきましょう。

ＫＡＫＩでは、それらの細かい材料を使って、カッティングボードや状差し、額などの小物を作るようにしています。

（写真1）

（写真2）

（写真3）

（写真4）

## カッティングボードを作る

KAKIでは少し幅のある小さな板は、テーブルで使うカッティングボードにします。

あまり薄い板だとすぐに反ってしまい、使いにくくなるので、20㎜程度くらいの厚みがあるとよいでしょう。

四角いままでもよいのですが、持ち手の部分を細くしてやると持ち運びやすく、穴を開けてやれば、壁にかけて飾ることもできます。

木裏側は使う面として、裏面には何か飾りを彫刻すると、壁にかけたとき、いい飾りになります。

写真は、KAKIで彫刻している代表的な模様です。スミ入れする前に一度カンナをかけて表面をきれいに仕上げておくと、線が見やすく、あとからあまり削らなくてすみます（写真1）。

模様はコンパスを使って描きます（写真2・3）。線に沿って、彫刻刀や切り出し、（左右）を使って彫っていくのですが（写真4）、一気にたくさん削り取ろうとせず、少しずつ彫って、線に近づけていくようにすると、うまくいきます。

彫る部分と残す部分の具合によって、同じ模様でも印象は全然違ってきます。

彫刻ができたら、全体にカンナをかけて仕上げ、触っても痛くないように角を少し落とせば完成です。

コンパスの円を重ねて生まれたかわいらしい模様は、雪の結晶を思わせる。
夢中になって手を動かしていると、時はあっという間に過ぎていく。

日々の生活の中で、「こんなものが作りたいな」とか、「こんなのがあったらいいな」という思いと、端材を手にして「何が作れるかな」がピタッと合ったときに「これ作ろう！」となります。

小物は、大きな家具と違い、ちょっとした空き時間に、それほど広くない場所で、小さな材料で作ることができます。使う道具も大がかりなものは必要ありません。

ただ、小さいとはいえ精度は高く作らなくては、ガタついたり、隙間が空いたりしてしまいますので、気は抜けません。

最初は簡単な形から、徐々に飾りなどを付けて複雑な形にトライしていくと楽しく、刃物を使う練習にもなるでしょう。彫刻などは、静かに没頭し出すと瞬く間に時間が過ぎていきます。

家族の写真を入れる額であったり、友人からの手紙を入れておく状差しであったり、使いみちを考えることも楽しみの一つです。上手に作れるようになれば、プレゼントにしてもよいでしょう。

誕生日や記念日、お祝いの品として、贈る人の名前や記念の日付、飾りの模様などの彫刻を施し、さらに模様や字体など、贈る人のイメージに合わせて変えていくとまた楽しく、贈り物はより特別なものになるでしょう。

# KAKIの小物いろいろ

**刳り抜きの小箱**

テーブルや大きなベンチの足の、太くて短い端材を刳り抜いて、スライド式のふたを付けたものです。

刳り貫くときは、一気にたくさん削って薄くしてしまうと、内側の乾燥が急に進んで割れることがあるので、少し彫ってはしばらく（数日〜数ヶ月）置いて、また彫る、を繰り返して、少しずつ刳り抜いていきます。

**ウォールボックス・テーブルボックス**

薄板の端材を合わせて作ります。入れる物に合わせてサイズを変えると、いろいろなボックスができるでしょう。

幅のある板は伸び縮みの向きに注意して、組み合わせる構造を考えましょう。

**額**

写真や絵はがきは、額に入れて飾ると、ガラッと引き立ちます。

KAKIでは、角の部分を45度に切って「留め接ぎ」で組み、補強のために千切り板を入れています。

枠の太さや、彫る模様により中に入れる絵や写真の印象が変わります。

**譜面台**

昔、ＫＡＫＩの仲間がバンドを組んで、仕事のあと演奏を楽しんでいました。そんな中から生まれたものです。

今ではあらゆるジャンルの音楽好きの方々に使っていただいています。

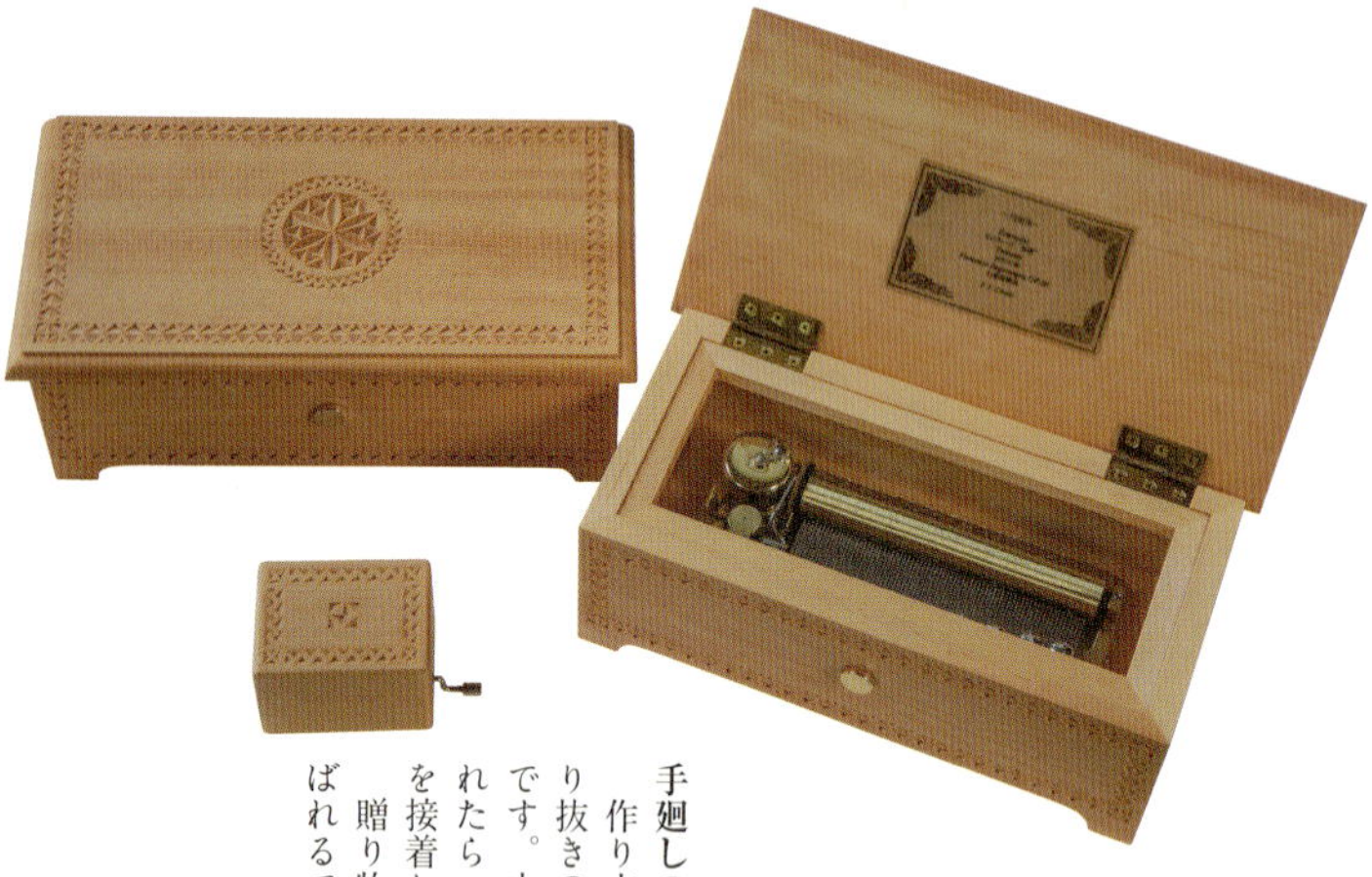

**手廻しのオルゴール**

作り方は、前頁刳り抜きの小箱と同じです。中に機械を入れたら（写真右）蓋を接着します。

贈り物にしても喜ばれるでしょう。

**時計**

時計の文字盤は、いろいろな方法で作ることができます。彫刻したり、象嵌したり、字体や形もいろいろです。皆さんもぜひ、オリジナルの時計を作ってみてください。

# 第4章

# 資料編

KAKIのメンバー
柿谷 正（前列右）　KAKI社長。故柿谷誠とともにKAKIの家具の構造を作り上げる。箱ものの家具を担当。

柿谷 清（前列左）　誠・正とともにKAKI創設時より家具作りに従事。主に椅子を担当。

柿谷朔郎（後列左）　1973年生まれ。正の長男。1996年KAKIに入社し、主にテーブル、キッチンを担当。

高崎哲志（後列右）　1973年生まれ。愛知県尾張旭市より1995年KAKIに入社。各メンバーのサポートをしつつ、いろいろな家具の製作に携わる。

2013年KAKI工場の前にて（岡田彰撮影）。

## KAKIインタビュー

# 〝欲しいものを木で作る〟それがスタート

一九六三年に柿谷誠が立山連峰のふもとに小屋を建て、そこに次弟・正、末弟・清が加わり、仲間たちとともに、家具作りをして暮らし始めた。それがKAKIの始まりである。ヨーロッパの小さな街の片隅にあるような、素朴でありながらも何代にもわたって使い継がれるような家具。いい形をめぐって兄弟ゲンカをし、本物の家具とは何かを語り合った。KAKIの家具はそんな触れ合いの中から生まれ、そして今も次世代の作り手によって作り継がれている。

〝欲しいものを木で作る〟ここから始まったKAKIの家具作りとは？

## 初期の頃

**正**　ここ（栗巣野）に来る前から、僕らは木工が趣味みたいなところがあったんですよ。子どもの頃から自分で本箱とか、テーブルとかデスクを作ったりしていたんです。たまたまそういうものを趣味にしていたところに、兄貴がここに小屋を建てましたでしょう。小屋ができた当時、兄貴はまだ二十歳で、武蔵美の学生だったし、僕なんかは高校生ですし、学校が休みのときと、土日に登ってきてスキーだけするという感じで。兄貴はシーズンが終わると東京に帰って絵を描いていましたし、家具を作り出すほどではなしに、何となく小屋にいた。その頃はスキーのほうが楽しかったし、兄貴の友達も何人か小屋作りを手伝いに来ていて、夜は暇でしたから、アルプスの山小屋の写真集とかを眺めながら、「こんな暮らしがいいね」とか「こういうのかっこいいな」という話をみんなでしていたんですね。

**――当時はどんな暮らしが〝かっこいい〟ものだったのですか？**

**正**　やっぱり、こういう大自然の中で、いい仲間たちとなんとなく暮らしていって、また、当時はスキー自体がたいへんなことだったんですね。猫も杓子もみんなスキーで、スキー人口がどんどん増えていく頃で。スキーも上手で、家も畳に座るような生活じゃなしに、ベッドで寝て、ちょっといいものを食べて、というような。漠然とヨーロッパのスキー場に憧れるような。だから家具なんかは本を参考にして、「ヨーロッパじゃこんなテーブルで飯食ってるな」とか「台所はこんなんなってるな」とか。それから、そういうものを自分ちで使いたいなあという思いが、だんだん自分らの趣味の木工とリンクしてきたんですね。

兄貴が小屋を建ててから五年後、今度は僕が二十歳のときに、極楽坂にロッジを建てたんです。その頃から、俺ももうこっちに来るし、兄貴と一緒に食えることを始めなくちゃ、ということで、家具屋になることを考え始めたんですね。

一年目は大工さんが作ってくれたラワンのテーブルを使っていたんですけど、カッコ悪いし、高さもバラバラなもんで、まずテーブルと椅子を作り始めたんです。何も知らないですから、乾燥もせず、ガンッとノミを入れたらシャーッと水が飛ぶぐらいな木で。でも一年経つと木が痩せてぐらぐらになるんですよ。これじゃだめだということで、いろいろ構造を考えたりし始めて。そうやって、最初は一年ぐらいかけて、わずかな道具と技術で自分らの使うものを作って。それから、スキーシーズン以外は家具をやろうと。作るといっても、売ることは考えずに、そんな時代が四～五年続いたかね。最初は、思っているものと出来上がるものが違うのであんまり面白くなくて。そのうち、縄巻のスツールを兄貴がぽっと作ったんですね。そのあたりから、「こういうのがいいね」というイメージができた。そうすると、今度はそういう家具に興味がわくじゃないですか。そんなときに、ヨーロッパに行き出して、今まで本や映画の中でしか見ていなかった家具をじっさいに見たんですよ。日本は当時、やっと布張りの椅子が出てきて、文化住宅に住んで、デコラを貼った安い家具が主流の時代だったので、歴史の差を歴然と感じたといいますかね。

そういうものを見て、「いいものがいいね」としゃべりながら、僕らの技術で作り出したら、たまたまいろんな人が「いいね」と言ってくれたんですね。それで、「もっといいものを作ろう」と。

**――最初はスキーで暮らしていたのですね。**

**正**　そうです。その頃は、冬の間はスキーをするから家具は作らない。オーストリアとフランスのスキー学校に行って、インストラクターの資格を取って、当時の仲間七人で日赤の公認パトロールの資格も取ってスキー学校

ＫＡＫＩラダーバックチェアーの原型となった、記念すべき第一号の椅子。現在の形に完成するまでおよそ十年かかっている。

が開けるようにして。シーズン中はスキーを教えて、冬が終わると、残ったお金で材木を買って。

　紅松はその頃からのつき合いなんですよ。当時は家の残りとか、あるものはなんでも使ってたんだよ。材木屋さんに、紅松は安いし、シベリア産のが富山にも新港にも来てるし、揃って節のないのが入るよと聞いて使ってみたら、これが本当にいい木だったんです。

**清**　ヨーロッパに行ったら、田舎の家具はほとんど松だったんですよ。貴族はオーク（楢）とかを使うんだけど、庶民は松。

**正**　僕らは道具も持たなかったし、切れもしないノミで、研ぎも上手じゃないですから、柔らかい木でやるのが精いっぱいだった。

## 技術は後からついてくる

——複雑な組み手などの技術はどうやって学んだのですか？

**正**　僕が十歳のとき、高岡の実家を大工さんが建てているのをじいーっと見てたんです。ずうっと。次に、兄貴の山小屋を建てるときに大工さんを手伝っていて、夏休みの間は、ホゾを刻むのを見ているし、構造も見ていた。そして今度は自分の家を建てるときに、仕口とかそういうのを見ていたのが基本なんです。

——見ていただけ？

**正**　そうです。でもどれぐらいの大きさにしなきゃならないのかは、見てるだけではわかりませんから、じっさいに作りながら。たとえば、太い脚の椅子に細いホゾを入れたらすぐ壊れますよね。そんなふうに試行錯誤しながら。

**清**　技術は後から結構ついてきますからね。〝何を作りたいか〟というのが先にあったから。〝欲しいものを木で作る〟それがスタートですよ。

**正**　椅子だって、当時はまず角材を真四角に組んで、それを一本ずつ削っていたんですよ。全体の調子を見ながら、「もっと細いほうがいいな」とか。一本作るのに一週間〜十日かかってましたから。

　それぞれの家具に一つずつ原型があるんですよ。最初に作ったものをちょっとずつ直していって。ラダーバックチェアーは完成するまでに十年ぐらいかかっていると思います。一番時間がかかった椅子ですね。

——すべて手作業で作っていたのですか？

**正**　その頃はノミなんて幅が狭いのが二つほどと、広いやつだけで。

**清**　ちっちゃいナイフとね。カンナなんて使いませんしね。

**正**　そう。切り出し刀とノミ三本。あとノコギリね。ホゾ穴もみんな手で掘ってる。だから、なんでもできるってことなんだよ。道具はよりきれいに早く作るためのものなので、時間構わずやれば、道具がそんなになくてもなんとかなる。それに、道具の使い方なんて昔は教えてくれなかったんですよ。大工さんにカンナのかけ方を聞いたら、わざと反対のことを教えてくれたりして。でも原理がわかればそれほど難しくもない。そんなふうにしてカンナも覚えて。

**清**　道具をバンバン買うなんて、そんな発想もなかったからね。仲間が使い終わるのを待ってりゃいいんだもん。

**正**　というよりも、「何が作りたいのかなあ」

とか、「どういう暮らしをしたいのか」っていうのが、僕らの家具の大前提だと思うんです。やっぱりなんかすることが好きやったんですね。仕事場も、最初に屋根だけ作って、その下に材料入れて、二年ぐらいして機械入れて、部屋を一つ作って、裏のプレハブ小屋を壊して、材料小屋を作って。

**清**　毎年なにかしら作ってたね。雪でつぶれて建て直したり。

**正**　雪の中から材料を掘り出して仕事場に運び込んで。怖かったよね。

**清**　屋根がミシッ、ミシッと。

**正**　穴掘りもスコップで全部やって。そんなことを何回もやってるんですよね。プレハブを作って材料入れたら、今度は床が抜けたり。

**――清さんは高校生になってすぐに粟巣野に来ていますが、そんなお兄さんたちの世界に入ることに迷いはなかったのですか？**

**清**　まったくなかったですね。小さい頃から、一緒にいたらなにかいいことがあるんじゃないかと。僕の友達まで一緒に連れて来てるんですから。彼は今ニューヨークで家具職人をしているんですよ。彼と二人で、高校生のときからほとんどここにいて、だから僕は学校にはほとんど行ってないです。

**正**　兄貴と俺と二人で何か作っていると、この人高校生なのに横にいるんですよ。それで、三時になると、「部活行ってくる」って言って。

**一同**　ハハハハハ

**正**　当時は、何がいい暮らしかわからないんだけど、きっといい暮らしができるだろうというのだけは信じて疑わずにいましたね。それがなんなのかっていうことはぜんぜんわかっていないんだけどね。

## KAKIの若い仲間

**――高崎さんは、どういういきさつで入られたのですか？**

**高崎（以下、高）**　僕は名古屋の隣りの、尾張旭というところから来たんです。もともと工業高校で金属加工をやっていたんですよ。卒業するときに、高山に家具を教える学校があると聞いて。金属加工よりゃ木の加工のほうが楽やろっていう、ものすごく安易なイメージですよね。でも「なんか作る」っていうのだけで面白そうだと思ったから、ふらっと入ったんです。そしたら在学中の夏に、名古屋でKAKIが展示会やったんですよ。

**清**　名古屋はあれ一回きりやったね。

**高**　それを実家の親が見て、俺に教えてくれて。それで粟巣野に見に行ってみよ、と。それから半年間ぐらいかね。隔週でここに通って、「KAKIに入れて～」「だめ～」って（笑）

**清**　二十年前やね。

**高**　週末ごとに天気見て、「よし、来れる」と。高山に住んでいたから、粟巣野まで八〇kmの距離を原付きで。途中でガス欠だの、山中でスタンドがないのと、いろいろやりながら。

**正**　ここは入ってくる仕事がある程度限られていますから、人数は七人が限度と最初に決めてたんです。そのときは七人いたので。それに、やっぱり合う合わないもあるんだよね。こんな場所ですから、大雪の中を手で板を降ろして運んだりして。恐れをなして帰る奴も結構いたんですけど、この人は体力はあるし、文句ひとつ言わないし。すごい人ですね。

**高**　通ってた年が、たまたま雪が少ない年だったんです。雪が多いといったって、たかが知れとるわと。……騙されたんです（笑）

**一同**　ハハハハハ

**――そしてそこに朔郎さんも加わって。**

**朔郎（以下、朔）**　そうですね。そうやってムリヤリ一人入った次の年に、僕が入るわけなんですけど（笑）。もういっぱいいっぱいだと言ってるのに。父は相当やりづらそうだったし。

**正**　やっぱり親子はやりづらいですよ。遠慮がないようでありますから。他の人らは、跡継ぎができていいねっていうけど、僕らは好きなことをしているだけで、〝跡を継ぐ〟なんていうイメージはいっさいなかったもので。

**清**　当然、一代で終わると思っていましたよ。

**正**　でも今の状態になって。でもやってくれていること自体は別にいやでもないですし。

**清**　いや、今となれば、すごく力になってくれていると思いますよ。僕はそう思います。

——それぞれ、家具作りに対するこだわりの違いはあるのですか？

**高**　俺は基本憧れでしか見てなかったから。すごいな、いいなあ、というのしかなかった。面白そうだし、そばにいたい。それが大きかったですね。

**清**　いや、それが大事なことなんですよ。僕もそうでしたから。

**高**　最初の頃はそれだけ。作っているときは常に楽しい。

正さんより作業のアドバイスを受ける朔郎さん。しかし、実際の技術指導は、ただ「これ作ってみろ」と図面を渡されるだけだという。

**朔**　とくに意識するとしたら、最初線を引くときに間違えると、途中で気づかないんですよね。組み立てるとき初めて気づく。だから、まず正しく図面を引いて、正しくスミを入れさえすれば、ものはできる。でもたいがい図面で間違うんですよね。まず図面を間違えないことですかね。

**清**　スミ入れは大事だよね。

**朔**　たとえば椅子のホゾを入れると、穴がずれていてとんでもない形になる（笑）。

**高**　右脚と左脚の間違いとかね。

**朔**　そうそう。右脚ばっかり作ったりとかね。で、組み立てるときに「あれっ」と。

**高**　同じように穴開けたはずなのに、なぜか一つの穴だけ五㎜ずれとったり。

**清**　不思議な間違いあるよねえ。

**朔**　どうして？　っていう間違いがあるんで。スミ入れは間違えないように。木の、何百年と生きてきた時間をいただいているわけですから、なるべく無駄は出したくない。

## 本物の家具

——それぞれ得意な家具はあるのですか？

**正**　昔から、この人（清）は椅子、僕は箱もの、若い人たちがテーブルをやるというふうに担当が決まっているんですよ。

**清**　最初からなんとなく担当はありましたね。基本的に、構造は真ん中の兄（正）で、形は一番上の兄（誠）。ＫＡＫＩ自体は、その二つの基本的な部分はその二人で出来上がって、僕は作る作業がほとんどなんだけど。

**正**　僕らがＫＡＫＩをやり出した頃は、やっぱり柿谷誠というのが厳然と中心にいて、あの人が作りたいものをみんなで作っていくというかたちにだんだんなってきたときに、そういう担当みたいなものができてきたんだよね。兄のいい形を、僕らが構造的にいいものにしたいというような。やっぱりどんなに形がよくてもすぐ壊れたらさみしいでしょう。兄から、「こういうものを作りたいんだけど」と、小さい紙にデッサンがきて、それを僕が図面に起こすんです。そして図面から細かいバランスを話し合って修正しながら、長い年月をかけて作り上げていった。カンナがちょっとぐらい切れていなくても全体の形がよければいいじゃないかといえるところまでデザインが完成するのに、五〜十年かかりました。

**清**　大変なことなんですよ。キャビネット一つとっても、部材ごとに全部、厚みが違うでしょう。それもやっぱり、長年作りつづける中でバランスを見て、その寸法になってるわけですよ。だから、木が変わると、形もまっ

温かな笑顔が特徴の清さん。「誠・正・清」はまさにKAKIの家具を表しているようだ。

たく変わってくるんです。

正　と思いますね。だから僕らが紅松にこだわって作ってきたのは、この木の重みとか質感に対する形と構造のバランスが、やっと完成されたということなんです。

でもやっぱり兄貴の考え方や技術だけではここまできちっとしたものにならなかっただろうし、あの人がいなかったら、KAKIの形はできなかっただろうし。やっぱり一緒にやってくれる仲間がいて、みんなで自画自賛しながらやってきたから方向ができて、今残っているんだろうしね。KAKIに出入りしていた何人もの仲間が一つのKAKIになったっていうのかな。そして誰一人として「作家」ではなかったような気がしますね。

清　そう。あくまでも「工場」でいこうというコンセプトが最初にあったんです。

正　アートは絵でいい。もっと直接的で、毎日毎日触れて、というものに魅力がある。

清　そう。だから身体に密着して、「三十年後に同じ椅子をもう一脚増やすことができる会社にしよう」と。

正　だから三十年後までいいなあと思ってくれるものを作らないと。

清　今でも、「孫ができたから、また椅子を増やしたい」というお客さんがいらっしゃるんですよ。それがものすごくうれしいです。

――毎晩「本物の家具を作ろう」と語り合っていたそうですね。

正　そうですね。その「ホンモノ」って何なんだよっていう。僕らは、次世代の人らが、「うちのじいさん、いいもの遺してくれたな」というような、普遍的な形というのがたぶんどこかにあって、そしてその中で僕らの暮らしに合うものは、王侯貴族が使ったようなものじゃなしに、一般の人たちが使い続けてきたものの中にたぶんあるんだろうといって、そんな家具の資料をずいぶん集めたりしました。それで、「ホンモノ」というのは、僕らが決めるんじゃなしに、結果的にずっと愛され、使い続けられるものだろう、というのが結論ですよね。僕らが毎晩しゃべっていたことの。

清　脚がグラグラになっても大事にしてくれる椅子とかあるんですから。たとえば同じ形の椅子があっても、使い込まれたほうの椅子を欲しいという人が多いですよ。だから、出来上がったばかりのものは未完成なんです。使う人が愛着を持って使って、完成に近づいていくんじゃないかね。

## こんなに楽しいことはない

清　最近、昔のお客さんからのメンテナンスの仕事が増えてきたんですよ

正　メンテナンスは、俺らよりこの人たち（若い人）のほうがうまい。

清　俺らにはできない。

正　俺らはせっかちなんだ。もう形にしたくてしたくてたまらない人たちだから（笑）。

朔　メンテナンスは焦ったらだめやね。

高　だめやね。うん。やっぱり使い込んでへ

KAKI唯一の外部スタッフとして活躍する高崎さん。KAKIの職人は皆笑顔がとても印象に残る。

たっている木を荒くしたら、けばだったりめくれたり、ひどくなってしまう。こすりゃきれいになるって思うから、「汚れた！　はよ取らにゃ！」ってそこだけごしごしやると、かえって傷んでしまう。そこをね、そうっとごまかしごまかしやっとるだけなんやけど。

**清**　うまいよ、ほんと。お湯がチューっと出るやつ買ってきたり。

**正**　蒸気のな。熱で汚れを浮かして拭いて。

**清**　若い人たちはよく研究してますよね。

**正**　木っていうのは大事に使っていけばいい風合いになるし、手入れしてやればほんとによみがえるんですよ。逆にテーブルクロスはあまりよくない。

**朔**　クロスを敷くと、脂が抜けてカスカスになっちゃいます。

真冬の粟巣野。作業場の2階まで雪が積もる。（撮影・柿谷朔郎）

**高**　そうそう。傷つけないようにっていうのもわかるけれど。

**朔**　無垢材の家具は触ってもらわないと。

**高**　傷があっても雰囲気よくなっていくから、そんな胃が痛くなるような思いをして大事にしなくてもだいじょうぶだよ、って。やっぱり、いい風合いになっていくことがかっこよく見えているんだろうね。俺の中で。

**朔**　やっぱりそれが、一番の魅力でしょう。無垢の白木でやることの。

**――高崎さんは金属より木の加工が簡単だろうと思われたとのことですが、二十年経った今、どうですか？**

**高**　金属もまあ「硬い」というぐらいしか知らないし、もう木のほうが長いからあれやけど……、難しい！（笑）

**正・清**　ハハハハハ

**高**　めっちゃ難しい。材料の段階だと気軽に大きく動くし、それに均一ではないじゃないですか、素材として。このパーツは絶対にこれしか反らないとかいうのはないし、うにゃっと曲がったり、そうならなかったり、ぼそぼそになったり、ピタッといったり、もうパーツ一個だけでぜんぜん違う。っていうことを考え出したら、頭が痛くなる。

**――動くもので動かないものを作るのは、すごく難しいのでは。**

**正**　動かないものにしようとするのではなくて、動くものを自由に、お互いケンカしないように使うんです。

**朔**　あくまでも動くものとして扱う。このテーブルも、じつは常に動いている。

**清**　動くように作っているんですよ。無理なんです、木の動きを止めるのは。どんなに乾燥させてから使っても、動きます。

**正**　そのへんを長年の勘で、これだったらこれぐらい遊びをとっておこう、というふうに考えながら作っているわけですよ。それでもやっぱり、湿気の高いところに持っていったら、板が伸びて引き出しが閉まりにくくなったりとかしますから、そういう場合はカンナを持って飛んで行って。でもあとから直すことばかり考えていると、きちっとしたものは作れませんから。

**高**　ルーズなところときっちりしたところと。

**朔**　決めどころというのがいくつかあって。ある部分だけは絶対誤差を作らないようにする。全部をきっちりすると疲れるから（笑）。

**正**　疲れるし、壊れるしね。

**朔**　作業のスピードも滞るし。そのへんの塩梅が見えてくるようになると、楽。あとは、逆に木が動いてくれるからどうにかなるっていうところもあったりして。

**正**　だから僕らは、木は生えていたときと同じように、根元の方は下、梢の方は上というふうに考えて使う。空気の流れで水は上に上がるから、乾燥するときは、水分が下にたまるよりは上に抜けていってくれたほうがいい。木を長い間もたせるためには、そういうふうに使わないと。そういうのはやっぱり、長年の経験と勘、それから、勉強です。

でも結局、自分らが、こんなのあったらいいなと思うものを作っているんですよね。作ることの面白みだけでやっているというか。いい仕上がりのカンナができて、木屑がシューっと出てきてニタッとするようなね（笑）

**清**　〝面白い〟〝楽しい〟っていうのは、やっぱり基本やわね。続けることの。つまらないことはそんなに続かないでしょ。

**正**　いい暮らしをするために仕事をするのではなしに、ぜんぶひっくるめていい暮らしがいいな、というのがモットーで、いやなことをしようなんてこれっぽっちも思っていないですから。楽しいから、ちょっとお金足りなくても腹も立たないし。

**清**　そうやわ。

**正**　ましてやいいものを作って人に褒められたり、ありがとうって言ってもらえたり。

**清**　こんな楽しいことはないですよ。

（インタビュー・構成＝岡部万穂
二〇一三年四月、KAKIにて）

## KAKI CABINETMAKER

一九六三年、武蔵野美術大学の学生だった柿谷誠が二十歳のとき、立山連峰のふもとに位置する栗巣野に山小屋を建て、ヨーロッパ各地で古くから愛用されてきた素朴な家具を手本に、家具作りを始める。さらに次弟・正（現KAKI社長）、末弟・清と友人が加わり、七十年代の半ば頃から独自のスタイルによる家具メーカーとして活動を始める。紅松を使い、塗料を用いない白木のままの無垢材家具は、当時の日本では画期的なスタイルであり、多くの文化人たちが愛用したことでも知られる。

現在は正の長男・朔郎、高崎哲志ら若手職人も活躍し、従来のスタイルを守りながら製作が続けられている。注文家具製作のほか、清の長男・藍が、建築・施工を請け負う「カキオフィス」として活動している。

■所在地
富山県富山市本宮 2-3
TEL　076-482-1433
FAX　076-481-1627
敷地内には家具を展示しているショールームとカフェがあり、実際にKAKIの家具に触れることができる。

■KAKIブログ
「KAKI CABINETMAKER
栗巣野の暮らしともの造り」
http://kakisaku.exblog.jp/

KAKIの家具に囲まれたアトリエにて。深い褐色に変わった家具の色が、長年の愛着を感じさせる。

■KAKIの家具に寄せて——

# 巡《めぐ》り、巡《めぐ》る家具

沢野ひとし

一九四四年愛知県に生まれる。イラストレーター・エッセイスト・絵本作家。最近は中国各地を散策。

富山駅から栗巣野に行く列車に乗りかえると、気持ちが高揚してくる。短い連結の列車はまるで、宮沢賢治の『銀河鉄道の夜』そのものだ。町から村へ。村から、ススキやリンドウの咲く高原へ。車窓から次々に遠ざかる風景の中に、時折見える小さな民家の窓ガラスが水晶のようにきらめいている。家と家との距離感が、都会で暮らす者にはうらやましい。

人影のない栗巣野駅に降り立つと、KAKI工房の、今は亡き社長、柿谷誠が、車の横にポツンと立っている。

「いらっしゃい」。力強い握手。

私が栗巣野に通うようになって、すでに四十年になる。とりわけ三十代から四十代は、まるで恋人に会いに行くかのごとく、季節が変わるごとに栗巣野に行った。これほどまでに通った一番の要因は、工房で働く仲間の明るさと優しさに、惹かれたからだ。

結婚したばかりの頃、最初にラワン材で本棚を作った。次に、生まれた娘のために、楢材でヨーロッパの家具の本を手本にして揺りかごを作った。そして椅子、小さなテーブル、木馬。心の奥で、将来は家具職人になることを夢見ていた。当時勤めていた児童書の出版社に不満があるわけではなかったが、我儘な自分が会社で勤まる人間ではないことも自覚していた。

そんな不安定な時期に、六本木で開かれていた展示会で、偶然KAKIの家具を見た。私が長い間思い描いていた家具が、無造作にそこに置かれていた。ひと目見て、そして触り、惚れた。

だが、郊外に小さな家を建てたばかりで、家具を買う資金はまったくなかった。栗巣野に行き、ようやく長い間気になっていたテーブルと椅子を注文したのは、それから数年を経てからだった。

そのとき初めて会った柿谷誠は、物静かで、話す言葉に重みがあった。昔の小学校の木造校舎のような工房には作られたばかりの家具がいたるところに置かれ、うっとりするような松の木の香りに包まれていた。工房の中を見学して驚いたのは、木工機械の少なさであった。小さな手押し鉋盤とホゾを掘る角ノミセットぐらいだっただろうか。しかもこの電動の角ノミ盤は、自分たちで考えて製作したものだという。これまで見てきた家具製作所と雰囲気がまったく違っていた。

そして、別棟の広々としたダイニングルームに入ったとき、家具と調度品のバランスのよさに、心底感心した。なんというのか、品がよく、味わい深いものがあるのだ。このバ

ランスのよさが、家具にみごとに表れている。大胆でいて繊細。そこには生活を楽しむ余裕があった。

帰り際に、また訪ねてもいいかと手を差し出すと、柿谷誠は「どうぞ、いつでも」と、ふっと笑った。

「神は細部に宿る」というアメリカの有名な建築家の言葉がある。これは建物の接合部のデザインをどうまとめていくか、シンプルにきれいに見せるかといったたとえとしての名言である。家具こそ、この言葉が蘇る。0・1㎜くらいよいではないかと手抜きをすると、家具は見苦しいほど歪んだものになってしまう。木は伸び縮みするのだからしかたがないと嘆く職人もいるが、そうではない。圧倒的に、徹底的に木を研究していないだけだ。

KAKIとの付き合いのなかで一番うれしかったことは、自宅の大改造を頼んだことだ。床から壁、大きな窓、キッチン回り。各部屋のドアと家の中が明るく、じつに住みやすくなった。

やがて娘が結婚し、祝いに何が欲しいかと聞くと、娘は「KAKIの大きいテーブル」と答えた。彼女は小さな頃から、KAKIのライティングデスクや引き出しのついた本棚を使っていたので、使いやすく飽きのこない家具の味を知っていた。双子の男の子が生まれたとき、彼女は三十年前に自分が座っていた赤ちゃん用の背の高い椅子を持って帰った。

息子の新しい家庭にもまた、ステレオラック、椅子と、自分が使っていたKAKIの家具が流れていく。

あれから何年かして、KAKIも、兄弟の息子たちが加わり、基本スタイルを守りながら、新作の家具を次々に作りだしている。

十代の頃から山登りをしてきたが、立山や劔岳はいつも憧憬の山であった。気づけば、その山の麓で作られた家具に囲まれて毎日暮らしている。その縁の深さを、最近つくづくと感じている。

そうだ、また、粟巣野に行かなくては……。

■もの作りに寄せて——

## 〝徒労〟の先にしか人生ってないんだよね

木村大作

一九三九年東京都に生まれる。キャメラマン・映画監督。『劔岳 点の記』で日本アカデミー賞最優秀監督賞・最優秀撮影賞受賞。新作映画『春を背負って』（二〇一四年六月公開）のロケハンでKAKIと出合う。

もうすぐ公開の『春を背負って』は、原作は奥秩父の山小屋の話なんだよね。奥秩父の山も知っているけれども、映像にしやすいのは立山連峰だと思っていた。『劔岳　点の記』もやってるから、知り合いも多いし、富山県も映画製作を非常に応援してくれるから、やりやすいということもあった。僕の場合は、映画を撮る前に場所選びがまずあって、富山はだいたい知っているんだけど、一か所だけ、劔岳の撮影のとき行っていない場所があったわけね。それが芦峅《あしくら》の先の粟巣野だった。それで、なにかあるかなあと思って車で行ってみたら、KAKIの工房に行きついたわけ。なんか、すばらしいところにあって、ずいぶんヨーロッパ的な、雰囲気のいい、何を

しているところなんだろうと思って、車の中からじーっと見ていたんだよ。一回引き返しかけたんだけど、なんか離れられなくてUターンして戻って、また見ていた。そしたらちょうどそこに清さんが車を出しに来て、俺の顔を見て「もしかして、木村大作さんですか」っていうんだよ。「えっ、どうして知っているんですか」「『劒岳』観ました」という話で。そして作業場とか展示室を見せてくれて。

　中に入って、素晴らしいと思ったね。建物も含めて、センスにインテリジェンスを感じた。ハイセンスということかな。最初工房とはわからなくて「こういうとこに住みてえなあ」と思ったぐらいだから。自分の居場所を柿谷さんがあすこに決めたのもよくわかるし、あの造作というかね、建物を含めて、あんなふうに配置したっていうのは、やっぱりセンスのよさなんだろうなあ。センスとかインテリジェンスを感じるというのは、なかなかないよ。なんかちょっとかっこつけてるんじゃないか？　みたいなところが見えちゃうことがあるんだけど、あすこにはそういうものがなかったな。自然に溶け込んでいて。それで、これいいなあと思って、原作にはまったくそういう話はないんだけど、主人公にもう一人友達を作って、その友達の人物設定を家具職人にしようと考えた。

　僕の場合、場所に触発されるというかね。『春を背負って』の狙いもさ、自分の居場所を探す旅にみんな出ているっていうことを言っているぐらいで、みんなそれぞれ、自分が今いる場所より、もっといい場所があるんじゃないかと、「いい場所」っていうのは「いい人生」っていうことだよね。それを追い求めてみんな旅をしていると思うんだよ。柿谷さんもずっと三兄弟でやってたね。一番上のお兄さんは亡くなられたけれど、それぞれの息子が、またその周りに自分の居場所を決めてやっていて。そういう意味でも、いい場所が見つかったなあと思ってね。

　映画ではお母さんが芦峅あたりで民宿をやっている設定なんだけど、民宿というとやっぱり日本風のものを選ぶじゃない、俺もそうだけど。民宿は県内にある有形文化財の建物の一部を使っているんだけど、その対比として、現代的なものを表現したかったということもある。KAKIは現代的で、日本の家具工房としてはあまり見ない姿だよね。それも脚本の設定を変えた一つの大きな理由だね。東京のプロデューサーたちは最初、〝家具職人〟という設定に納得していなかったんだよ。それで、そいつらを全員KAKIに連れて行ったんだ。そしたらみんな一発で気に入っちゃってね。結局、自分がいいと思うものはみんなもいいと思うんだよ。人間ってそんなに人それぞれ違うわけないと俺は思っているから。

　それから、映画では最後に椅子が重要なファクターになってくるわけね。たとえばお父さんに初めて頼まれた椅子を仕上げて、山小屋まで持って行くシーンがある。ふつうは梱包するんだけど、白木の椅子をむき出しで背負子に積んで運んで行くわけ。それも面白いもんね。山の中を椅子が歩いているみたいで。そういうのが映画の面白さとしてぴったりだと思ったから、演出のほうがだんだん発展していったんだよね。家具職人という設定を決めた段階ではそこまで考えていなかったんだけど、家具をどういうふうに使っていこうかということで、だんだん変わっていった。家具職人という設定が、この映画の格を上げたというかね。一つの偶然が映画の中にこんなに反映されるのはめったにないことだよ。

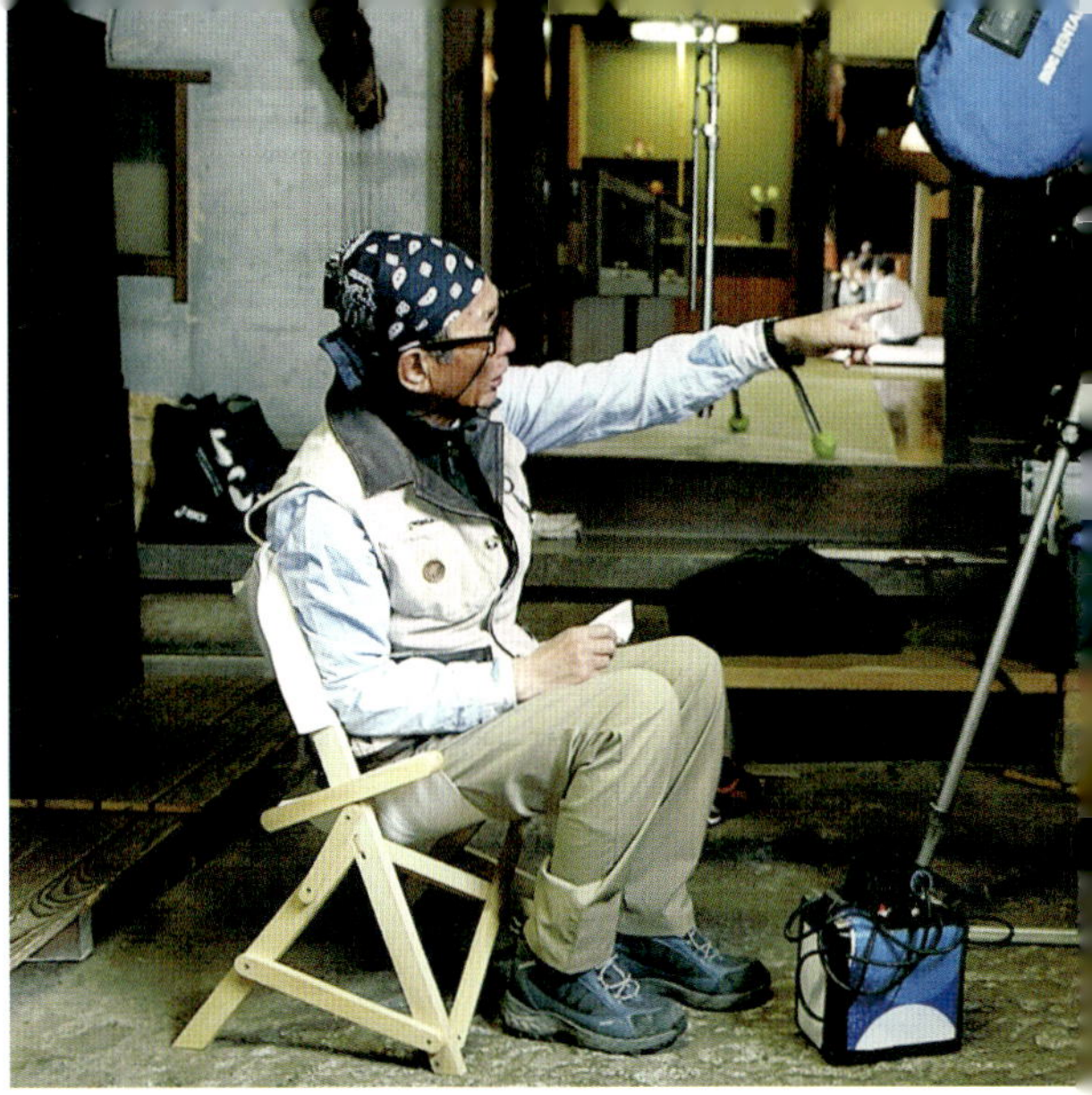

『春を背負って』撮影現場にて。KAKIのディレクターズチェアに座って指示を出す（撮影・宮村敏正）。

結局トコのトンまでいかないと、作ってる気がしないね。今回も僕は撮影拠点になった大汝小屋に十三回往復してるよ。三〇〇〇mだよ。七月まで小屋は開いてないんだから、六月までは雪を掘り出してスタッフが自炊して、そういうところに女優さんも連れて行ってね。だけど、そういうものを乗り越えたときに、何かが出るんだよな。それは楽に撮ってるものには出てこない。やっぱりみんなが一致団結して、過酷な条件を乗り越えると、映画はそれだけのものになるね。

たとえば、台本の中に「徒労」って言葉が出てくる。〝むだな骨折り〟。「でも、徒労の先にしか人生ってないんだよねえ」って。徒労だと思ってやらなきゃ何にも出てこないってことだよ。（やってても無駄かなぁ）なんて思いつつやることではじめて、その先に何かが出てくるってことだよね。ある意味、柿谷さんの家具作りもそういうところがあるんじゃないかな。あれだけ作っているわけだから。ひとつひとつ手作りだから、同じ形の家具でも、たとえばヤスリの入れ方とかで、じつはひとつひとつがぜんぶ違う。椅子なんかも、座る人のお尻の形に合わせて作る場合があるらしいからね。

映画作りも同じことがいえるんだよ。今度の映画はロケーションも素晴らしいんだけど、セットで山小屋の中を撮ったんですよ。三十年ぐらい続いている山小屋という設定なんだけど、その雰囲気を出すために、スタッフ全員、美術だけじゃなくて、照明係も撮影係も一週間前から総出でセットに入って、柱なんかよく触るところははげてくるじゃないですか、そういうところをたわしでこすって、ぜんぶ作ったの。

そもそも『春を背負って』を見つけたのも偶然だよ。僕は本屋をずーっと歩いて、題名で本を選ぶ場合が多いね。『春を背負って』っていうのも、春とか夏とかはどうでもいいんだけど、〝背負って〟っていう言葉ね。みんなにかを背負って生きているわけで、とくに俺みたいな年齢になると、いっぱいしょってるよ、重いものを。だから、これはみんなの共通した言葉だなと思って読んでみたわけ。そしたら山小屋の話だった。俺はもともとそういうものに惹かれるタイプなんで、そこからだね。やろうと思ったのは。

劔のときは、「命をかけてこの映画をやるんだ」「これでもう日本映画とはおさらばだ」って、それぐらい言わないと誰も取り上げてくれないんだから。ハハハ。だけどもう歳も歳だし、どこかで区切りをつけようと思っていたんだけど、やってみたらまだまだ、引退できないなと思ってね。俺もまた何年か後にやると思うよ。やっぱり面白いんだよ。「作る」っていうことはね。だって、ゼロから出発できるんだから。

いいものだけをコツコツと作って生きていけるなんて憧れるよ。家具だって、頑張って売ろうとしてる感じもぜんぜんないもんね。俺もKAKIの片隅にログハウスなんか建てて……なんて思ったりするよ。ハハハ！

（インタビュー・構成＝岡部万穂
二〇十三年十月、東京現像所にて）

# 木工関連施設・材料店・材料価格一覧

## ■学校

| 学校名 | 住所 | 電話 | fax | HP・メール | |
|---|---|---|---|---|---|
| 職藝学院 | 富山県富山市<br>東黒牧298 | 076-483-8228 | 076-483-8222 | HP:http://www.shokugei.ac.jp/<br>メール:info@shokugei.ac.jp | 大工・家具・建具および造園・ガーデニングのプロ育成を目的とした専門学校。 |

## ■材木店・製材所

現在、紅松は手に入れることができない状況です。代用材としてご紹介した木材の入手方法や製材・加工などについては、近隣の材木店やホームセンター等にお問い合わせください。

| 店名 | 住所 | 電話 | fax | HP・メール | 取り扱い商品 |
|---|---|---|---|---|---|
| 丸進製材 | 富山県射水市<br>庄西町1-19-48 | 0766-82-2547 | 0766-84-9141 | HP:http://www.marusinseizai.com<br>メール:maru-sin@arrow.ocn.ne.jp | 原木の製材・<br>製品販売 |
| 加納製材所 | 富山県富山市<br>犬島2-2-17 | 076-438-1997 | - | - | 原木の製材。大型木材の製材も可能 |
| 笹倉<br>木材商店 | 富山県富山市犬島<br>2-2-38 | 076-438-1570 | - | - | 原木の製材・<br>製品販売 |

## ■道具店

| 店名 | 住所 | 電話 | fax | HP | 取り扱い商品 |
|---|---|---|---|---|---|
| 井上刃物 | 東京都墨田区<br>立川3-17-8 | 03-3631-4264 | 〃 | - | 大工道具の専門店 |
| 直平 八丁堀 | 中央区八丁堀<br>3-14-4 | 03-3552-4576 | 03-3552-4579 | - | 建設資材、<br>金物専門店 |
| 高円寺 直平 | 中野区大和町<br>3-7-1 | 03-3337-2340 | 03-3337-5517 | http://www.ss.iij4u.or.jp/~makoto-t/index.html | 大工道具・電動工具の専門店 |
| 池袋 直平 | 豊島区東池袋<br>2−60−10 | 03-3982-5455 | 03-3984-5496 | http://www6.ocn.ne.jp/naohei/a.htm | 電動工具・大工道具・建設機材専門店 |
| ミョウハラ | 富山県富山市<br>八尾町黒田471 | 076-455-2341 | 076-455-3140 | - | 建築金物関連・<br>大工道具・<br>作業工具専門店 |

## ■ＫＡＫＩの家具を取り扱う店舗・ギャラリー

| 店名 | 住所 | 電話 | fax | HP・メール |
|---|---|---|---|---|
| gallery<br>Futamura | 東京都世田谷区<br>粕谷4-22-11 | 03-3300-0485 | 〃 | メール:galleryfutamura@gmail.com |
| LUOMU<br>の森 | 群馬県吾妻郡<br>長野原町北軽井沢<br>1984-43 | 0279-84-1733 | - | HP:http://luomu-mori.com/ |
| Denn | 東京都目黒区自由が丘3-6-2-202 | 03-5731-9009 | - | http://www.denn-style.jp/ |

## ■道具価格一覧

下記は、職藝学院の家具・建具コース（家具大工・建具大工）で、生徒が最初に揃える道具の一覧です。道具を購入されるときの参考にしてください。

| 道具 | 単位／サイズ | 価格（円） |
|---|---|---|
| 替刃鋸（諏訪の匠） | 1丁／240㎜ | 4,340 |
| 〃 | 1丁／270㎜ | 4,690 |
| 胴付鋸（替刃式）幅広 | 1丁／240㎜ | 3,220 |
| 厚ノミ（助正） | 1丁／12㎜ | 6,080 |
| 〃 | 1丁／24㎜ | 8,000 |
| 〃 | 1丁／42㎜ | 9,520 |
| 組ノミ（助正） | 10丁組／3～42㎜ | 44,800 |
| 鉋 | 2丁組／70㎜ | 28,800 |
| 立鉋（越富士） | 1丁／42㎜ | 6,240 |
| 面取り鉋（越富士） | 1丁 | 10,400 |
| キワ鉋（越富士） | 1丁／42mm | 8,820 |

| 道具 | 単位／サイズ | 価格（円） |
|---|---|---|
| 玄能 | 1丁／300g | 1,320 |
| 〃 | 1丁／570g | 2,190 |
| バール | 1丁／160㎜ | 720 |
| 〃 | 1丁／300㎜ | 1,120 |
| コンベックス（金属製巻尺） | 1個／5.5m | 480 |
| 釘しめ | 1本 | 490 |
| 釘袋（特大） | 1枚 | 870 |
| 作業用ベルト | 1本 | 1,050 |
| 一丁白引（秀弘） | 1丁 | 1,120 |
| 二丁白引（梅） | 1丁 | 4,800 |

販売／ミョウハラ　※2013年12月現在。価格は変動する場合があります。

## あとがき

栗巣野に雪が積もり、窓の外は真っ白な銀世界が広がっています。この地に住んで、もう五十年が過ぎてしまいました。

「アッ」という間の歳月。毎日毎日が楽しく、長兄・柿谷誠が小さな家を建て、私たち兄弟や仲間たちが集まった日が、昨日のように思い出されます。

大好きなこの地に、たくさんの仲間が集まれるようにと、大きな食卓が出来上がり、長時間座っても疲れない椅子をと改良を重ね、KAKIの仲間たちが家庭を持って、子供ができると、ベビーベッドやベビーチェアーと家具の種類もどんどん増えていきました。

そんな栗巣野での自分たちの暮らしとともに、KAKIで出来上がったテーブルや椅子、またKAKIの家具の構造や作り方を紹介してきました。私たちもまだまだ勉強の途中ですが、この本に書いたことが、家具作りのきっかけになったり、家具の見方を変えたり、そして暮らしそのものが少しでも楽しくなれば幸いです。

最後に、この本を出版するにあたり、KAKIの思い出などを書いてくださった沢野ひとし氏、木村大作氏、写真撮影の岡田彰氏など、素晴らしい友人や先輩方に、また、携わってくださった関係者の皆様に感謝の意を表します。

**柿谷 正** KAKI CABINETMAKER 社長

一九四八年富山県に生まれる。一九六八年立山山麓極楽坂スキー場にロッジKAKIを建てる。一九七〇年KAKIで家具の製造を始める。一九七二年富山県、岡山県倉敷市などで家具の展示会を開始。一九七五年兄である故柿谷誠を社長として(有)カキを設立。一九八九年(有)カキの社長に就任。一九九六年職藝学院建築科に家具マイスターとして参加、家具製作とともに若手職人の指導も行っている。

著書/『KAKIのウッドワーキング』(柿谷誠との共著/情報センター出版局/1982年)

製図　柿谷朔郎
執筆（家具製作工程）
■ダイニングチェアー・縄張りスツール　柿谷　清
■ファイブボードベンチ　高崎哲志
■吊り棚・丸テーブル・端材で作る小物　柿谷朔郎
■キャビネット　柿谷　正
イラスト・写真提供
■一八～一九頁、二五～三九頁（カンナ部位名称・カンナ境図は除く）　柿谷　正
■一二五頁（下写真）　柿谷朔郎
■一五頁、二三四頁　岡部万穂
取材協力
（株）丸進製材
（有）笹倉木材商店
（有）加納製材所


**岡田　彰**（おかだあきら）

一九六〇年東京生まれ。日本大学芸術学部写真学科卒業後、フリーで活動。料理・人物・建築等の写真で活躍中。二〇〇九年より富山県在住。

APA正会員、SPA会員、JPCA会員。APAアワード2013入選。

また大型8×10カメラでフイルム撮影するモノクロ写真もライフワークで続けている。

個展・グループ展多数。


---


Art Adventure Special 2
**KAKIの家具作り**
山麓の小さなキャビネットメーカーが伝える美しい無垢材家具
発行日●二〇一四年三月十三日　初版第一刷発行
著者●柿谷　正
撮影●岡田　彰
編集●岡部万穂
発行者●山田健一
発行所●株式会社文遊社
東京都文京区本郷四－九－一－四〇二
〒一一三－〇〇三三
電話●〇三－三八一五－七七四〇
http://www.bunyu-sha.jp
装幀●佐々木暁
本文デザイン●根本眞一＋クリエイティブ・コンセプト
印刷・製本●シナノ印刷株式会社



ISBN978-4-89257-103-9